해석적 기술

해석적 기술

INTERPRETIVE DESCRIPTION

Sally Thorne 저자
조명옥 • 이영희 • 고성희 • 최호정 • 김미영 공역

Left Coast Press inc.
도서출판 한누리

해석적 기술

●

INTERPRETIVE DESCRIPTION

CONTENTS

제2부 과정 속에서의 해석적 기술

제3부 맥락에서의 해석적 기술

머리말

> 난 사물을 발견하는 방법에 대한 전반적인 사고를 갖는 것이 과거로 소급한다는 것을 알게 되었다. 당신은 어떤 것을 성공적으로 수행한다. 혹은 당신은 어떤 것을 너무 잘 수행하여 당신 스스로 그것을 어떻게 했는지 알고자 한다. 돌아보건대 당신이 그렇게 수행한 단계를 재창조하려고 시도하는 것은 우연한 것도 아니고 당신이 원하는 방향으로 설계한 것도 아니다. 당신은 그 재창조를 당신의 "방법"이라고 부른다(Koller, 1993, p. 88).

위에 인용한 내용은 내가 좋아하는 인용 중의 하나인데 이유는 이런 내용이 교훈적인 연구 교재에서 처방된 것이 아니라 연구 프로젝트의 작업 현장에서 실제로 일어난 것을 포착하고 있기 때문이다. Koller의 심미적 관찰 또한 당신이 읽고 있는 이 책에서의 주요 전제를 제시한다. Sally Throne은 *해석학적 기술*에서 우리에게–질적 연구 경험이 있든 없든–너무 방법적인 방법의 견해를 고수하는 것을 주의하라고 한다. 탐구의 "진정한" 세계에서 볼 때 방법은 문헌에 묘사되어 있는 그대로를 수행하기 위해 확고부동한 규칙을 갖고 있는 확고한 실체가 아니다. 비 교재의 세계에서 보면 사물은 계획된 설계에 의해 일어나는 것이 아니라 차라리 설계는 일어난 것을 따르는 경향이 있다. 그러므로 방법에 대한 교재 번역으로부터 출발하는 것은 규칙을 어기고 "순수주의"가 안타까워하는 실수방법이 아니라 상당히 논리적이고 사려 깊은 전략적으로 불이행한 실례이다. 그런 불이행은 잘못 안내하는 것과 반대인 전략적이다. 특히 본질을 존중하고, 다양한 방법론적인 전통의 발전과정을 인식하는 사람에 의해 수행될 때 탐구는 정체가 되거나 일부 추정하는 단독의 옳은 방식에 적대감을 갖지 않을 것이라고 확신한다. 방법은 어떤 표준화된 방법으로 수행해야 할 절차가 아니다. 그러나 차라리 연구자의 작업을 하나의 표준으로 인식하는 연구자들에 의한 모든 연구 프로젝트에서 새롭게 창조된다. 연구자 자신들처럼 방법은 역사와 문화적 변화를 겪게 되는 역동적인 배우이다. 초보 연구자들은 방법을 고수하기 위해 맹목적으로 시도한다. 경험 있는 연구자들은 방법론적인 규칙을 알고 있고, 그 규칙을 통해 그들을 어떻게 위반하는지를 안다. 일부 연구자는 이것을 방법론적인 혼란으로 알고; 다른 연구자들은 방법론적인 혁신으로 이해한다.

Thorne의 연구가 우리에게 인식시키는 것은 방법은 지금까지 알려지지 않은 것을 접근하는 방식일 뿐 아니라 그 접근을 안전하게 개입하는 활동을 통해 알려지지 않은 것에 대한 중재 혹은 “개입”이다(Mol, 2002, p. 155). 또한 방법 그 자체는 그들을 이용하려는 노력이 이루어질 때까지 알려져 있지 않다. 해석적 기술은 Throne의 상징적 상호작용주의 이해를 반영하며, 그 방법이 이용자의 손에 있게 된다는 것을 이해한다. 실로 이용자와 동떨어진 방법은 없다. 그녀가 “고전적인” 방법으로 근거이론, 민족지, 현상학을 언급할 때 그 곳에 선험적으로 존재하지 않는 경직화된 실체에 대해 신호를 보내는 것이 아니라 차라리 방법론적인 전통으로 그것에 대한 역사가 연구되고, 현재 형태는 학문적인 논쟁과 학문 분야를 넘어선 동향에 따른 변화를 반영한다. 오늘날 우리가 알고 있는 임상 시도가 항상 존재하지 않듯이 아니면 현 형태로 존재하듯이(Gros & Fogg, 2001; Kaptchuk, 1998, 2001) 질적 방법이 너무 발전되어 있다. 예를 들어 스트라우스 방식, 글래이저 방식, 신실증주의, 사회 구성주의, 포스트모던, 유일한 “진정한” 근거이론이라고 경쟁하는 다양한 근거이론 버전들을 들 수 있다(예를 들어 Charmaz, 2006; Clarke, 2005; Strauss & Corbin, 1998).

연구자들은-포스트모더니즘이나 식민지로부터의 독립, 문화적 민감성, 건강 불균형과 같은 다양한 만담에 반응하여-방법에 참여자를 맞추는 것이 아니라 참여자에 방법을 맞추고 있다. 따라서 연구자들이 연구목적에 따라 방법을 맞추고 있다. 실로 Throne은 학자들의 연구 의무와 분야별 의제에 따라 방법을 조정해야 한다는 것을 인정한다. 해석적 기술은 이론과 기술적 도구를 절충하면서도 합리적이고 주의를 하는 통합이나 조정과 같은 것으로 그러한 것을 통해 간호사와 의사, 교사, 다른 실무진들은 그들 각자의 사회적 임무를 성취하기 위해 요구되는 이해를 얻는다. Throne은 여기에서 주장하듯이 방법은 연구 의제를 결코 유도하지 않는다. 연구자들은 방법론적인 선택으로부터 해석적 기술을 선택할 때 그들의 목적이 그것을 필요로 할 때 또한 단순히 그 방법을 이용하기 원하거나 고전적인 방법보다 이용하기 더 쉽다고 생각하기 때문이 아니다. 아니면 스스로 근거이론가라고 기술하거나 이런 방법으로부터 그들의 정체성이 유도된다는 현상학자들처럼 "해석적 기술자"가 되기 원하기 때문에 선택하는 것도 아니다.

Throne이 이 책에서 가장 중요하게 기여한 것은 학문적 이론적 분야로부터 실무가 분리된 다양한 지식 의제-방법이 이용되는 방식에 있어서 부분적으로 가시화된-를 강조하였다는 것이다. Throne이 여기에서 제시한 것은 실무진/학자들(예를 들어 간호사, 의사, 사회사업가, 교육자, 도시계획자 등)이 이론을 실제 세계의 문제를 풀기 위한 방식으로 보는 반면에 학문적 사회 과학자들은 이런 문제를 이론화를 위한 기회로 본다. Throne과 동료들은(Throne, Henderson, McPherson, & Pesut, 2004) "이중의 유혹"을 경고하였지만 이중성은 무시할 수 없는 학문 분야 간의 중요한 차이를 강조하기 때문에 나쁜 것만은 아니다. 비록 사회과학자들은 그들 스스로 학문 개입을 추구한다고 생각하지만(예를 들어 Downey & Dumit, 1997) 그들의 개입에 대한 관점은 거의 같지 않으며, 대중 건강과 복지를 향상시키기 위해 실무 분야에서와 같은 위임을 수행하지 않는다. 따라서 방법의 적응은 단순히 잘못된 것으로 제쳐둘 수 없는데 그 이유는 그 적응이 방법을 어떻게 이용해야만 하는

가에 대한 선험적 관점을 따르는 것이 아니라 차라리 학문 분야를 초월하고 더 큰 사회적 맥락에서 이해되기 때문이다. 비록 그들이 건강과학 분야에서의 연구방법에서 서자라는 인정에 자주 불평하지만 사회과학자들은 건강과학과 다른 실무 분야로부터 그 방법이 어떻게 이용되었는지 많은 것을 배워왔다. 간호사로서 난 간호연구자와 실무 분야에서의 다른 학자들이 다양한 방법론적인 전통의 가치와 유용성을 높이는데 기여했다고 주장하는 Thorne의 동의에 감사함을 느낀다.

당신의 방법론적인 성향과 입장이 무엇이든 간에 이 책을 읽으면 Sally Thorne이 연구를 수행하는 당신의 능력을 음미하고 있다는 것을 알게 된다. 그녀와 난 몇 년간 동료와 친구로서 즐겼고 나의 사고를 예민하게 한 그녀의 통찰력 깊고 유머가 많은 Thorne주의에 다가갈 수 있을 것이다. 우리에게 얼마나 좋은 일인가!

Margarete Sandelowski

Cary C. Boshamer Professor
University of North Carolina at Chapel Hill

참고문헌

Charmaz, K. (2006). *Constructing grounded theory: A practical guide through qualitative analysis.* London: Sage.

Clarke, A. E. (2005). *Situational analysis: Grounded theory after the postmodern turn.* Thousand Oaks, CA: Sage.

Downey, G. L., & Dumit, J. (Eds.). (1997). *Cyborgs and citadels: Anthropological interventions in emerging sciences and technologies.* Santa Fe, NM: School of American Research Press.

Gross, D., & Fogg, L. (2001). Clinical trials in the 21st century: The case for participant-centered research. *Research in Nursing & Health, 24,* 530–539.

Kaptchuk, T. J. (1998). Intentional ignorance: A history of blind assessment and placebo controls in medicine. *Bulletin of the History of Medicine, 72,* 389–433.

Kaptchuk, T. J. (2001). The double-blind, randomized, placebo-controlled trial: Gold standard or golden calf? *Journal of Clinical Epidemiology, 54,* 541–549.

Koller, A. (1983). *An unknown woman: A journey to self-discovery.* Toronto: Bantam.

Mol, A. (2002). *The body multiple: Ontology in medical practice.* Durham, NC: Duke University Press.

Strauss, A., & Corbin, J. (1998). *Basics of qualitative research: Grounded theory procedures and techniques* (2nd ed.). Thousand Oaks, CA: Sage.

Thorne, S. E., Henderson, A. D., McPherson, G. I., & Pesut, B. K. (2004). The problematic allure of the binary in nursing theoretical discourse. *Nursing Philosophy, 5,* 208–215.

서 문

해석적 기술은 하나의 전략으로 사실과 추측 사이에 위치하는 지식의 종류를 발굴하고, 명백히 하고, 표현하고, 보급시키는 것이다. 그러나 해석적 기술은 교육이나 지역개발, 인문지리학, 건강 전문직과 같은 응용 분야에 상당히 중요하다. 정보에 근거한 활동을 요구하는 사람들이 완벽하지 않은 지식군을 가지고 실무를 하는 것은 당연지사이다. 우리 작업의 많은 요소가 전통적인 과학에 의해 뒷받침이 될 수 있지만 탐구의 분명한 형태를 요구하는 응용 실무인 인간의 경험적 행동적 세계에는 많은 것이 관련되어 있다. 이 책에서 우리는 이런 종류의 지식에 관심을 갖는다.

출처

필자는 오랫동안 간호와 같은 전문적 분야에 몸담고 있는 것을 큰 행운이라고 느껴 왔다. 간호는 세포로부터 세계적인 수준에 이르기까지 인간의 건강과 질병 경험과 관련을 갖고 인간의 생생한 경험에 대한 일상적인 실체에 강조점을 두기 때문에 방법론적인 방향을 찾기 위해 사회과학과 생의학 과학에 걸쳐 있게 된다. 간호사가 의문을 갖는 연구질문의 종류는 인간 고통을 완화하고, 신체적인 허약감에 편의를 도모하고, 개인적인 상처에 저항하고, 우리의 신체와 마음에 놓여 있는 삶의 무례함을 의미있게 만드는 것이다. 전문직의 틀로부터 위치한 그런 질문은 건강과 질병의 세속적이고 신체적인 측면에 너무 개입되어 인간경험의 이런 요소를 노출하고, 우리가 제공하는 케어를 낙관적으로 허용하며, 충분한 복잡성 속에서 건강을 더 잘 이해하도록 하여 궁극적으로 사회의 대상으로 이런 것을 필요로 하는 사람들을 위한 케어로 기여하는 것이다. 간호의 임무는 활발하고 즉각적이어서 당신 앞에 있는 사람들의 독특하고 특별한 환경 내에 사람들에 대한 패턴화된 지식을 일반적으로 적용하는 것과 관련이 있다.

간호와 같은 전문직을 발달시키기 위해 요구되는 지식은 본질적으로 다방면에 걸쳐 있고, 복잡하고, 다양하다. 간호사는 이성과 철학, 과학을 요구할 뿐만 아니라 정보의 거대한 망을 무한한 상황의 다양성에 적용할 수 있는 행동 계획으로 통합하기 위해 이론적 틀을 요구한다. 그들은 또한 거대한 실제적인 지식의 양을 필요로 하며, 그런 통합을 초래하는 사고를 실제적인 "행위"로 변형한다. 이런 특성은 학문의 현대역사에 대한 혼합된 축복이었다. 개인의 경험을 이해하기 위한 간호의 성향은 더 많은 전통적이고 형식적인 상관관계와 전제를 갖는 과학으로 발전시킬 수 있는 능력에 한계를 가지고 있지만 간호사에게 체계적이고 엄격한 기전을 추구하도록 함으로써 이해를 밝히고 지식군을 구축하도록 자극하였다. 그러므로 간호가 지난 몇 십년간 응용건강 연구를 위한 질적 방법을 발전시키는데 강력한 리더십을 발휘했다는데 이의가 없는 것 같다.

이 책은 질적 연구 접근의 적용에 있어서 간호나 다른 건강 전문직과 같은 응용 분야가 제기할 수 있는 특별한 종류의 문제에 대한 특별한 발달을 반영한다. 간호 내에서 이론적으로 유도된 사회과학 접근을 연구방법으로 더 분명하게 발달시킬 필요성이 있는 지식개발로 제기한 것은 1980년대 말이었다. 왜냐하면 근거이론과 현상학, 문화기술지 등에서 "이용 가능한" 지식을 요구하는 것과 관련하여 긴장을 야기함으로써 엄격하게 고수하려는 증거를 필요로 했기 때문이다. 이는 간호사들이 방법론적인 전통을 따르거나 이해하지 못한다는 것이 아니라 이런 방법에 의해 만들어진 지적인 프로젝트와 응용 건강 분야의 프로젝트 간에 미묘하지만 강력한 차이가 있었다는 것이다. 질적 과학은 건강 연구에서 계산적으로 더 근거된 경험적 전통에 대한 "하찮은 사촌"이었기 때문에 기존 방법에 부적절하게 적응하는 것은 선택권이 아니었다. 차라리 학문적 질문에 대한 분명한 종류와 관련하여 질적 연구 논리를 통해 사고하는 방식은 신뢰가 있고 방어 가능한 방법에 적절하였다. 이런 접근이 지금 표면상 "해석적 기술"이라 불리는 맥락이었다.

이 책은 인간 현상에 대하여 새로운 통찰력을 생성할 수 있는 일관된 연구를 계획하고, 설계하고, 수행하기 위한 반복적인 단계를 통해 초보자와 더 노련한 연구자들을 위한 가이드로서 구성되었다. 이 책은 연구 관점을 요구하는 인식론적 토대와 방법론적 결론을 설명하며, 실제적인 감각을 만들고 신뢰와 이용 가능한 결과를 생성할 것이다. 현상학과 민족지, 근거이론, 자연 탐구, 다른 고전적 접근이 제공하는 가장 좋은 분석적 기술을 심사숙고하여 고려해 보면서 해석적 기술 논리 모델이 복잡한 연구 설계와 수행의 연속성을 통해 연구자의 본질적인 한계를 갖고 있는 연구결과물을 생성할 뿐 아니라 학문적이고 전문적인 청중에게 의미 있고 적용가능 하도록 하기 위해 연구자들에게 어떻게 안내할 것인가를 설명하고자 한다. 그렇게 행함으로써 자연 맥락 내에서 인간 경험에 호기심을 갖는 응용 과학자를 위한 지식 개발에 처음부터 끝까지 합리적인 접근을 가지고 묘사한다. 또한 실무에서 그런 현상의 함축성을 이해하기 위해 그들의 학문적 능력을 확대할 것을 추구한다.

이 책을 이용하는 방법

이 책의 설계는 초보 질적 연구자에게 조사자들이 방식을 따라 다양한 단계에서의 도전과 역경을 확인하고 "허풍을 떨면서", "프로젝트 코치"로서 역할을 할 수 있는 방식의 사고를 구조화한다. 더 노련한 질적 연구자에게 동료로서 기여할 수 있으며, 친숙한 접근 내에서 방법론적인 선택과 수정 및 정련화를 탐색한다–필자가 장르별 위대한 연구자들과 즐긴 것과 같은 실제적인 동료들과의 상담 종류. 그러므로 "어떻게"로서 쓰여진 것이 아니라 임상적 문제를 설명하는 프로젝트에서 불가피하게 제기하는 질문으로 "어떻게"라는 어려운 질문을 하도록 권유하는 것이며, 그들에게 신빙성있고 방어가능한 대답을 발견하도록 쓰여진 것이다. 대학원생과 초보연구자 그리고 이미 구축된 연구자들은 그들의 연구 목록을 질적 탐구 영역으로 확대하려고 시도하며, 그들의 프로젝트의 논리를 체크하기 위한 자원을 갖는데 편안해 하며, 그것은 그들의 방법론적인 논리를 설정하는데 어떤 일반적인 신뢰성 기준을 제공한다. 전형적으로 사람들은 "고전적 방법"이 그들의 특별한 연구 질문에 적합하지 않을 때 해석적 기술로 방식을 찾는다. 이런 통찰력에 이르게 되면 연구설계 선택과 관련하여 중요한 판단의 눈을 가지고 매우 신중하게 이런 책을 격려한다. 각 장은 연구의 개념화와 수행에서의 분명한 요소에 초점을 둘 것이지만 명확하게 "어떻게"라는 방향을 안내하는 예는 상당히 적을 것이다. 그러므로 빠르고 쉬운 연구 프로젝트 방법을 찾는 사람들에게 이것을 선택하도록 권유하지 않을 것이다. 그러나 임상 질문을 정당화하려는 방법론적인 선택안을 생성하기 원하는 연구자들은 이 책이 엄격하고 논리적인 의사결정을 지지하는 대화를 제공한다는 것을 알 것이다. 해석적 기술의 틀 내에서 이 장들은 경험적 통합성과 학문적 유용성을 갖는 결과물을 안내할 것이다.

연구자들은 연구 제안서를 계획하는 시점에 교재를 참고하기 때문에 제1부는 설계를 결정하고 예비적인 논리에 초점을 둘 것이다. 제2부는 분야로 들어와서 큰 설계로부터 복잡한 과정으로 전환할 때 그러한 시야를 행동으로 옮기려 할 때 도움이 될 것이다. 제3부는 꾸준히 수집한 것을 이해하고 그런 것을 바탕으로 신뢰할 수 있는 지적인 요구에 초점을 둔다. 노련한 연구자라면 알고 있듯이 프로젝트의 각 단계에 대한 요구를 충분히 이해하는 것은 어렵다. 가장 준비된 연구 제안서조차도 당신이 자료에 압도된 주관적인 경험의

"느낌"에 준비가 되어 있지 않거나 결과물에 신뢰를 얻는데 실패할 수도 있다. 그러므로 이 책은 연구를 진행하면서 당신을 안내할 지속적인 대화를 통해 당신이 혼돈과 변화를 예측하고 불가피한 선택 지점에 놓일 때 효과적인 선택을 안내할 것이다.

감사의 글

응용건강 분야의 철학적 틀 내에서 방법론적인 논리가 있는 개별적인 궤도 내의 맥락에서 필자는 생애에 특별한 멘토를 갖게 되는 특권을 가졌다. 나의 첫 번째 모험인 대학원 연구에서부터 Rose Murakami와 Margaret Campbell은 간호사로서 철학적 가정과 입장의 기초적인 세트를 유도하는 사고를 갖도록 가르쳤다. Joan Anderson은 필자를 질적 탐구로 끌어들여 호기심을 자극하고 맥락적이고 혼란스러운 측면을 설명하기 위한 잠재성을 인정하였다. 지속적인 대학원 학위 프로그램에서 Juliene Lipson과 Elvi Whittaker는 필자를 실용주의와 사회과학 세계에서의 방법 정책을 위한 이해로 이끌어서 편안한 전공 학문 세계를 벗어난 관점을 가지게 하였다. 이러한 세월동안 동료인 Margarete Sandelowski는 필자가 방법 문제에 대해 지속적인 심오한 대화를 가질 수 있도록 격려하였다. 필자가 배운 어떤 것이 다른 사람에게 가치가 있다면 이런 지적인 거장들은 나에게 그들의 생각에 개입을 하고 도전을 하며, 나 자신의 이해를 밀고 나가도록 도와주었다.

또한 이런 방법론적인 이슈와 수해 동안 씨름해온 많은 대학원 학생들–나의 지도학생과 나와 교류한 세계 곳곳에 있는 학생들에게 진심으로 도움을 받았음을 알린다. 필자는 학생들의 질문과 투쟁으로부터 많은 것을 학습하였고, "방법을 수행하는" 열정에 지속적으로 감명을 받았다. 특히 해석적 기술을 방법으로 발전시킨 공동 작가 논문에 나와 함께 참여한 3명의 대학원생에게 감사함을 느낀다: Sheryl Reimer Kirkham, Janet McDonald, 그리고 Kathy O'

Flynn-Magee. 그리고 최근 졸업생인 Gladys McPherson은 통찰력있는 반영을 통해 이 책의 초고 논문에 상당한 풍부함을 제공하였다.

질적 건강 연구 세계는 광범위한 진정한 "특성"과 사건을 포함하고 있는 풍부하고 다양한 세계이다. 우리는 회의와 워크숍, 그리고 훈련 회기에서 대화와 참여의 기회를 갖기 때문에 서로서로를 알고, 서로의 경계선을 지원하며, 우리가 행하고 있는 토대로 끌어 올리고 있다. 필자는 학문적 동맹자로부터 도움을 받았으며, 특히 오랜 연구 생애동안 연구 파트너들과 공동 집필진들에게 감사를 하고자 한다. 나 자신의 사고에 대한 당신들의 훌륭한 기여는 우리들의 협동적인 집필에 잘 드러나 있다. 마지막으로 Jan Morse에게 특별한 찬사를 보내고자 한다. 그녀는 질적 건강 연구 분야가 발전할 수 있도록 리더십과 지속적인 낙관주의를 갖고 이 사회를 역동적이고 생동감 있게 지속시킬 수 있었다.

제한점

이런 집필을 위한 사고와 생각은 수 년 동안 자신과 다른 사람과의 대화를 통해 이끌어진다. 질적 연구의 세계는 믿을 수 없을 정도로 다양하고 복잡하며, 다양한 측면에 대해 쓸 것이 많기 때문에 이런 논평은 많은 중요한 사고를 반드시 인정하지 않고 외관을 속이고, 무시되고, 또 다른 주장의 부분으로 과도하게 단순화 할 것이다. 이런 작품이 질적 건강 연구가 풍부한 전통을 갖는 역사적 연구로 발전하지 않는다면 각 집필진이 수 년 동안 필자에게 고지해온 것들은 주목받지 못했을 것이다. 이런 위대한 업적들이 공식적인 인용을 통해 인정이 될 수 있지만 똑같이 기여해온 많은 사람들의 경우 일차적인 목적이 방법론적인 안내에 있다는 기록에는 빠지게 될 것이다.

개별적인 학자들의 사고가 있으며, 그러한 사고는 더 큰 진화적인 사고의 맥락과 상당히 좋은 경험적인 사고를 갖기 위해 어설프게 알고 있는 관련된 배경의 맥락을 제시한다. 발가락이 밟히고, 모순적인 주장이 난무하고, 불완전한 사고가 마치 완벽한 것처럼 주장되더라도 필자는 완전히 겸허한 책임감을 갖고 수행한다.

제 1 부

이론에서의
해석적 기술

제1장

응용학문에서의 질적 연구

이론구성과 적용

저자는 수년 전 사회과학분야와 의료분야의 연구자들로 구성된 학술단체에서 개최한 워크숍에 1주일 동안 참석한 바 있다. 참가자 모두 "유전학과 윤리"라는 주제에 매우 고무되어 있었다. 그러나 워크숍 초기부터 두 그룹 사이에 근본적인 회의론이 고개를 들기 시작하여 워크숍을 마칠 무렵에는 극복하기 어려울 만큼의 난국에 이르렀다. 임상의학 연구자들에게 지식에 대한 의문은 사실상 매우 복합적인 인간에게 지식을 어떻게 적용하여 어떻게든 삶의 질을 높이는 방향으로 건강을 개선할 수 있을까에 초점이 모아져 있었다. 반면 사회과학자들의 지식 발전에 대한 관심은 이론화에 집중되어 있었고, 사람들이 자신들의 생각을 미숙하게 사용하고 있다는 생각을 혐오하고 있었다. 저자가 알기로는 대다수 임상의학연구자들이 이론화하고 있고 사회학자들 역시 다수가 응용분야에 종사하고 있다. 워크숍에서의 이 극단적인 상황은 저자가 이전에는 충분히 파악하지 못하고 있었던 극단적인 경향이 표면화된 것인 듯하다. 전문가들 간의 다학제적 임상의학 연구 세계, 특히 질적 연구 분야에서는 우리가 그 기원과 지적 목표가 다른 구별된 학문이라는 사실을 잊고 있는 듯하다. 결국 우리는 공동 관심사를 가지고 함께 일하는 동료이고 세상을 개선하려고 노력한다. 우리는 스스로를 보편적인 학문적 지향에 대하여 통찰력을 지니고 있고 아이디어를 이끌어 낼 수 있는, 깨어 있고 개방적인 사고를 지닌 사람이라고 생각한다. 그러나 그 워크숍에서의 경험은 저자를 겸손하게 만들었고 우리의 탐구 범위를 깨닫게 해 주었다. 저자는 학문분야의 전통이 우리의 모든 다학제적 활동에 대한 시각을 형상하는데 얼마나 영향을 미치는가를 새롭게 인식하게 되었다.

여러 질적 건강연구 전통들이 사회학, 심리학, 인류학 등의 사회과학에서 시작된 민족지, 근거이론, 현상학 등에서 비롯되었다(Hamilton, 1994; Vidich & Lyman, 1994). 그러므로 이 분야에서 새로운 지식이 일차적으로 주도면밀한 이론화 과정을 거쳐서 어떻게 활용되었는가를 이해할 필요가 있다(Berger & Luckman, 1966; Chenail, 1992; Durrenberger & Tau, 1999; Porter & Ryan, 1996). 인류학은 인간에게 보편적인 것이 무엇인가를 보다 잘 파악할 수 있도록 기록하고 해석한다. 사회과학자들은 인간의 본성이 어떻게 사회적 행동으로 드러나는가를 탐구한다. 심리학자는 인간의 정신 작용에 대하여 이해하고자 하며, 심리학의 하위분야인 사회심리학은 다른 사람과 개입하는 과정에서 어떤 방식으로 상호작용하는가에 관심을 갖는다. 이 분야들은 그 안에 응용 현장의 전문가들을 두고 있지만, 이들 학문의 기원이 되는 인간에 대한 철학적 호기심은 학자들로 하여금 실무 문제보다는 이론적, 경험적 문제에 깊게 뿌리를 내리게 한다(Reason, 1996; Reason & Torbert, 2001; Thorne, 2001).

그렇다면 건강 문제에 관한 사회과학 연구의 근본 요점은 환자의 모든 일상의 문제를 해결하는 것이 아니라, 사회 집단이 어떻게 행동하고 무엇이 인간경험의 본질을 구성하는가를 이해하는데 필요한 보다 본질적인 특성에 대한 질문에 답하기 위하여 건강현상을 이용하는 것이다. 예를 들어 사회적 오명의 작용을 알아내기 위한 원형적 렌즈로서 간질(epilepsy)을 탐구하는 사회학 연구전통을 들 수 있다(Goffman, 1968; Scambler & Hopkins, 1990; Schneider & Conrad, 1980). 이러한 작업은 정교한 사회학 이론을 구성하고 건강과 질병이 관리되고 있는 "임상 외적" 세계에 대한 정보를 제공해 준다. 그러나 건강관리 전문가들은 간질이 다른 만성질환에 비해 문제성 있는 사회적 쟁점을 만들어 낸다는 것을 이론적으로 구성한 증거들을 받아들이는 일에 큰 관심을 갖지 않을 것이다.

보다 직접적으로 비유하자면, 건강관련분야의 응용과학은 임상에서 직접 자양물을 취한다(Chenail, 1992; Miller & Crabtree, 1994). 물론 응용건강 분야에서도 종종 아주 훌륭한 이론을 구성한다. 그러나 이들 분야에서는 이론으로 구성했을 때 임상에 보다 잘 적용할 수 있으리라는 기대 하에 이론화 작업을 진행한다. 임상전문가들이 이론구성 작업에서 궁극적으로 보고자 하는 것은 그들의 대상이 되는 인간이다. 이들의 요구를 가시적으로 드러내고 가능한 신속하게 이 요구들을 충족하고자 하는 것이 이론화 작업의 궁극적인 목표인 것이다. 이와는 대조적으로 사회과학자들은 이론화를 합법화로 간주하고 그 자체를 가치 있는 목표로 간주한다. 간혹 인간과 그 개인의 처지를 조명하기도 하지만 이는 이론을 보다 잘 개발하기 위한 기회로 이용하는 것이다. 필자는 여기서 의도적으로 극단적인 상황을 제시하고 있지만, 왜 전통적인 사회과학 방법이 응용건강분야가 요구하는 방식으로 임상지식을 발전시킬 수 없는지, 그리고 왜 연구에서 때로 서로 다른 접근이 필요한지를 이해하고자 할 때 이러한 극명한 비교 작업이 중요하다고 생각한다.

간호학의 예

간호는 사회의 병자들을 돌보아야 할 보편적 요구에 의해 탄생했고 과학을 지향하는 임상의학의 협력자로 발전해 왔다. 간호는 성적 편견의 폭풍과 불이익을 당해 왔고, 전문직 사회에서 억압받는 집단임을 자성하게 된 정치적 각성기를 거쳐 왔다. 간호학은 스스로를 유사종교적 "소명"을 부여받은 직업집단 혹은 전문직으로 간주해 왔고, 이 소명여부를 간호학을 의학이나 여타의 건강과학 분야와 구별하는 과학적 근거로 간주해 왔다. 나아가서 현대 간호역사에서 이에 대한 완벽한 이론화를 위한 상당한 시도가 있었다. 종종 이 활동을 절대적으로 신임하고 실무의 목표로 삼기도 했다.

간호 분야에 존재하는 갈등적인 문제는 간호학 역시 고도로 복합적이면서 목적은 순수하다는 것이다. 간호가 지식을 필요로 하는 이유를 이해하는 데 있어서 중요한 특성은 새로운 방법론을 필요로 하게 된 이유가 된다(Dzurek, 1989; Reed, 1995; Sidani, Epstein, & Moritz, 2003; Thompson, 1985; Watson, 1995). 간호는 독특하고 독창적인 개인을 돌보는 일에 대하여 더 좋은 정보를 얻기 위해 항상 그리고 본래적으로 사람들 속의 패턴과 주제에 관한 지식을 필요로 했다. 간호 분야에서 지식은 항상 변증법적으로 진화해 왔다. 모든 개별 환자에 대한 간호에는 객관적 정보와 주관적 정보의 상호작용에 대한 검토가 포함되기 마련이다. 그 한 가지 예로 고관절 치환수술 절차에 관한 기술적 정보가 이 수술을 받는 개인의 인성에 따라 세심하게 조절되는 상황을 들 수 있다. 개별 환자에 관하여 발견한 것을 해석의 정보로 활용하고, 이것이 다시 이용 가능한 지식으로 발전한다. 여기서 이용 가능한 지식은 공식적 증거뿐 아니라 임상적 지혜, 패턴 인식, 기존의 실무지식, 윤리적 지식, 그리고 이 모든 것들을 통합하여 전문 실무에 적용하는 예술적 차원의 지식까지 포함한다(Johnson & Ratner, 1977; Liaschenko, 1997). 이렇듯 지식의 자원들을 이끌어 내고 이 지식들을 '왜 우리가 간호사인가'에 대한 철학적 이해에서 유추된 개념적 틀에 따라 분류하고 조직한다. 간호사는 이렇게 조직한 지식에 근거하여 담당하고 있는 개별 환자에게 맞추어 지식적용 방식을 만들어 낸다. 간호사들은 그동안 무수히 많이 접해왔던 건강문제를 해결하기 위해 표준화된 간호를 적용하는 상황에서도 최적 수준의 건강을 성취하기 위해서 각 환자는 새로운 접근과 적용방식을 필요로 한다는 신념을 고수하고 있다. 간호지식 개발에 관련된 복합성에는 이러한 일반화와 특수화 간의 가공할만한 긴장이 자리를 잡고 있다.

물론 지식과 실무의 변증법적 합일이라는 간호의 지향 축은 간호 고유의 것이 아니라 여타의 응용학문에서도 공유하고 있고 많은 동일한 사조에서 도출된 것이다(Maxwell, 1997). 그렇기는 하나 간호는 유독 이 신념에 집착하여 일상실무에서 개념화와 실천 간의 변증법을 밝혀줄 수 있는 지식에 막대한 가치를 둔다. 복잡하고 모순된 세계에서의 안위, 일상 실무세계의 난해성을 인식하는 사고방식에 대한 열정이 응용건강 질적 연구 분야에서 방법론개발이 일반화된 사유가 된다.

방법론적 기원

해석적 기술방법은 지식을 도출하는 접근방식으로 객관적 자연주의와 빈약한 이론화 양 측에 걸쳐 있는, 나아가서 사회에서 각 분야에 위임한 바에 따라 학문이 구별되는 응용학문에서 실질적으로 중요한 어떤 것에 대한 이해를 포함한다. 많은 인문과학에서 그러하듯이 과학적 근거가 완벽하지 않은 상태에서 정보에 근거하여 행동할 수밖에 없는 상황에 대한 반응이다.

오늘날 해석적 기술방법이라고 칭하는 방법론은 간호학이나 기타 전문직 학문과 같이 건강지식의 활용이나 "실무분야에서 제기된" 질문에 관심이 있는 학문에서 복잡한 경험적 임상현상에 대하여 보다 나은 이해를 이끌어 내기 위한 질적 응용연구가 필요하여 개발되었다. 해석적 기술의 방법론적 전략들은 전통적인 질적 연구 접근이 기원을 두고 있는 사회과학의 이론적 가정에서 도출되었다. 해석적 기술은 특정 맥락, 상황, 의도에 따라 설계에 다소간의 변형을 허용하는 선에서 이론을 개발하기 위해 이론적으로 이끌어 낸 접근의 일관성과 통합성을 유지하려는 노력을 반영하고 있다. 이렇게 하여 건강전문분야와 관련분야의 관심현상에 대한 훌륭한 질적 기술의 지표로서 연구 설계의 논리를 강조한다.

저자는 1991년 응용건강연구를 위한 전통적인 질적 연구의 필요성과 대안에 대하여 저술한 바 있다. 그 당시 건강분야의 질적 연구자는 자신들의 기여에 대하여 매우 방어적이었다. 이들은 사회과학에서 쌓아 놓은 신뢰를 빌어 자신들의 기여도를 입증하기 위해 사회과학에서 개발한 방법에 의존하려 했다. 특정 연구방법을 개발한 이론가의 이름을 인용하면서 스스로를 특정 방법론적 전통에 짜 맞추는 한편 다른 사람들도 구성 규칙을 정확히 따를 것을 요구하였다(Bartolomic, 1994; Janesick, 1994). 그러나 방법론적 전통에 근거하여 학문적 프로젝트를 구상하는 과정에서 전통적 방법의 구성규칙은 지식에 관한 특정 가정 안에 명확하고 분명한 뿌리를 두고 있고, 이 결과물을 응용분야의 학문에 적용하는 일은 필연적으로 가능하지 않다는 것이 명백히 드러났다.

현명한 독자는 이미 알아차렸겠지만, 저자가 여기서 말하는 학문과 이 학문에서 수 세대를 거쳐 개발된 방법론적 전통은 매우 광범위하고, 복잡하고, 다차원적이다. 여러 학파들의 학문적 노력들과 수많은 텍스트를 종합한 산물이다. 이 각 분야를 간단히 요약하면서 저자는 이들 전통들을 의도적인 맥락에 통합하는 일은 매우 불공정하다는 것을 깨달았다. 그럼에도 이 연구전통을 응용건강분야에서 그리고 전문적인 의도의 지식개발에서 1차적인 연구방법으로 사용할 수도 없고 사용해서도 안 된다는 나의 신념을 이해시키기 위해서는 먼저 이들 전통에 대하여 몇 가지 언급할 필요가 있다.

민족지 오늘날 우리가 알고 있는 민족지 연구방법은 인류학에서 인간 본질을 드러내는 다양한 표현물에 대한 심층 탐구를 통해 인간의 본질에 대한 신비를 밝혀내기 위하여 지난 세기 동안 발전시켜 온 방법이다. 1세기 이전의 '원시'문화는 현대 인류의 진화 유산에 관한 어떤 것을 드러낼 것이라는 관점이 나타났고, 민족지 전통은 사회조직, 인지기능, 인간의 복합성의 논리를 이해하는 창구로서의 문화 변형에 대하여 탐색하였다(Howard & McKim, 1983). 이것은 문화전반의 맥락 내에서 드러나는 인간경험의 특수 요소를 판독하는 작업을 통해 이루어졌다(Sandy, 1983).

민족지에서 인간행동에 대한 직접 관찰과 참여자와의 면담은 핵심 기전을 구성하는 행위의 의미에 초점을 둔다. 연구자는 문화 행위자의 시각을 분석하게 된다. 학자마다 문화 행위자의 내관적(emic) 관점이 외관적(etic) 관점을 밝혀 주는지 아니면 가리는지에 대한 범위에 대하여 다소 차이를 보인다(Hamersley & Atkinson, 1983; Kaplan & Manners, 1972; Pelto, 1970; Van Maanen, 1988). 그럼에도 대부분의 학자들은 인류학자들 스스로가 서구문화

중심의 관점의 산물이라는 것에 동의한다. 이는 민족지의 전통이 상대주의에 의존하고 있음을 의미한다(Hammersley & Atkinson, 1983).

근거이론 근거이론은 Barney Glasser와 Anselm Strauss의 작업에 기원을 두고 있다(Glasser & Strauss, 1967). 사회학에 뿌리를 두고 있는 이 근거이론 방법의 정교한 방법론은 인간행동은 "집단의식"안에서 이해될 수 있다는 기본 가정에 근거한다(Bowers, 1988; Haller, 1986). 사회학은 인류학에서 분지된 학문으로 두 학문은 매우 근접하다(Strauss, 1987). 인류학이 사회적 행동의 의미에 관한 지식을 국소수준에서 직접적인 방법을 통해 접근한다는 차이가 있을 뿐이다. 인류학에서 주제보자가 인류학자에게 해당 사회내의 특정 행동 양상에 대하여 정보를 제공한다면, 사회학자는 의도적으로 접근한 정보가 갖는 자연스러운 그리고 상대적인 편견이 학자가 사회구조 저변의 구조망을 파악하는데 방해가 된다고 생각한다. 이와 같이 사람들의 행동에 대한 주관적 해석이 정확한가의 여부에 대한 관점의 차이가 근거이론과 이 절차를 구분하는 근본적인 특징이다.

대부분의 사회적 활동이 사회와 사회 구성원 개인 간의 상호작용을 이해하는 수준에서 발생하기 때문에(Outhwaite, 1975; Schwartz & Jacobs, 1979), 사회학 연구의 목표는 인간 활동을 구성하는 사회적 힘을 이해하는데 두었다(Schatzman & Strauss, 1973). 사회학자들도 인류학자와 유사한 방식으로 현장연구에 참여하지만, 그 분석은 미시수준과 거시수준의 변증법적 방식을 따른다(Cicourel, 1981; Fielding & Fielding, 1986). 따라서 근거이론을 적용한 사회학적 연구의 산물은 이론개발인 반면 민족지 연구자들은 사람들이 자신의 세계를 어떻게 구성하는가에 대한 증거물을 제시하고자 한다. 한편 현상학자들은 정상 담론 저변에 깔려있는 주관적 인간경험의 본질을 밝혀내고자 한다.

현상학 현상학은 존재론(존재의 본성)과 인식론(지식의 본성)의 근본적 질문에 대한 현상학적 입장에서 파생한 연구방법으로 사물의 본질 혹은 "그

것이 없이는 존재할 수 없는" 차원의 것들을 이해하고자 한다(Van Manen, 1990, p. 10). 현상학의 중심 입장은 인간의 근본적 진실은 인간의 주관적 경험에 대한 이해를 통해서 접근할 수 있다는 전제이다(Burch, 1989; Cohen, 1987; Giorgi, 1970). 현상학자들은 인간의 생각을 여과하여 의미를 구성하는 심층의 본질적 구조에 대한 지식을 얻어내고자 한다. "그 안에서 그리고 이를 통해서 객관적 세계가 나에게 존재하는 자아와 의식으로의 생명체로서의 나 자신에 대한 이해에 도달하는 방법론이다"(Husserl, 1929/1975, p. 8). 그러므로 현상학 전통에서 모든 지식은 해석이다. 이 해석은 필연적으로 생의 "외재화(exterioization)"와 그 결과로 만들어진 결과에 대한 반영을 통해 이루어진다(Ricoeur, 1981b). 현상학적 연구 접근은 동정적 자아성찰과 반성을 통한 공감적 이해, 이른바 이해(verstehen)를 이끌어 낸다(Patton, 1980). 이 방법은 개인과 그의 실제의 접촉에 대한 매혹을 높여준다(Van Kaam, 1966). 특히 언어적 형태를 통한 표현을 이끌어 낸다(Gadamer, 1975/1985; Schutz, 1932/1967). 현상학의 모순은 바로 인간경험의 지식 내에 이미 드러나 있는 진실에 대한 인간의식을 이끌어 내는 것이다. 이 진실은 변하기 마련이기 때문이다(Burch, 1989).

분리와 다양화

민족지, 근거이론, 현상학은 방법론 개발의 기초가 되는 학문의 기조를 유지하면서 다양한 연구 접근을 적용하고 이용하는 데 필요한 복잡한 절차상의 규칙들을 만들었다. 예를 들어 민족지 연구자들은 주장에 대한 신뢰를 확보하기 위해 현지조사의 구성요소와 개입 수준에 대하여 일련의 전통을 제시하였다. 근거이론 학자들은 표본의 최대 변이에 관한 구조와 다양한 수준의 코딩에 대한 규칙을 개발하였다. 현상학자들도 선지식을 차단하는 기술과 해석과 설명을 면밀히 구별하는 기술을 개발하였다. 이 분야의 학자들이 이끌어 내야 할 결론은 전적으로 이 결론에 도달하기까지 의존한 통합된 방법들에 달려 있으므로 방법론적 전통에 엄격한 주의를 기울인다. 이렇게 하여 방법론에 대한 엄격한 고수가 신용할만한 질적 과학의 일차적인 특징으로 자리를 잡았다. 매년 수많은 아형의 방법론들이 만들어 지고 수정 보완되고 있지만, 전통을 고수하는 일은 질적 접근의 질 평가에서 중요한 영역으로 자리를 유지하고 있다.

간호와 여타의 건강과학분야에서 질적 연구에 대하여 거론하기 시작했을 때 이 방법론적 "순수성"은 보다 큰 학문적 건강 연구의 맥락에서 질적 연구를 의미 있는 작업으로 받아들이게 하였다. 유명한 질적 건강연구의 선구자는 해당 연구전통의 배경 학문에 견고하게 학문적 뿌리를 두고 있었는데, 흔히 이 선구자들은 박사과정 훈련을 통해 사회화된 사람들이었다. 이 선구자들이 저술한 구체적인 방법론은 이 방법이 기초한 기원 학문의 유산을 명백하게 드러내었고 이 중 다수가 그 학문의 이론적 이념 안에서는 무리가 없었고 효과적이었다.

그러나 건강연구가 폭증하면서 임상의 난해한 질문들에 답을 구하기 위한 시도로 질적 접근이 표면에 떠오르기 시작하였다. 여기서 임상 문제들은 전통적인 양적 방법을 이용한 연구로는 의미 있는 해결안을 산출해 내지 못하는 그런 문제들이었고, 이것이 바로 사회과학적 접근의 임상연구가 갖는 한계였다(Johnson, Long, & White, 2001). 간호사와 건강연구자들은 민족지의 현장연구 방법인 참여관찰과 면담을 발견하자 그동안 제기되어 왔던 건강관련 질문에 쉽게 적용하였다. 이들은 이 임상현상을 보다 큰 전체 문화의 맥락 내에서 검토할 준비가 거의 되어있지 않았다(Aamodt, 1989). 대신, 거의 전적으로 인류학의 민족지 연구 형식에 의존하여 그들의 특수한 발견을 맥락화하여 전체에 대한 이해를 얻고자 하였다. 구체적인 특정 행위, 의례, 신념들에 대한 기술이 친족 제도, 언어 패턴, 문화에 대한 세계관을 위험할 정도로 축소하고 잠정적으로 비윤리적일 것이라는 의식을 지니고 있지 않았다(Germain, 1986; Omery, 1988).

유사하게, 근거이론 방법론에서 도출된 지속적 비교 분석 접근이 간호사나 건강 전문가가 개별 임상사례의 건강문제를 검토하는 임상 추론과정과 유사하다고 안일하게 믿었던 반면(Chenitz & Swanson, 1986b), 사회적 영향력과 개인의 해석 그 자체간의 변증법을 이론화하는데 관심을 둔 임상전문가는 거의 없었다. 오히려 이들의 분석은 사회적 행위가 실천되는지의 여부를 알아보기 위한 것이었고, 실무 목적에 기여할 수 있다고 믿어지는 한에서만 임상문제를 통찰하였다(Hutchinson, 1986; Stern, 1985).

근거이론과 현상학이 주관적 지식의 의미와 사용에 관한 입장이 현저하게 다르듯이 현상학의 궁극적 목적과 건강분야의 문헌에 나타난 지적 절차도 차이를 보인다. 간호는 역사적으로 직접적인 개인 경험 수준에서의 적용을 선호하기 때문에 연구자와 대상자간의 집중적인 개입을 포함하는 현상학적 방법이 개별 환자를 독특한 존재로 간주하고 존중하는 간호학의 윤리적 신념과 일치한다는 면에서 특히 타당한 방법으로 간주되었다. 결과적으로 현상학의 주관적 실제의 중요성에 대한 확신이 경험적 임상지식을 발견하는 잠재력과 더불어 많은 간호연구자와 건강연구자에게 매력으로 다가왔다(Artinian, 1988; Oiler, 1986). 순수 현상학적 지향이 "존재"의 심층의 본질적 구조를 발견하고 이 본질적 구조의 공유 여부에 대한 가정에 깊은 관심을 두고 있는 것과는 달리 응용건강연구자들은 현상학 방법을 인간건강과 질병경험의 측면에 대한 탐구를 정당화하기 위해 사용하는 경향이 있다(Anderson, 1989). 이들은 실무를 개선하기 위한 통찰력을 제공할 목적으로 일반화 할 수 있을 만큼 인간건강과 질병경험을 충분히 이해하고자 한다. 맥락을 차단하기 보다는 주제를 선정하고 강조하기 위해 적용하고, 임상상황에서 맥락의 다양한 특성을 인정하며, 주관적 경험과 이 경험의 바탕에 놓여있는 본질적 구조 분석에 대하여 관심을 갖는다. 이렇듯 개인과 그의 세계를 분리하는 현상학의 가정은 무시되고, 응용건강연구자들은 두 관점간의 "주관성의 본질에 대한 비균형적인 시각"으로 기술되었다는 것을 피하고자 하였다(Yegdich, 2000).

많은 건강분야의 학자들이 그들의 질적 질문의 필요에 충족하기 위해 비자의식적으로 혹은 무의식적으로 사회과학의 접근의 형틀을 재조직하고 적용하였고, 일부는 근본적으로 타협이 불가능한 부조화가 존재한다고 인식하기도 하였다. 인류학 전통의 민족지 연구자들은 연구의 목적을 인간의 본성 이해에 둔다. 사회학의 근거이론 연구자들은 연구의 가치를 인간행동에서 이끌어 낸 기본사회과정 발견에 둔다. 심리학과 심리학 관련 분야의 현상학 연구자들은 실제는 인간 주관성의 본질적 구조를 통해서 경험되기 때문에 실제는 존재한다고 생각한다. 이 학문적 전통들이 큰 사조에서 작용하는 역할이 있는 반면, 이 전통에서 개발된 접근들은 응용학문의 실용적 요구와는 상반되는 측면이 있다. 응용학문의 학자들은 문제를 충분히 이해하기 까지는 지속적 행동을 병행할 수 없음을 발견하였다. 객관적 실제와 주관적 실제가 상호 배제적이라는 지적 입장을 인정할 수는 있으나, 응용건강분야의 실무현장에서는 양측이 모두 걸쳐져 있어야 한다는 사실을 알고 있다. 따라서 많은 건강연구자들이 사회과학의 방법을 질적으로 도출된 건강관련 질문에 답변을 구하는 최선의 방법으로 인정할 수 없음을 알게 되었다.

전통적인 질적 연구전통은 건강연구분야의 요구를 충분히 충족시키지 못하면서 이 분야의 문헌에 명시적 암묵적 적응이 드러나기 시작되었다. 다양한 연구자들이 여러 전통들을 도용하고 혼합하고, 일부 연구자는 연구 설계에 대한 논의에서 이를 명시하기도 하지만, 연구 설계에 대한 기술, 언어 선택, 연구를 이끌어 온 가정이나 지식에 대한 특정 자원을 통해서 암묵적으로 드러내는 연구자가 더 많다. 이러한 정황에서 Janice Morse를 비롯한 몇 몇 학자들은 일련의 기준을 적용하면서 깊이가 없고 "방법론적으로 날림"인 연구에 대하여 깊은 우려를 표명한 바 있다(Barker, Wuest, & Stern, 1992; Johnson, Long, & White, 2001; Morse, 1989a; Stern, 1994). 그 외의 건강 연구자들은 전통적 방법에서 방법론적 변화를 추구하였다. 이 중 일부는 건강분야와는 멀리 벗어난 학문에서 방법론을 빌려 오면서 근본적인 규칙은 극히 일부만을 적용하였다. 이러한 변형된 접근들로는 서술적 탐구, 자가 민족지, 행동학, 사례분석 등이 있다. 이 접근들은 질적 건강 탐구에 대한 기술로서 대두되기 시작하였다. 연구 설계와 방법에 관한 주장이 증폭하는 현상은 "방법론적 정책"과 충돌하지 않고 질적 장르의 신용을 벗어나지도 않으면서 그 학문에서 필요로 하는 지식에 기여하는 연구 접근을 합법화 하는 좀 더 나은 방법을 향한 시도를 반영한다. 그러나 건강분야의 질문에 답을 구하기 위하여 질적 연구를 적용할 때 이 다양한 접근을 통해서 도출된 결과물 다수는 단지 "보고 느끼는" 정도에 머물러 있다. Morse의 지적과 같이 무명의 건강분야에서 필요로 하는 학문적 지식을 이끌어 내기 위해서는 아직 상당한 양의 합법적 질적 연구가 실천되어야 한다(1989, p. 6).

해석적 기술방법의 탄생

다른 유형의 질적 건강연구에서와 마찬가지로 저자와 동료, 그리고 학위과정의 학생들과의 연구 작업은 차츰 간호 분야와 건강분야는 같은 논리로 학문에서 필요로 하는 구체적 지식을 찾아갈 수 있다는 확신을 갖게 해 주었다(Thorne, 1991). 저자는 교육 연구 분야에서 시작된 방법론 개발에 의해 용기를 얻었다. 교육 분야의 연구들은 방법론 고수에 강박적이지 않으며 교육의 일차적인 관심은 존재보다는 학습이므로 학문의 본질이 뚜렷이 구별되는 탓에 방법론의 변용을 쉽게 정당화한다. Michael Quinn Patton (1987)의 질적 평가연구와 Yvonna Lincoln과 Egon Guba (1985)가 개발한 자연주의 탐구 접근은 엄격하고 사려 깊은 학문적 방법론으로 전통적인 접근에서 빌려온 특정 요소들을 명백하게 기술하면서도 새로운 목적에 따라 전통적 접근과는 다른 차별화된 논리에 따라 이 요소들을 재구조화하고 있다.

방법론적 절충주의가 훌륭한 과학을 만들어 내지는 않는다고 인식하는 저자는 단순한 기술을 넘어서 모든 응용학문에서 제기되는 "그래서 무엇을 하겠다는 것인지"의 영역에 도달하는 질적 서술적 접근을 위한 지침서 출간 프로그램에 관심을 갖게 되었다. 임상연구를 사회과학의 이론적 전통에 위치시키는 것이 직접 적용하여 사용할 수 있는 지식을 반드시 생산하지 않아도 되는 사회적 이론화에 상당히 기여할 것이라는 점은 분명하다. 실무 분야의 여러 차원에서 어떤 측면이 더 탐구되어야 하고, 어떻게 탐구할 수 있으며, 일상의 실무 현장에서 이 행동 패턴들을 어떻게 활용하고 실천할 것인가를 찾아내기 위해 "설명적" 해석적 분석을 포함하여 더 많은 이해를 필요로 하는 주관적 경험이나 관찰 가능한 인간행동양상이 존재한다. 이론적 통합성과 유용성 간의 이 긴장은 저자의 생각 한 가운데 자리 잡게 되었고, 이른바 "해석적 기술"의 전반적인 논리를 이끌어 내는 요소가 되었다.

저자는 1990년대 중반에 자신의 연구 설계 논리를 통합하는 일에 특별한 재능을 지니고 있는 두 명의 학위과정 학생과 일을 하게 되어, 간호사를 위한 "해석적 기술" 방법론 초본을 출간하였다(Thorne, Reimer Kirkham, & MacDonald-Emes, 1997). 학위과정 학생과 여러 응용 분야로부터의 요청에 힘입어 제2판을 출간하면서 심층적인 분석과정을 포함하였다(Thorne, Reimer Kirkham, & O'Flynn-Magee, 2004). 이 두 저서에 해석적 기술방법의 개념적, 철학적으로 방법론적 핵심을 제시하였다. 이 저술들이 본 책을 구성하는 근간이 되었다. 해석적 기술방법은 저자가 이제까지 작업해 온 연구방법으로 다음의 신념을 갖게 되었다. 저자와 동료들의 경험을 통해서 저자는 간호학과 건강 학문에서 적용능력이 있는 의미 있는 학문적 결과물을 생산해 내기 위한 논리적 모델을 개발하는 목적에 기여하고 실제로 이런 모델을 제공하는데 기여한다는 확고한 신념을 갖게 되었다. 응용학문분야의 여행과 레저 연구에서 Buissink-smith와 Mclntosh (1999)는 건강 영역을 넘어 다른 응용학문의 지식 개발에 이 방법을 응용하기 시작하였다. 이 책을 저술하면서 저자는 적용연구나 건강연구에서 연구자가 실무적용 상황에서 지식의 본질을 깊이 이해하면서 여러 방법을 통합하고자 할 때 독특하고 특별한 설계를 통해 보다 분명한 사고방식을 만들어 내기 위한 대화를 시도할 것이다.

해석적 기술방법과 해석적 기술방법이 아닌 것

방법론의 학문적 기원을 이해하고 이 방법론을 통해서 완수해야 하는 것이 무엇인지를 이해하면 해석적 기술방법의 범위와 한계에 대한 평가를 시작할 수 있다. 이 책의 관련 장에서 상술되듯이, 해석적 기술방법은 새로운 발견으로 이끌어 가는 순서적인 단계를 상술하는 처방적인 것일 수도 없고 처방적이지도 않다. 해석적 기술방법은 기존의 질적 접근을 이용하여 연구하는 사람들에게는 익숙하지 않은 방법론적 대안으로 제시한 방법으로, 기존의 방법과 완전히 구별되는 방법도 아니고 전혀 새로운 방법도 아니다. 이론적 혹은 학문적 기반을 완전히 벗어난 질적 기술도 아니다. 해석적 기술방법은 새로운 지식 개발에 유용한 역할을 하는 하나의 접근이다(Sandelowski, 2000).

그보다는 해석적 기술방법은 임상 연구자가 건강영역에서 매우 바람직하게 질적 연구를 적용하는 그런 수준까지 도달하게 되는 튼튼한 논리적 근거를 갖추었음을 지칭하고 이름을 붙이는 방식이다. 해석적 기술방법은 현상학, 민족지, 혹은 근거이론을 수정 또는 희석한 방법이라기보다는 하나의 명칭임을 밝히고자 하며, 방법론적 위반으로 간주하거나(Johnson, Long, & White, 2001), 단순히 "질적인 기술"(Sandelowski, 2000)이라 부르거나, 명백한 질적 기준을 벗어난 "일반적인 질적 연구"(Caeli, Ray, & Mill)로 간주하지 않기를 바란다. 해석적 기술방법은 전통적인 맥락 밖에서 특정 기술과 절차를 적용하는 것을 정당화하는 학문적 지향에 의해 탄생한 견고하고 실질적인 논리를 갖춘 개념적 전략이다. 해석적 기술방법은 학문의 개념적 틀을 중심으로 조직하도록 허용함으로써 더 많은 것을 알기 원하는 무한한 임상현상과 관련된 설계안의 함의에 대한 지식체를 구성하게 해준다. 또한 질적 결과물이 관심을 기울일만한가를 판단할 수 있는 견고하고 든든한 방어 기반을 제공한다.

해석적 기술방법은 질적 연구 접근으로 두 가지 자원에서 이끌어 낸 목표를 통합해야 한다. 그 하나는 실무 목표이고, 나머지는 경험적 증거에 기초하여 우리가 하고 있는 것 우리가 알지 못하는 것을 이해하고자 하는 목적이다.

이 접근은 이 두 가지 목적에 준하여 질문을 만들어 내고, 논리적이고 체계적인 그리고 방어할 수 있는 방식으로 현장에 투입하고, 자료를 수집하여 증거물 그 이상으로 다른 어떤 것이 존재하는가를 찾는 해석적 사고로 연장하는 그런 맥락을 창조하는 과정을 포함한다. 이렇게 하여 사전 지식을 생산했던 기존의 시각을 재구성하고, 증거를 실무에 적용하는 것 뿐 아니라 새로운 질문을 구성하는 새로운 통찰력을 생산해 낸다. 다른 모든 질적 연구와 마찬가지로 해석적 기술방법은 일반화와 증거 생산을 사소한 것으로 간주한다고 주장한다. 매일 건강관련 결정을 내려야 하는 근거 기반 실무 환경은 왜 오늘날 경험과학 상태가 이 상황에 이르렀는지 그리고 이는 무엇을 의미하는지를 비판적으로 해석하도록 허용해 주는 방법을 점차 더 중시하게끔 한다. 우리는 인간건강을 경험하는 주관적, 경험적, 감각적 및 패턴화된 측면을 포함하는 새로운 지식을 절대적으로 필요로 한다. 이는 이론을 발전시키기 위해서가 아니라 사람들의 삶의 현장에 증거를 제공할 미래 결정을 안내하기 위한 충분한 맥락적 이해를 위해서이다.

이 책에서는 해석적 기술방법에 대하여 극히 소수의 간단명료한 처방적 지침으로 구성되는 "요리책"과 같은 방식으로 제시하지는 않을 것이다. 이 책은 연구 설계를 통합하기 위해서 해야 할 것들보다는 무엇을 피해야 할지에 대하여 실질적인 이해를 제공하고자 한다. 연구 설계의 다양한 요소들이 연구를 적용하는 맥락에 따라 훌륭할 수도 있고 우스꽝스러울 수도 있기 때문이다. 저자는 연구자가 어떤 연구 질문을 해야 하는지를 독자와 대화하고, 학문의 특성과 그 질문에 일관성 있게 질적 연구 설계를 정하도록 격려하면서 이 연구 접근의 의미와 특성을 소개하고자 한다. 과학적으로 수용할만한 통합된 연구 설계 논리 모델을 세우고자 하며 응용학문분야의 철학적 기초를 세우고자 한다. 보다 근본적으로 독자가 "왜"와 "어떻게"를 지적으로 파악할 수 있도록 돕고자 한다.

제 2 장

임상현장에서 제기되는 질문들

질문이란 무엇인가?

연구 질문은 가볍게 형성되지 않는다. 응용건강 분야의 연구 질문은 이용할만한 지식이 아직 충분하지 않은 임상문제에서 도출된다. 연구 질문은 임상현장 상황 이외에도 다양한 학문분야의 학문적 "프로젝트"에서 도출되기도 한다. 다시 말해서 구체적인 새로운 연구 질문을 구성하기 전에 연구의 이유를 뒷받침하는 근거들이 있어야 한다는 것이다. 이러한 학문적 지향이 바로 연구 질문이 단순한 잡지기사나 호기심에 의해 도출된 질문과 차별화되는 특징이다. 물론 예를 들어 인터넷에서 주장들이 아주 강력하게 개진되는 것과 같이 누구나 자료를 수집하고 주장을 개진할 수 있다. 그러나 주장은 해당 분야의 학문적 수준에서 신뢰할 만한 것이어야 하고, 전문가가 실질적인 학문적 지식으로서 의미가 있는 그러한 질적 결과물을 합리적으로 생산해 낼 수 있어야 한다.

연구의 질이 연구 질문과 연구방법간의 일치 여부에 달려 있음은 명백하다. 그렇기는 하나 연구 질문을 만들어 내는 행위는 보다 복합적인 정신작용이다. 여기서 우리는 해석적 기술에서 어떻게 질문을 형성할 것인가를 논하기에 앞서 질문을 형성하는 과정에서 제기되는 몇 가지 도전문제들을 검토하고 일반적인 연구 질문의 특성에 대하여 생각해 보고자 한다.

어디서부터 시작하는가?

전통적인 양적 건강과학에서 새로운 연구는 기존의 지식에 그 뿌리를 두고 있다. 이것이 가치 있는 과학적 주장과 단지 자료들을 "짜깁기"한 것을 구별하는 중요한 요소가 된다. 그러나 건강 분야에서의 질적 연구는 때로 다른 경로를 취하는데, 이는 아마도 질적 연구가 상위의 건강연구의 틀 내에서 그 역사와 전통이 다르기 때문일 것이다. 저자는 질적 건강연구에 대한 열정을 Goffman (1961), Sundow (1967), Strauss (1975), Kleinman (1980) 등 사회과학의 거장들의 괄목할만한 기여에서 그 근원을 추적하고 있다. 1980년대 중반에 이들의 업적에 고무된 Anderson (1981), Field와 Morse (1985), Leininger (1985), Parse와 동료들(1985), Chenitz와 Swanson (1986a), Munhall과 Oiler (1986) 등이 연구과정을 오염시키지 않으면서 인간 주관성과 사회적 행동의 복합성을 핵심적인 탐구 주제로 삼는 발전된 새 과학 패러다임을 수용하였다.

이 초기 질적 건강연구자들은 주로 쿤 학파(Kuhn, 1962)의 과학혁명을 이해하기 위한 패러다임에 대한 주장을 수용하였고, 적어도 10년 간은 질적 연구는 양적 접근이 발전된 근거가 되는 논리적 실증주의와는 상반되는 입장을 고수하였다. 감사하게도 우리 학문 사회는 우리 학문의 존재론적 입장과 인식론적 입장을 형성하는 철학적 시각에 대한 심도 있는 이해를 기반으로 하여 발전되어왔다. 그러나 건강 연구의 세계는 때로 양 극단의 두 종류의 연구로 대별된다. 이 두 종류의 연구는 서로 양립할 수 없고 구성요소들을 이해할 수 없어 연구 문제를 공유한다는 것은 이해할 수도 없다고 생각한다. 이러한 역사가 초기의 질적 연구 저서에서, 그리고 많은 학자들이 자신의 연구 틀을 구성하고 연구결과를 제시하는데 있어서 방어적인 태도를 취하는 이유를 설명하는데 도움이 된다.

질적 연구 질문의 구성요소는 무엇인가?

질적 연구는 심층적 이해와 맥락에 대한 이해가 유의미한, 그리고 정량적으로 측정하기에는 부적절하거나 충분하지 않은 그러한 인간 현상에 관한 경험적 지식을 생산해 내고자 한다. 양적 과학은 집단과 인구에 대한 정보가 정제될 수 있는 전통을 만들어 낸 반면, 질적 학자들은 개별 인간경험 내의 패턴과 주제에 초점을 두는 경향이 있다. 이는 객관적 지식과 주관적 지식의 차이, 가치중립적 진리의 확증과 경험적 실제의 구성의 차이를 반영한다.

전반적인 인식론적 입장과 여기서 도출되는 방법론적 전통간의 차이를 이해하는 것이 중요하다. 이에 대한 이해는 연구자가 처음 제기한 연구 질문의 특성에 대한 답을 찾아가는 방법을 조율할 수 있게 해준다. 연구자는 사람들이 어떻게 "행동하는 가"에 대한 기록을 통해서 사람들이 어떻게 "느끼는"가에 대하여 결론을 내릴 수 없다. 또한 상황에 대한 사람들의 지각을 종합하여 일반화할 수 있는 "진실"을 지니게 되었다고 만장일치의 확증을 결론지을 수도 없다. 때로 당신의 흥미를 끈 복합한 임상 쟁점들을 연구해 낼 수 있을 만한 구체적인 질문을 추출하기가 어려울 수도 있다. 그러한 상황에서 한 가지 중요한 연구 단계는 당신이 연구가능한 문제로 추출해 낼 여러 대안들을 명확하게 구별해 내고 한 가지 답변을 위한 공식적인 연구방법을 이끌어 낼 수 있는 방식으로 질문을 구성하는 것이다.

예를 들어 만성질환자에게 보다 나은 간호를 제공하는 일에 관심을 가지고 있다면 여러 통증 측정 도구의 동등성을 평가하거나, 여러 강화중재 프로토콜들을 실험 해보거나, 각종의 간호 대안들이 주관적으로 어떻게 수용되는가에 대한 의견을 형상화하기 위해 오랜 동안 만성질환을 경험 해 온 사람들의 세계관을 탐색할 수 있다. 각 대안들은 가치 있는 목표들이고, 전혀 다른 연구 접근을 필요로 한다. 이 각 대안에 근거하여 몇 가지 답을 이끌어 낼 연구를 만들어 낼 수 있으나 당신이 제기한 질문에 대한 답만을 이끌어낼 수도 있다. 예를 들어 통증 측정도구들을 비교하여 간접적으로 중재나 간호활동을 강화시킬 수 있지만, 이 때 이러한 요소들에 대한 결론을 직접적으로 주장할 수는 없다.

질적 연구 질문의 특성을 이해하면, 비로소 우리는 무엇이 연구 질문이고 연구 질문이 아닌 것은 무엇인지, 그리고 우리의 논리를 적용하여 연구 질문을 추적해 갈 적정 방법과 충분히 발견할 수 있는 범위와 한계를 사전에 정할 수 있다. 문제, 연구 질문, 방법, 그리고 결과 산물의 관계를 심사숙고하는 일은 연구 전문가가 되는 필수 기술이다. 첫 시도라면 당신 앞에 놓인 한 두 단계 그 이상을 생각하는 일은 매우 도전적인 일일 수 있다. 그러므로 대부분의 초보 연구자는 노련한 연구 안내자를 필요로 한다. 이러한 안내자 없다면 연구 "지원 팀" 구성을 고려할 수 있다. 노련한 학자들은 혼자 질적 연구를 하는 것이 익숙하고 편하지만 대부분은 집중적인 독서, 대화, 성찰과 반성, 토론 등을 통하여 질적 전통에 대하여 가장 잘 배울 수 있다. 이러한 이유로 소프트웨어와 공학기술이 현저히 발전했음에도 질적 연구는 온전히 연구자의 정신 작용에 의존하게 된다. 이 도전을 위해 여러 전략들에 근거하여 연구자의 마음에 형태를 그려내는 일을 강력히 권장한다.

학문분야의 연구 질문의 구성요소는 무엇인가?

학문 분야는 특정 방향으로 지식을 개발해 가는 일련의 공통의 기초 단위로서의 중요한 역할을 한다. 학과가 서로 다른 학문적 지식 요소들을 다루는 학자들로 구성되는 학파라면, 일관성 있는 하위 구조, 즉 해당 학문의 가정들과 개념들을 만들어 낼 것이다. 예를 들어 교과과정 구성과 특정 주제의 수용 가능성 여부, 각종의 학문적 프로젝트가 전체를 이해하는데 있어서 일관성 있게 조합이 될 것이다. 이는 학문분야가 믿기 어려울 만큼 다양하고 복잡해진 현 상황을 지나치게 단순화한 면이 있기는 하지만, 우리의 학문들 간의 세계에서 왜 학문이 중요한 역할을 이어가는가를 이해하는데 있어서 중요한 퍼즐 조각을 남겨두었다고 생각한다.

우리는 의학적 상황에서 문제에 대한 서로 다른 접근방향들을 명시적으로 포착하는 일에 아주 익숙해져 있다. 인체의 여러 기관계가 포함되는 의학적 응급상황에 대한 해결안을 개발할 때 관련 의학분야 전문가들의 경쟁적 관점이 해당 인체 기관에 대한 권리를 확보해 줄 것이라는 점을 고려할 것이다. 이 상황에서 우리는 특정 관점에 대하여 지지하는 개별 시각들을 평가하고 가장 좋은 해결안을 만들어 내는 관점들 간에 대화를 만들어 낸다. 동시에 우리는 잘못 결정될 경우 잃게 되는 것은 총체로서의 인간이라는 것을 충분히 평가한다. 그리고 우리는 각 전문가들이 자신의 전문가적 관점을 전체 상황에 비추어 비판적으로 평가하고 결론을 내릴 것으로 믿는다. 이렇듯 우리는 한 문제에 대하여 다양한 관심과 관점을 가지고 접근하는 것에 가치를 두고, 단일 실무자가 지니고 있는 덜 고급스러운 지식으로 단일화하려는 경향을 원치도 않는다.

학제간의 상황에서도 같은 원리를 적용할 수 있는데, 종종 많은 학자들이 협조정신과 협동정신을 실천하는 과정에서 이 원칙을 망각하기도 한다. 초기에는 학제간 연구를 취약하고 원칙이 없는 연구로 인식하였다. 이 시대에는 다른 학문분야와 공유하고 협동을 이끌어 낼 수 없는 그런 문제들을 안고 있었다. 그리하여 각 전문의들이 진지한 대화를 거부하여 의학적 의사결정이 각 전공별로 조각난 상태가 되는 상황이 발생하였다. 오늘날의 많은 학제간 연구에 대한 열정은 초기의 분열에 대한 반작용인 듯하다. 오늘날은 편안하게 공동 연구를 하고 지식을 빌려 오고 방법들을 평가하고 동일한 언어로 대화할 수 있게 되었다. 그러나 새로운 협동정신이 일부 탁월한 새로운 동반자 정신을 촉진시킨 반면 연구자들이 자신의 학문적 유산이나 맥락을 이해하지 못한 채 아이디어를 선택하는 그런 분위기를 창출하고 평가, 판단, 대조가 불가능한 지적 주장들을 생산해 내기도 하였다.

저자의 학문분야인 간호학에서 이에 대한 몇 가지 예를 들어보자. 간호는 사회로부터 지식을 인간건강과 질병문제를 해결하는데 사용하도록 위임받은 전문직 학문이다. 간혹 간호학문의 경계를 명확하게 그려내기 어려운 경우도 있지만 그렇다고 해서 간호학이 존재하지 않는다는 의미는 아니다. 저자가 간호하던 초기에 여성 폭력은 간호사의 관심사가 아니라는 것이 학문세계에서 공통된 지혜였다. 여성 폭력은 사회복지사의 영역에 속하는 것이었고 법적, 제도적 제도와 관련된 문제였다. 다행히 많은 간호사들이 학문과 실무적용의 경계에 도전하였고, 오늘날에는 간호학에서 폭력과 건강문제의 관련성에 대하여 관심을 갖는 것에 의문을 제기하지 않게 되었다. 그러나 단순히 이 이유에서, 새로운 지식으로 학문의 경계가 확장될 수 있다는 것이 곧 이를 제거해야 한다는 의미는 아니다. 질병으로 이행될 수 있다는 이유로 간호사가 사람들에게 일어나는 모든 측면의 문제에 대한 지식개발에 관여해야 한다는 주장은 정당한가? 폭력에서 심리학, 범죄학, 정치학에 더 적합한 영역이 있는 것은 아닌가? 이에 적합한 예로 간호학회지에 게재된 직업여성의 타투(tattoos)에 관한 연구를 들 수 있다(Armstrong, 1991). 타투는 여러 분야에서 관심을 끌만한 주제들을 안고 있다. 예를 들어 사회학에서는 새로운 행동 경향으로, 심리학에서는 동료의 압박이나 충동 조절력 장애의 주제로, 공중보건 분야에서는 감염원으로서 다룰 수 있다. 그런데 이 연구보고서는 문제의식 없이 이 현상을 간호사가 임상 적용과 연결성을 찾아낼 수 없는 태도로 기술하였다. 독자들은 편집자에게 보낸 편지에서 이 학회지가 질 평가를 포기하는 위반을 저질렀다고 화를 내었다.

학문적 관련성의 기준은 모든 학문 분야에 적용된다. 인간은 무한한 호기심을 선물로 받은 존재이므로 모든 학문에서 그 학문의 중심을 차지하지 않는 혹은 경계선 상에 놓여있는 아이디어에 대하여 탐구하고자 할 수 있다. 이러한 태도는 때로 "세계내 존재"로부터 도출된 통찰력으로 우리 학문에 정보를 제공하고 보다 풍부하게 만들어 주기도 한다. 그러나 "그 학문"이기를 포기하는 일은 우리를 지식 그 자체에 목적을 둔 난잡한 지식 세계에 밀어 넣는다. 우리 학문의 역사와 신성한 의무에서 벗어나는 순간 우리는 좋은 과학과 나쁜 과학, 좋은 아이디어와 나쁜 아이디어를 구별하는 능력을 잃게 된다. 이러한 이유로 비속어를 사용하기 시작 10대 자녀 때문에 청소년의 언어사용 패턴을 탐구한 정형외과 의사는 더 이상 의학 분야에서 신뢰할만한 과학자는 아니다. 오히려 이 주제는 지역사회 정책사무소에서 연구하는 것이 더 적합하다. 해당 분야의 기본 가정에 얽매이지 않아 정확하게 그 분야에 공식적인 근거를 두지 않은 경우에서도 때로 훌륭한 아이디어가 도출되기도 하지만, 학문적 뿌리에서 도출된 과학적 주장의 특성은 상대적 진리나 허위의 결론과는 구별된다. 이렇듯 주장의 특성과 주장이 어떻게 합법적으로 사회로부터 수용되는가에 대한 기대는 그 주장이 만들어진 근거에 달려있다.

연구자들이 가치 있고 신뢰할만한 연구를 실행하기 위해 연구방법을 선택하는 상황에서 이 원칙을 고수하는 일은 주제 뿐 아니라 방법에도 적용된다. 한 분야의 연구 방법을 다른 분야에서 연구 문제를 만들어 내거나, 방법론의 통합적용, 또는 결과의 연관성 확보를 위한 연구 설계에 적용하는 사례들이 있다. 유사하게 단순히 특정 연구방법에 매력을 느껴서 연구 질문을 선택하는 연구자 역시 핵심을 놓치고 있다고 본다. 우리는 근거이론가나 현상학학자가 되고자 하는 사람을 가르치고 싶지 않다. 오히려 자신의 분야에서 제기된 실제적이고 중요한 연구 질문에 대한 답을 찾는데 적합한 그런 연구방법을 적용도록 교육하기를 원한다. 유사한 건강 문제를 지닌 사람들의 공통 경험에서 패턴을 찾아내기 위해 근거이론 방법론의 구성요소에 대하여 주제 분석을 하는 것과 어떤 사람의 질병력의 구조적 요소를 드러내기 위해 서술적 분석을 사용하는 것은 상단한 차이가 있다. 연구방법의 이용에 대한 학습은 우리에게 패턴에 대한 평가를 제공해 준다. 우리가 다른 사람을 통해서 학습한 것은 사람들이 "그 이야기" 속에 어떻게 개입되어 있는가에 대한 통찰력을 제공해 준다. 여기서 핵심은 다른 접근방법은 다른 종류의 지식을 이끌어 내기 때문에 방법론의 선택은 우리가 탐구하고자 하는 것이 무엇인가에 근거해야 한다는 것이다.

질적으로 연구하는 것의 가치는 무엇인가?

해석적 기술로 전환하고자 하는 연구 질문 혹은 학문적 문제는 서술적 지식을 개발하거나 기존의 서술적 지식을 확대하는데 있어서 정당한 근거를 제공하는 그런 종류들이다. 우리가 흥미를 갖는 모든 것들이 서술할 가치가 있다고 주장하는 사람도 있다. 이 주장은 에너지 낭비를 공허하게 정당화하는 것이고, 이기적인 목적에서 과학을 도용하는 것이라 여겨진다. 해석적 기술 방법은 주도면밀하고 엄격한 기술 방법에 대한 이해를 통해 어떻게 이미 "알려진" 것을 확대 또는 연장하여 임상적으로 흥미 있는 특정 현상에 간호사들이 개입할 수 있는 능력을 강화할 것인가에 그 목적이 있다. 따라서 저자는 개인적 호기심 그 차체는 실무 학문 분야의 과학적 연구 설계를 정당화하기에는 매우 미흡하다는 주장을 진지하게 개진한다.

연구를 착수하는 시점에서 무엇이 타당한 연구주제인가를 숙고하는 것이 현명하다. 독자들은 건강관련 문헌에서 전혀 잘못된 이유로 시도된 질적 연구를 상당 수 발견했을 것이다. 예를 들어 연구자가 해당 주제에 대한 기존의 연구결과들을 읽기 싫어서 새로운 질적 연구를 시도하는 일은 정당화될 수 없겠다. 마찬가지로 과거 연구에서 포함하지 않은 인구 집단이므로 새로운 조사가 필요하다거나 자신이 선택한 방법이 이제까지 시도된 것과는 다른 방법론이기 때문이라는 주장도 정당화될 수 없다. 이보다 더 정당화될 수 없는 일은 연구자에게 개인적으로 영향을 미친다는 이유로 연구자의 관심을 끌게 된 주제를 공식적 연구 주제로 삼는 예이다. 물론 자가 민족지와 개인적 치료 작업 간의 미세한 차이를 주도면밀하게 숙고하여 찾아낼 필요가 있고 기존의 지식체에 포함시킬 필요는 있다고 생각한다. 어찌되었든 질적 연구자들은 과학 지지자로서 아이디어의 세계에서 특권적 지위를 차지하고 있다. 우리의 연구 성과물이 주의 주장이나 설득 혹은 소설의 성과에 비하여 경험적 장점을 지니고 있으면 가용 지식체 개발이라는 보다 큰 차원에서 우리의 새로운 연구가 갖는 가치에 대한 우리들의 주장은 견고하고, 일관성이 있고, 합리적인 주장으로 인정된다.

비록 초기의 학자들이 질적 연구와 양적 연구의 세계관이 상호 배타적이어서 상호 공존할 수 없다고 생각하는 경향이 있었으나, 건강분야나 그 외의 응용분야의 연구자들은 오랜 동안 복잡한 주제는 여러 방법을 적용해야 한다는 것을 인정해 왔다. 이러한 인식이 우리를 발전된 방법으로, 그리고 발전된 실체를 이해하는 방향으로 이끌어 왔다(Miller & Crabtree, 1999a). 이 통합 연구역량은 협동적 팀에서 발전된다. 개별 연구자가 자신의 전문 방법을 가지고 팀 연구에 참여하게 되므로 창조적인 연구자가 이용할 수 있는 많은 방법론들을 발견할 수 있다. 결과적으로 질적 연구방법에 가장 의미 있는 연구 문제와 질적 방법의 지식 개발 궤도를 구별하고 선별해 낼 수 있는 능력이 팀 연구 논의에 가장 중요하고 타당한 관련성 높은 쟁점이 된다.

그 주제에 대하여 "아무것도 알려진 것이 없다"는 주장으로 질적 연구를 정당화하기는 어렵다. 아주 많은 것이 알려져 있으나 저자가 참고한 지적인 범위 내에서 아무것도 발견하지 못했을 가능성이 높다. 그 학문 분야에서 개발할 지식이 아직 명확히 증명되지 않은 주제와 패턴에 대한 것, 그 현상에 대한 주관적 경험적 요소들이 아직 충분히 보고되지 않은 것, 혹은 알려진 요소와 보다 큰 경험적 맥락간의 연관성이 아직 효과적으로 확립되지 않은 것에 대한 논리적 질문일 경우 질적 연구를 할 가치가 있다고 주장할 수 있다. 사회가 어떤 학문분야에게 위임한 문제와 관련이 있고 유용성이 있는 그런 현상이 질적으로 연구될 가치가 있다.

해석적 기술 연구에서의 연구 질문 구성

이제까지 우리는 질적 연구 질문의 구성요소와 연구 질문이 성립될 수 있는 지적 유산에 대하여 고려해왔다. 이제 학문의 목적과 해석적 기술연구에서 제공하는 방법론적 가능성에 일치하는 연구 질문을 확인하고, 구체화 하고,

틀을 만들어 가는 방법을 논의해 보자.

연구 가능한 문제 발견

저자의 경험에 의하면 사려 깊은 임상 실무자는 공식적으로 탐구될 수 있는 실무상의 관심사와 실무현장의 문제 목록을 어렵지 않게 만들어 낼 수 있다. 그렇기는 하나 대부분 특정 상황에서 처음의 연구 문제 목록은 연구 가능한 질문을 이끌어 낼 수 있는, 그러나 어느 정도의 노력이 없이는 질문으로 구성하기 힘든 아이디어들로 구성된다. 이 목록은 다소 엉성하고 임시적인 형태를 띤다. 호기심에서 이끌어 낸 탐구 질문이 인간학습에서 자리를 잡을 수 있지만 연구가능한 과학적 문제를 구성하여 탐구성을 확보하는 과정은 이 아이디어나 개념들 혹은 관련 아이디어나 개념에 대하여 학자들이 확립한 지식은 무엇이고 아직 알려지지 않은 것은 무엇인지를 문헌을 통해서 알아보는 작업이 필요하다.

다행히 탐구자에 의한 형식적인 비판적 문헌검토가 보다 광범위한 분야를 정확히 파악하고 해당 연구 질문에 대하여 무엇을 언급해야 할지를 알게 해준다. 다른 사람의 글을 읽으면서 지식과 이 지식을 개발하는 여러 방법들의 가치에 대하여 점차 흥분하게 된다. 이용할 지식이 급격히 증가하고 있어 연구자들은 근거를 구축한 배경에 포함되는 논리를 추적할 수 있게 되었다. 그러므로 당신은 아직 알려지지 않은, 그래서 알아야 할 가치가 있는 사례들을 구성하는 과제를 완수하기까지는 어떤 것들이 연구 가능한 질문인가에 대한 주장을 만들어 낼 수 없다. 이 의무는 공식적 연구의 핵심이다. 그러므로 다른 사람의 아이디어에 깊이 몰입하는 일은 임상에서 발생한 일에 대한 단순한 의구심을 훌륭한 연구 질문으로 형성하는 과정에서 반드시 필요한 부분이다. 문헌고찰에 대한 논의는 다음 장에 추가하고자 한다.

연구 질문의 틀 구성

연구 가능한 문제를 연구 질문으로 변형시킨 종합적 연구 질문은 특히 중요하다. 이 질문형태는 당신에게 연구 전 과정의 모습을 제시해 줄 것이고 설계가 연구 목표에 도달할 수 있는 정도에 영향을 미치기 때문이다. 이 단계에 충분히 주의를 기울일 것을 권장한다. 문제 진술과 형식적 연구 질문의 형태는 광범위한 대안들을 고려할 때까지 지속되어야 한다.

간단한 문장 형태로 연구 질문을 진술하는 과정이 얼마나 복잡한가를 예를 들어 보자. 불구를 지닌 사람이 어떻게 건강증진의 모델이 되어가는 가에 대한 이해를 확대하는 것이 중요하고 정당하다고 결심한 연구자는 연구 질문에 근거한 개념들, 예를 들어 어느 집단을 기술하는 용어("장애를 가진", "만성 질환", 혹은 "이동에 도전적인" 등과 같은)와 기술지표("안녕", "최적의 건강", "삶의 질" 등과 같은)의 선택이 의미하는 바를 가지고 실험을 하게 될 것이다. 당신은 그 주제에 대한 최근 문헌을 검토하거나 전문가 모임에 참석하면서 다양한 용어의 선택이 갖는 정치적, 학문적, 이념적 의의에 익숙해질 것이고, 이를 근거로 당신이 하고자 하는 것에 대하여 가장 효과적으로 전달할 수 있는 용어를 선택한다.

그 다음 이 개념들을 질문의 문법적 형태로 연결하기 위한 각종 안들에 대하여 작업을 하게 될 것이다. 당신은 강력한 연관성(상관관계? 원인?)이나 보다 부드러운 연관성(연관? 관계?)에 대하여 시험할 것이다. 나아가서 이 질문이 다른 문장형태로 기술된다면 어떻게 보이게 될 것인가를 고려해 보게 된다. 이 작업은 "무엇을", "어떻게", "언제"와 같은 질문이나 "would", "can", "do"와 같은 부사어를 가지고 진행할 수 있다. 대부분의 사람들은 아이디어에 대한 특정 틀에 고정되어 있다. 그러므로 이 단계에서 다른 사람의 개입을 허용하면 도움이 된다. 다른 사람들은 연구자가 생각하지 못했던 대안의 틀을 제공할 수 있기 때문이다. 대부분은 대학원 세미나에서 이러한 지적 공유 활동이 일어난다. 이러한 행운은 연구 경력 전반에 걸쳐 학생들, 그리고 연구 동료들과도 지속된다.

이 과정을 통해서 바람직한 연구 질문을 선택하기 전에 염두에 둘 좋은 대안들을 선택할 수 있다. 독자는 앞서 제시한 예를 통해서 "이동능력에 문제가 있는 사람들이 안녕을 어떻게 정의할 것인가?"라는 연구 질문 대안과 "고도의 기능능력을 갖춘 장애인들은 어떤 자원과 전략들을 긍정적 삶의 질 확보에 가장 효과적인 것으로 규정하는가?"는 연구 질문의 대안의 차이를 파악할 수 있을 것이다. 노련한 연구자들은 이 질문들이 연구과정의 각 단계에 그리고 연구의 최종 결과물에 무엇을 시사하는지에 대하여 즉시 간파할 수 있을 것이다. 초보연구자라면 이 질문이 내가 어떤 사람들을 연구해야 하는가를 지적해 주는지, 필자는 이 질문에 답을 찾아내기 위해서 무엇을 찾아내야 하는지, 그런 자료들은 어떻게 수집해야 하는지, 어떤 범주로 정보들을 분류할 것인지, 이 질문에 답을 구할 수 있다면 그 답은 어떤 것이 될 것인지 등을 곰곰이 탐색해야 한다.

특히, 이러한 반성적 과정은 두 가지 가치 있는 결과를 가져다준다. 그 하나는 이 반성 과정이 논리적이고 일관성이 있는 충분히 잘 조직된 연구 설계를 이끌어 준다는 것이다. 두 번째는 당신이 제기한 질문의 실제적인 범위와 경계를 인식하게 해 준다는 것이다. 많은 연구자들이 복합적인 질문을 가지고 임상 연구에 임하기 때문에 우리가 연구를 시작할 때 지니고 있던 숨겨진 부차적인 의제들의 일부를 포기하는 일이 고통스러울 수 있다. 그러나 그렇게 하지 않는다면 혼동된 의제들로 위험에 빠질 우려가 있다. 좋은 질문의 힘과 진정으로 그 질문의 본질에 대하여 이해하고 있을 때의 그 힘은 임상 현장의 복잡성이 분석과정을 아주 혼란스럽게 만들 때 당신의 논리에 초점을 유지시켜 주는 데 있다. 그리고 목적의 명확성을 지켜내는 이 능력이 당신이 찾아낸 실질적 자료에 근거하여 신뢰성 있는 최종 결론을 이끌어 내도록 한다. 그러므로 비록 우매해 보일지는 모르지만 올바른 연구 질문을 만들어 내는 일의 가치를 평가절하 할 수는 없다.

TEXT BOX 2.1

항암화학제에 의한 말초신경병증

Bakitas는 해석적 기술 방법을 적용하여 흔히 이용하는 항암치료제에 의해 발생하는 신경병증의 증상을 환자들이 어떻게 경험하고 대처해 가는가를 연구하였다. 이 연구에서 불쾌한 감각, 운동, 자율신경 증상을 환자의 일상생활을 방해하는 “근원적 소음”이라는 형이상학적 표현으로 기술하였다. 이 증상들을 어떻게 인식하게 되는지, 어떻게 이해하는지, 그리고 이 증상을 다루는 방법을 어떻게 배우는지에 대한 환자들의 기술은 이 증상들이 일상생활을 광범위하고 심각하게 파괴하고 있음을 생생하게 드러낸다. 이들은 나아가서 암을 지니고 살아가는 사람들이 이 질환의 부작용에 적응하는 놀라운 능력을 증거 하였다.

Bakitas, M. A. (2007). Background noise: The experience of chemotherapy-induced peripheral neuropathy. *Nursing Research, 56*(5), 323-331.

연구 질문을 해석적 기술 연구의 질문으로 구체화하기

어떤 종류의 연구 질문이 해석적 기술 연구에 적합한가를 다소 익살스럽게 설명하자면, 현상에 대하여 귀납적으로 도출한 그런 질문, 해석학적 렌즈에 적합한 그런 질문이 가장 적합하다고 할 수 있다. 그러나 “기술이란 무엇인가?” 그리고 “해석이란 무엇인가?”의 질문에 다소 정련된 답을 고려하기 전에는 이 설명이 의미하는 바를 충분히 이해할 수 없다.

기술이란 무엇인가? 연구에서 “기술”이란 용어는 세목화하거나 기록으로 증거하는 것을 목적으로 하는 연구 즉, 관찰한 것을 이야기하는 연구를 설명하는데 사용한다(Sandelowski, 2000). 이 용어는 이러한 종류의 탐구를 이론을 검증하거나 관계를 증명하는 연구나, 현상을 시험할 때 볼 수 있는 일련의 의문들의 조합들로 구성된 단순한 보고서와는 명확히 구별한다. 질적 기술은 인간의 주관성을 통해서만 이해될 수 있다는 점에서 양적인 기술과는 객관적 자료에 의존하는 정도에서 다르다고 이해된다. 그러나 이는 다소 잘못된

이분법이며, 방법론이 근거하는 논리의 형태가 귀납적인가 연역적인가에 따라 구분하는 것이 더 유용하다. 질적 기술은 발견물을 귀납적 추론에 의거하여 구성하는 반면, 양적 기술은 연역적으로 구성한다. 연역적 추론은 보다 일반적인 것에서 구체적인 것으로 향한다. 따라서 이론에서 시작하여 특정 구체적인 상황에서의 적용능력을 확증하기 위해 기술을 사용한다. 귀납적 추론은 사물에 대한 구체적 관찰에서 보다 광범위한 일반화나 이론을 구성하는 방향으로 작업을 진행한다. 이러한 특성 때문에 양적 방법을 이용한 연구의 기술이 협소하고 초점이 좁은 데 반하여 질적 기술은 개방적이고 시험적이다.

Sandelowski (2000)에 의하면 서술적 연구는 양적 연구와 질적 연구 양측에서 덜 인상적이고 가치가 없는 연구로 간주되어 왔다. 양적 연구 전통에서 강력한 결과를 얻기 위해 실험 접근을 필요로 하고, 건강 분야의 질적 연구자들은 그들의 작업이 "단순한" 기술로 간주되는 것을 꺼려해 왔기 때문인 것으로 보인다. 아니면, 연구자들이 "인식론적 신뢰성"을 주장하기 위해 자신의 연구를 현상학, 근거이론, 내러티브, 혹은 민족지로 제시해 왔거나(throne, Reimer Kirkham & MacDonald-Eames, 1997), Woolcott (1992)가 지적한 바와 같이 방법론적 "입지 세우기" 탓일 것이다. 일찍이 Sandelowski가 해석적 기술을 하나의 방법론으로 간주했듯이, 저자는 해석적 기술을 지식 개발의 강력한 자원으로 재탄생시키고자 한다. 저자들의 접근이 훌륭한 "질적 기술"에 대한 학문적 근거와의 관련성에서 다소 다르기는 하지만, 이 연구 전통에서 생산해 낸 학문적 성과가 더 나은 수준의 지적 정직성과 방법론적 통합성을 지닐 수 있도록 노력하고자 한다. 해석적 기술은 건강분야에서 현상에 대한 인식을 고취하고 새로운 질문이 만들어 질수 있는 경험적 근거를 만들어 내고 복잡하고 난잡한 인간건강과 질병의 세계를 표현해 내는 데 있어서 매우 중요한 요소이고 또 앞으로도 그 지위를 이어갈 것이다.

해석이란 무엇인가? "해석적"이라는 용어는 저자들의 연구 방법이 비이분법적 철학적 전통에서 인간의 사회적 현상에 위치한다는 것을 표현하는 의

미로 사용한다(Crotty, 1998). 저자들은 인간정신의 합리적 측면과 경험적 측면은 서로 상반된다는 가정에서 도출된 이분법적 연구접근 분류와는 차별화하고 있다. 저자들은 실제는 발견해야 하는 "대상 밖에" 존재하는 객관적 실체가 아니라는 관점을 대표하는 철학적 기조에서 영감을 받기 보다는 실제는 이 실제를 경험하는 주관적인 사람을 통해 "사회적으로 구성"되는 것(Mottier, 2005)으로 이해한다. 이 "해석적 전환"은 Paul Ricoeur (1981a), Martin Heidergger (1982), Hans-Georg Gadamer (1989) 등의 사상가에 의해 비롯된 전통에서 생겨났다. 이 사상가들은 주관적, 간주관적 경험의 의미 구조 분석에 주의를 집중한다. 이들 이념에 근거한 연구는 타인의 관점에서, 그리고 이 관점 형성에 미치는 문화적, 사회적 영향력을 동시에 고려하면서 경험을 이해하는 기술을 훈련한다. 이러한 연구의 핵심은 단순히 주관적 의식을 파악할 수 있는 동기를 통해서 행동을 해석하는데 있는 것이 아니라 이 행동이 드러나고 의미를 지니게 되는 그런 살아있는 맥락에 집중하는 데 있다. 이른 바 "해석적 순환"으로 알려진 변증법적 과정을 포함하는 탐구이다.

많은 질적 건강연구자들이 사회과학의 모든 방법론에 대한 훌륭한 저술을 통해서 이들 저자의 통찰력에 대하여 집중적으로 기술해왔다. 그렇기는 하나 이 연구접근들이 매우 특수한 지적 도전에 초점을 두고 개발되어 왔고, 이 지적인 도전은 특정 시점의 매우 한정된 특정 학문집단의 선도적 사고에서 비롯되었음을 기억할 필요가 있다. 이러한 이유로 이들 기원적 방법들의 필수 요건들을 철저히 고수하면 다른 종류의 결과나 처음에 제기한 건강연구 질문과는 상당히 벗어난 결과를 이끌어 내게 된다. 그러므로 예를 들어 권력과 억압간의 변증법에 대한 평가와 같은 주제는 지적 호기심 차원에서는 아주 흥미로울 수 있으나, 사회의 소외자들의 일상 문제 해결보다는 거시 이론 개발에 더 적합하다. 이처럼 이 신비한 대안적 "입장"에서 문제를 검토하기 위한 정보를 얻고 자극을 받을 수는 있으나, 질적 건강 분야에서 개발된 "해석"은 실제적이고, 분석적인 "그래서 이것이 의미하는 바는 무엇인가?"와 같은 형태의 해석이어야 한다. 이 해석은 단순한 증거기록을 넘어서 감각을 만들어 내는 수준에 도달되어야 한다(Benner, 1994). Norman Denzin은 행동연구방법에서 "해석적 상호작용주의"를 "사생활과 개인적 문제에 대한 대중적 반응"의 관계를 질문하기 위한 접근으로 설명하였다(1989, p. 10). 행동연구방법은 연구자의 전기로 시작하고 끝나며, 우리가 어떻게 권력, 지식, 역사 및 정서를 사회적으로 구성하는가를 좀 더 잘 이해하는데 기여하는 심층적 기술과 공헌을 만들어 낸다(p. 19). 이 기술을 "자동반성(auto-reflection)"(Denzin이 사용하는 용어)과 이론적 재구성이라고 하는데, 이는 수많은 질적 응용 연구를 위한 방법론을 안내하기에는 그 유용성이 지극히 제한적이다.

해석적 기술이란 무엇인가? 해석적 기술 방법에서 무엇을 "해석"이라 하는지는 해석적 해석학의 전통에서 영감을 얻는다. 임상적인 사고는 "순수(pure)" 기술에 만족하지 않고, 기술된 현상내의 연관성, 관계와 패턴을 발견하고자 한다. 예를 들어 질적으로 임상 사례를 기술할 때 단순히 기록된 것을 증거하는 서술문을 만들어 내지 않는다. 오히려 이 방법의 기본 가정이 어느 정도 연관성 있는 유사성을 지닌 또 다른 사례들이 있을 수 있다는 것이기 때문에 이들 사례를 접근할 수 있게 만들어 일반적 지식에 한 걸음 더 가깝게 접근한다. 그러므로 연구자는 연구하고 있는 실제 사례의 세계 내에서 작업하고, 그 사례에 대하여 학습한 것을 반성적 임상 추론과정에 통합하여 여기서 무엇이 일어나고 있는가를 더 분명하게 밝혀 줄 의미를 찾아내고 궁극적으로 무엇이 최적의 임상반응이 될 것인가에 대한 심층적 평가를 개발해 낸다(Crabtree & Miller, 1999a).

이와 같이, 해석적 기술은 그 학문의 시각 안에서 질적인 기술로 걸러 낼 수 있는 임상적 질문과 상당부분과 일치하게 되는 일종의 정신적 태도를 반영한다. 이는 현상에 대한 체계적이고 주도면밀한 분석은 그 자체로서 가치를 지니고 있고, 동시에 이 분석을 사회적, 정치적, 이념적으로 복합성을 띠고 있는 실무분야의 현장에 되돌려야 할 필요가 있음을 의미한다. 학자들은 자명해 보이는 것들의 내면을 임상적 시각으로 들여다보고, 사물의 예시들 간에 존재하는 패턴과 주제를 찾아내고, 이렇게 발견해 낸 것을 그 현상을 통상적으로 바라보는 시각에 변혁을 가져다 줄 수 있는 형태로 재형상화 해야 한다.

TEXT BOX 2.2

문화적 민감성의 맥락

Reimer Kirkham은 다른 문화권의 환자를 간호하는 신임 간호사의 경험 연구에 해석적 기술방법을 적용하였다. 연구자는 다양한 문화권의 인구가 증가하고 있는 상황에서 이들 신임 간호사들이 문화적 다양성과 관련하여 어떤 문제들에 직면하게 되는지, 그리고 이들이 학교 교육과정 중에 전문직 실무의 이 측면에 대하여 어느 정도 준비가 되어 있는지를 이해하고자 하였다. 연구자는 간호사와는 다른 문화적 배경을 지닌 환자를 간호하는 것은 하나의 도전이자 보상이라는 것과 간호사들의 태도는 분개에서부터 환영에 이르기까지 매우 다양하다는 것을 발견하였다. 간호사들이 복합적인 도전에 대한 자신만의 창조적인 접근을 기술하였기 때문에, 연구자는 실무 상황에서 간호사의 문화적 역량의 기술이 지지되거나 좌절되는 조건들에 대한 관점에서 어떤 패턴을 추출해 낼 수 있었다. 이 연구의 결과는 독자로 하여금 문화적으로 민감한 간호의 역동을 더 잘 이해할 수 있게 해주고 좀 더 민감한 간호목표와 효과적인 체계를 실현하기 위한 전략을 제공해 주었다.

Reimer Kirkham, S. (1998). Nurses' descriptions of caring for culturally diverse clients. *Clinical Nursing Research, 7*(2), 125-146.

이 목표를 달성하기 위해서 해석적 기술 연구의 바람직한 질문은 예를 들어 "여기서 무엇이 일어나고 있는가?", "이 개념은 어떤 영역인가?", "어떤 변이가 존재하는가?"와 같은 질문에 반영되듯이, 일반적인 질적 기술 이상으로 연장시켜 주는 방식으로 구성해야 한다. 또한 해석적 설명의 영역에서 진술문을 만들어야 하는데, 예를 들어 "이 현상은 다른 현상과 어떻게 유사하고 다른가?", "서로가 어떻게 연관되는가?", "어떤 패턴이 존재하는가?", "어떻게 작동되는가?"와 같은 질문을 들 수 있다. 물론, 해석적 기술 연구의 질문은 질문들이 서로 상이한 영역의 탐구 형태로 이어지기 위해서, 단문의 설명적 주장 형식으로 진술되어야 한다.

연구 질문과 질문에 답을 구할 수 있는 방법론적 도구가 일치하도록 하는 것이 가장 근본적인 연구 기술인데, 불행하게도 많은 질적 연구자들이 직면하게 되는 난관의 하나가 바로 이 문제이다. 응용건강실무의 추리과정의 특징인 해석적 태도를 모방하기 위해 설계하고 기술적 질적 탐구의 공식적 방법론적 전통의 표본추출, 자료수집, 자료분석 관점을 따르는 연구자는 자신의 학문 영역에서 중요한 문제들에 대하여 작업을 하게 되고, 응용실무 상황에 관련성이 높고 유의미한 형태로 신뢰할 만한 그리고 든든한 새로운 지식을 만들어 낸다.

제3장

연구 토대 구축

연구의 토대 구축은 연구 설계를 세울 기초 입지를 확립하는 것을 말한다. 이 단계에서 연구자가 내린 결정은 연구 설계 전반에 걸쳐 중대한 영향을 미친다. 토대 구축 과정은 야간에 대비하여 텐트를 세울 땅을 고르는 것과 같다. 첫째, 당신은 광범위하게 대안들을 조사할 필요가 있다. 높은 지대 혹은 낮은 지대, 나뭇가지 근처나 위에 아무것도 없는 곳 중 어느 곳인가에 위치를 정해야 한다. 당신은 비교적 평평하다거나 캠프 화이어 근처 등등 몇 가지 기초적인 요건들 또는 덜 근본적이지만 중요하게 고려할 요건들, 예를 들어 햇빛의 조사 각도라거나 이웃과의 거리 등의 요건도 고려할 것이다. 이 요건들에 기초하여 일반적인 지점을 결정하고, 이 지역이 텐트 바닥의 위치로서 적합한지를 조사할 것이다. 예를 들어 이 지역에 텐트를 세울 수 없는 바위가 놓여 있는지? 나무뿌리가 얽혀져 있는지? 벌집이 있는지? 등을 조사할 것이다. 이 조사를 통해서 발견한 것들이 처음에 정했던 위치를 재고하게 해 준다. 특정 지점을 결정하고 나면 침낭을 뚫을 수 있는 날카로운 돌들을 골라내거나 날카로운 부분을 완충시키기 위해 부드러운 잔디로 덮을 것이다. 또한 텐트 바닥에 적절한 배수로를 만들 것이다. 그런 다음에야 당신은 텐트를 세우고, 각 고정핀을 적절히 위치시키고 줄을 적절히 당겨서 고정시킬 것이다. 각 단계를 순서적으로 거쳐 가기 위해 실패의 의미를 충분히 검토했기 때문에 캠핑하는 사람들은 이 절차를 자연스럽게 실행한다. 홍수가 범람하면, 철저한 준비 여부에 따라 축축한 침낭을 가진 사람과 마른 침낭으로 즐거운 캠핑을 하는 사람이 차별화될 것이다.

해석적 기술 연구 설계에서 위험을 안전하게 피해가는 길을 발견하기 위해서 당신 자신, 당신이 제시한 것, 그리고 당신이 무엇을 달성하고자 하는가를 알아야 한다. 가장 핵심적인 것은 연구 설계상에서 당신의 지적인 입장 즉, 연구 설계에서 제시한 가정, 가치, 신념; 연구 주제와 관련하여 이미 알려진 것과 알려져 있지 않은 "사실"은 무엇인지; 당신이 발견하고자 하는 것이 무엇인지를 분명히 구별해야 한다. 초기의 해석적 기술방법에 관한 저서에서 저자들은 "분석적 틀"이라는 언어를 사용하였다(Thorne, Reimer, Kirkham, & MacDonald-Eamers, 1997). 이 용어는 연구자가 연구에서 취하는 학문적 지향과 배경지식을 지칭한다. 저자들은 이제 이 용어가 잘못된 용어라 생각한다. 이 용어는 기존의 개념적 구조에 따라 자료 분석이 진행된다는 인상을 주었기 때문이다. 최근 들어 저자들은 학자의 입장에서 연구의 근거를 마련한다는 의미를 강조하면서 동시에 자료 분석의 측면을 분리해 내기 위해 "이론적 토대 구축"이라는 용어를 사용하였다.

연구의 토대 구축에서 절대적인 두 가지 요소가 있다. 첫 번째 요소는 문헌고찰이다. 이는 당신이 관심을 가지고 있는 임상 문제의 "과학적 상태"에 대하여 알게 되고 결론을 이끌어 내는 과정이다. 문헌고찰은 처음 당신이 연구할 가치가 있는 문제라고 가정했던 문제에 대하여 확신하거나 도전하도록 해준다. 또한 누가 이미 이에 대하여 연구했고, 이들은 어떻게 연구를 했으며, 어떤 문제에 부딪쳤고 어떤 종류의 결론에 도달했는가를 당신에게 알려준다. 두 번째 필수 작업은 문헌고찰을 당신의 연구에 가져와야 한다는 것이다. 이 시점에서 당신에게 이론적 "짐"으로 설명하는, 당신의 학문적 이론적 아이디어를 가져와야 한다. 당신 자신과 당신의 생각들이 이 연구가 어떻게 되고자 하는가에 대한 형태를 만드는데 중요한 역할을 한다.

문헌고찰

문헌고찰은 저자의 학문 경력에 따라 극적으로 변화해 왔다. 문헌분류 기술은 이제 과학의 한 분야가 되었다(Booth, 2005; Sanders, 2005). 자동분류 체계는 수많은 문헌 자료를 짧은 시간에 접근할 수 있게 해준다. 자신의 연구 분야에 수렴하는 새로운 분류체계를 만들어 내고 자신의 연구노력을 확고히 하고자 하는 새로운 도전을 즐기는 연구자들은 지식체 내에서 적절한 보상을 받게 될 것이다.

일반적으로 문헌고찰에서 학문적으로 유의미하게 기여할 목적으로 고려할 요건들 이외에, 문헌고찰이 중요한 역할을 하는 해석적 기술연구에서는 골격을 세우고, 연구자의 입장을 실질적으로, 학문적 방향에, 그리고 이론적으로 든든하게 정립하기 위한 제반 요건들을 가지고 문헌고찰을 실시해야 한다. 다음은 문헌고찰에서 몇 가지 고려할 것들이다.

문헌 검색

인터넷을 이용한 검색에서 인터넷 검색에 익숙하지 않는 사람들은 특정 주제에 대하여 많은 자원들을 발견할 수 없다. 그러나 올바른 자료를 찾는 일과 이 자료를 파악하는 것에 대한 신뢰는 전혀 다른 일이다. 많은 학자들이 갈등하고 있는 한 가지 문제는 요즘 세대의 학생들이 전자기기를 능수능란하게 활용하면서도 도서관에서는 거의 시간을 보내지 않는다는 것이다. 이 생각이 그동안의 검색방식에 대한 감정적 향수일 수도 있으나 도서관이 진지한 검색과 자발적인 발견의 장소라는 의미를 지닌다고 확신하기 때문이기도 하다.

인터넷의 영향 오늘날 지식의 세계는 “주요어”를 통해 접근한다. 그러므로 이 선정 기전이 지닌 한계를 이해하는 것이 중요하다. 주요어는 여러 학문 분야에서 실체의 하위그룹을 구분하는 분류를 지칭하기 위해 개발되었고, 일

차적인 검색 도구수단이 되었다. 주요어를 이용하여 검색 시스템을 작동하기 위해서 어떤 용어가 "주요어"가 될 것인지에 대하여 어느 정도 동의가 있어야 한다. 주요어는 그 학문분야에서 일정 시기에 "표준" 개념화 상태를 반영하기 때문에 역동적인 탐구의 특징이 되는 개념적 변화에 대하여는 저항이 생기기 마련이다. 불행하게도 연구자들이 연구를 쉽게 정착시키기를 원하는 경향이 있기 때문에 새롭고 자신들의 퍼즐 조각과는 다른 것들을 반영하지 못하는 주요어는 선택하지 않기를 원하는 경향이 있다. 게다가 대부분 저널과 참고문헌 시스템이 주요어의 수를 엄격히 제한하고 있다. 따라서 특히 많은 양의 문헌을 가지고 있을 때, 지나치게 주요어에 의존하면 심각한 문제를 유발한다.

인터넷과 자료출처에 쉽게 접근하는 것 역시 연구에 장애를 초래한다. 수천 개의 자료를 2차적으로 검색할 수 있을 때, 연구를 보강할 수 있을 자료와 그렇지 않을 자료를 감별해 내기 위해 시간과 노력을 투자하는 일은 진정한 용기를 필요로 한다. 이는 인터넷으로 검색할 수 있는 압도적인 자료들이 연구를 뒷받침하기도 하지만 쉽게 접근할 수 없는 자료는 무시된다는 의미이다. 이 현상은 현장을 생각하려는 사람들의 의도를 잘못된 방향으로 변경시키고 과학의 현주소에 대하여 문제성 있는 주장으로 이끌 수 있다고 본다. 그래서 저자는 학생들에게 인터넷 검색에서 발견한 자료를 증강할 수 있도록 자료 검색 출처를 다양하게 할 것을 권장한다.

검색 결과의 확장과 강화 우선, 자료를 검색하는 중에는 그 분야에 몰입해야 한다. 독서는 검색의 첫 걸음이지만 자료를 확장하는 방식은 그 외에도 많다. 가능하면 당신 전공분야의 전문가 회의에 참석하는 것이 좋다. 하루 이틀 정도 학자들의 이야기를 경청하면 현 시점에서 현장의 문제, 각 학자집단이 이 문제를 해결하고자 하는 방식, 그리고 새로운 아이디어나 논쟁 중인 아이디어에 방향을 맞추는데 크게 도움이 된다. 문헌고찰을 통해서 문헌 내의 패턴을 인식할 수 있는 능력을 강화할 수 있고, 당신 스스로 공통적인 이해와 변이에 익숙해지고, 연구 주제에 대하여 중요하게 기여한 학자들에 대하여 주

목할 수 있다. 문헌목록을 읽으면서 해당 분야에서 기초적인 업적으로 인용되는 연구는 무엇인지, 특정 견해를 제시할 때 인용되는 학자가 누구인지, 이 학자들이 어떤 자료에서 인용되었는지를 검토한다. 처음에는 이 지적인 훈련이 상처를 안겨줄 수도 있다. 그러나 당신이 자료를 분석할 때 사용하게 될 패턴을 확인하는 과정을 위한 준비 훈련이라고 생각한다.

두 번째, 왜 특정 학풍이 그러한 방식으로 출현하게 되었는가를 이해하는데 필요한 학문적 기초가 있다. 우리는 불가분 우리 학문분야 밖의 자료를 읽어야 하기 때문에 맥락을 벗어나면 상당한 오해를 가져올 수 있는 아이디어에 접하게 된다. 우리 누구도 모든 분야에 능숙할 수는 없다. 그러나 다른 분야의 자료 고찰은 그 분야의 기초 개념과 구성요소에 익숙해지는데 도움이 된다. 예를 들어 심리학자자 왜 간호연구자가 일반화할 수 없는 결과의 간호 실무 적용가능성을 가정하는가를 이해하지 못하는 것과 마찬가지로, 심리학 연구를 고찰하는 간호사는 언어가 내포하고 있는 미묘한 함의와 특정 연구의 기본 가정을 평가하지 않을 것이다. 다행히 대부분 학문분야는 대학 도서관에서 쉽게 접할 수 있는 "101" 교과서를 가지고 있다. 이 교과서는 해당 분야의 역사와 구조를 합성하는 중요한 기초 자료가 될 수 있다. 종종 비교적 신속하게 내용과 서문을 검토하여 학문의 방향을 잡는 긴 여정을 시작할 수 있다. 아니면 인터넷에서 기초과정에 대한 여러 개요들을 찾을 수 있다.

세 번째 접근법은 소위 "원조 문헌"을 검색하는 일이다(Benzies, Premji, Hayden, & Serrett, 2006). 쉽게 읽을 수 있는 문헌이 대부분일 경우, 당신은 구하기 쉽지 않은 문헌은 중요하지 않을 것이라고 확신하기 쉽다. 따라서 학위논문, 정책 보고서, 정부의 "기밀문서" 학술회의 보고서, 기타 중요한 형태의 자료들을 조급하게 차단하게 된다. 경우에 따라서 약어를 이용한 검색이 반드시 필요하기도 하다. 그러나 만일 해당 주제에 대한 박사학위 논문을 검색할 경우, 당신의 분야에서 진행되고 있는 것에 대하여 잘 알고 있는 확신을 갖고자 할 것이고, 그 역사와 경과에 대하여 확고하게 파악하고자 할 것이다. 이러한 이유로 당신의 검색이 광범위하다고 확신하기를 원할 것이고 관련이 있을 수 있는 비전통적인 출처들을 추적하고 고찰하는 추가적인 고난을 택할 것이다.

이는 우리를 다시 도서관으로 안내한다. 수동적인 문헌검색은 지루하다는 단점이 있기는 하지만 연구자가 수년간 저널에 게재된 내용들을 최대한 효율적으로 훑어 볼 수 있게 해주고, 연구자가 찾으려고 했던 책이 있는 위치에 진열된 책들을 발견할 수 있게 해준다. 이렇게 하면 새로운 자료들을 발견할 수 있게 된다. 새롭게 발견한 책들은 연관성은 크지 않지만 매력적인 지식에 눈을 뜨게 해주고, 연구자의 정신은 아이디어에 침투된 분위기에 자극을 받게 된다. 많은 학자들이 단지 "선반위에 얹혀져" 있었거나 자신들이 찾으려고 생각하는 것과는 무관한 논문들이 새롭고 생산적인 생각의 라인을 자극했던 경험을 지니고 있다. 그러므로 도서관에서의 자료 수집 경험은 초보 연구자들에게는 특히 중요하다.

문헌 분류와 조직

일단 문헌자료들을 수집하면, 이 자료를 가지고 무엇을 할 것인지를 정해야 한다. 이 작업은 당신의 연구문제와 당신이 생각하고 있는 연구 질문에 따라 진행될 것이다. 물론 처음에 정한 우선순위는 연구자가 계획한 연구를 누군가가 똑 같이 실시했었는가의 여부를 파악하고, 한 가지 구조적 전략이 개념적으로, 방법론적으로 혹은 시간적으로 연구자의 특정 초점과 어느 정도 유사성을 갖는가를 확인하는 일이다.

문헌자료를 채택하거나 버리는 일련의 선택과정에서 당신은 연구와의 관련성 여부에 관하여 여러 방향으로 흔들리고 있는 자신을 발견하게 될 것이다. 차후 범위를 축소 혹은 확장할 필요가 있을 때 당신의 논리를 추적할 수 있도록 당신이 내린 결정에 대하여 기록을 남겨두는 것이 중요하다. 자료의 양을 관리하기 위한 욕구에서 직접적인 관련성이 없어 보이는 자료를 너무 조속히 제거 했다고 깨닫는 연구자도 있고, 언젠가는 쓸모가 있게 될지도 모른다는 두려움에서 어떤 자료도 제거하지 못하는 연구자도 있다. 당신 스스로가 어떤 유형에 속하는 사람인가를 반성해 보면 어떻게 이 분야의 자료들을 한 번에 분류하고 조직할 것인가에 대한 중요한 통찰력을 얻을 수 있다. 그러므로 문헌 정리과정에서 이러한 개인적인 일에 주의를 기울이면 도움이 된다.

정보의 홍수시대에 실제로 당신이 이용할 자료의 범위를 정하는 일이 필수적임은 재론의 여지가 없다. 어떻게 이 범위를 정하는가는 상당한 차이가 있다. 모든 연구의 요구에 적합한 처방적인 지침은 상상할 수도 없다. 몇 가지 일반적인 지침이 연구자 나름의 결정 경로를 만들어 내고 기록하는데 도움이 될 수 있다.

첫째, 몇 몇 연구자는 검색범위를 최근의 지식으로 제한한다. 예를 들어 잠정적으로 최근 5년 이내의 기간에 실시된 연구로 범위를 정한다(이 기간이 대부분의 데이터베이스에서 이 기간 내의 자료를 쉽게 구할 수 있기 때문에 쉽게 이해를 구할 수 있다). 이 방법은 이 시기에 무엇이 진행되었는가를 확인하는 유용한 첫 걸음일 수 있으나, 저자는 이 일반적인 검색 전략은 피하기를 권한다. 대부분 연구 분야는 누가 처음으로 특정 아이디어들이나 관찰을 지칭하는 특정 개념적 용어를 사용했고 무엇이 이 첫 사용을 촉발했는지, 어느 학문이나 학문적 "캠프"에서 이를 취하였는지, 처음 소개된 후 어떤 개념적 논쟁이 있어왔는지 등의 중요한 역사와 궤도가 있다.

서문과 보다 최근의 저자들의 문헌고찰 부분에서 이 역사적 발전에 대한 어떤 인상을 얻을 수 있으나, 1차 자료와 후속 자료를 통해서 당신 스스로 판단하는 것이 중요하다. 출판된 문헌고찰에서 제시된 내용을 충분히 이해하지 못한다면, 그 저자의 문헌에 대한 주장을 그대로 수용하는 것은 현명하지 못하다. 원 자료를 잘못 해석한 예들이 다음 저자들에 의해 반복적으로 인용된 사례는 수없이 많다. 당신은 차후의 독자들이 당신을 그런 어설픈 학자로 보지 않기를 바랄 것이다. 물론 당신의 연구 근거로서 이용할 일차 문헌을 확실하게 찾아 탐독하는 일은 훌륭한 과학의 보증서이다.

또 다른 시도는 당신 스스로를 당신의 학문과 당신이 익숙한 일부에 한정된 특정 저널로 제한시킬 수 있다. 이 방법은 당신의 주제가 명백히 당신의 학문에만 속하는 지식을 개발하는 것이라면 적합하지만, 임상에서의 주제에서 이러한 제한은 그 분야에서 당신의 신용도를 떨어뜨리게 된다. 이 일을 생각하는 한 가지 방식은 관련 분야의 소수의 자료를 철저하게 검토하여 그 분야에서 이 쟁점을 어떻게 다루고 있는지를 확실하게 파악하는 일이다. 예를 들어 당신의 주제와 관하여 사회 인류학에서는 지금도 활발하게 논의되고 있지만, 심리학자들은 특정 협소한 관점으로 연합시키는 경향이 있다는 결론을 내릴 수 있다. 일반적으로 당신이 어설프게 표본을 수집하고 그 결과물에 대해 호감을 갖기까지는 다른 학문에서 제기되어 온 쟁점들을 평가절하하지 않는 것이 중요하다.

세 번째 대안은 일부 연구자들이 선호하는데, 연구문헌과 비연구문헌을 분류하는 방법이다. 이렇게 하면 누가 무엇을 연구해왔는가에 대한 방향감각을 갖는데 도움이 된다. 그러나 이 방법은 당신에게 크게 도움이 될 수 있는 합성 원고나 문헌고찰 자료를 놓칠 수 있다. 물론 당신이 연구주제와 직접 혹은 근접하게 관련되는 체계적 문헌고찰, 비판적 문헌 요약, 혹은 기타 이와 유사한 글을 이용할 수 있으면 이를 잘 읽고 이 자료에 대하여 숙고하게 될 것이다. 이 방법을 조금 달리 적용하여 혼합 연구나 양적 연구보다는 질적 연구를 선택하는 방법이다. 이 전략은 두 "패러다임"의 연구를 서로 상반되는 것으로 간주했던 초기에는 의의가 있었다. 그러나 새로운 지식을 소개고자 시도할 때 전체 분야에 익숙하지 못한 현 상황에서는 비생산적이다. 연구자 마다 쉽게 읽을 수 있는 특정 방법과 전통이 있다, 그러나 어느 정도는 당신의 연구의 초점이 되는 분야 내에서 진행되고 있는 모든 학문적 동향을 읽고 이해하는 것이 중요하다. 문헌자료들을 분류하고 조직하면서 학문 저널들은 그 형식과 질 평가 기준이 다양하다는 것을 알게 될 것이다. 당신은 가장 인용지수가 높고 편집자의 검토과정이 가장 엄격하여 그 분야의 연구에서 강점으로 간주되는 것은 무엇이고 약점으로 간주되는 것은 무엇인지에 대한 관점을 추가할 수 있는 그런 저널에 익숙해지기를 바랄 것이다.

최근 검색 기술을 이용하여 대부분의 연구 보고서에 대하여 가장 쉽게 정보를 얻을 수 있는 것은 초록이다. 초록은 초기 분류과정에서 아주 훌륭한 도구가 된다. 초록은 이 연구가 당신의 연구와 연관성이 있는지, 그렇다면 어떤 그룹의 지식에 가장 크게 기여할 것인지를 알 수 있는 충분한 정보를 제공한다. 그러나 초록은 원문을 대체할 수 없다는 것을 이해해야 한다. 다시 말해서 모든 초록이 원문을 적절히 대변하는 것은 아니다. 연구의 특성이나 질을 언급하지 않고 연구의 "종류"에 대한 목록만을 제공할 때와 같이 초록만을 참고로 해도 충분한 경우가 있기는 하지만, 당신의 연구에 이용하게 될 모든 자료 출처는 원문을 읽어야 한다. 대부분의 학교는 쉽게 원문을 찾을 수 있는 전자도서 검색 시스템을 갖추고 있다. 도서접속 시스템을 이용할 수 없는 보다 어려운 상황에서는 저자에게 복사본을 요청할 수도 있다.

문헌고찰 해석과 기술

초보 연구자는 특히 수집한 수많은 정보들을 어떻게 다룰지에 대하여 도움을 받아야 한다. 연구자는 정보를 다루는 기계적이고 기술적인 방식을 고대하나 이 단계에서 해석과 추리를 대체할 만한 것은 결코 존재하지 않는다. 그러므로 자료들을 분류하고 조직한 파일을 아이디어의 논리적 순서를 만들어 내고 변형시키는 그러한 종류의 문헌고찰을 생각해 보는 것이 중요하다(Russell, 2005). 이 단계에서는 반드시 당신의 연구 질문을 염두에 두어야 한다. 문헌고찰 과정을 마치기 전에 연구 질문이 다듬어 지거나 변경될 수도 있으나, 연구 질문은 당신이 경로를 지켜 진행하고, 핵심 초점에서 벗어나 문헌에서 발견한 매력적인 그러나 부차적인 쟁점으로 흘러가는 것을 방지해 주는 도구이다.

문헌고찰 기술 방법 문헌에 심취하게 되면 당신은 그 속에 문헌을 개념화하고 기술하는 대안들이 많이 있다는 것을 알게 될 것이다. 초기 단계에서 당

신의 마음속에 이 목적을 위해 어떤 종류의 문헌고찰이 적합한가를 분명히 해야 한다. 해당 분야에서 기대되는 표준, 예를 들어 학위 논문을 진행하고 있을 경우에 학위 자격조건과 같은 실제적인 목적일 수도 있지만, 해석적 기술방법에서 가장 바람직한 문헌고찰 유형은 다음과 같다.

- 기존 지식 내에서 연구를 뒷받침하는 자료
- 존재하는 것과 존재하지 않는 것에 대한 비판적 성찰을 제공하는 자료
- 전체 지식체내에서 강점과 약점에 대한 해석을 제공하는 자료

일부 학문 특히, 보다 전통적인 과학 사조에 지배되는 학문에서 기대하는 문헌고찰 형태는 논리적 순서(일반적으로 연대기적으로)로 기술하는 방식이다. 각 관련 연구의 핵심 설계 요소들을 요약한 후 약점을 노출시키는 방식이다. 이러한 유형의 문헌고찰은 이전의 연구들은 모두 결함이 있으며 따라서 이를 수정하기 위해 새로운 연구를 설계했다는 식으로 결론짓는 경향이 있다. 이러한 방식은 이 논리를 의도한 과학에서는 유용한 논리적 모델이나 해석적 기술방법의 요건에는 매우 부적합하다.

해석적 기술방법의 필요성을 지지하는 문헌고찰은 무엇이 알려져 있고 그 지식에 도달 하게 한 탐구의 본질은 무엇인지를 명확히 증거 하는 방식이어야 한다. 당신은 더 알려져야 할 것이 있다고 생각하고 문헌을 고찰하기 시작했을 것이다. 그러나 부가적인 연구의 필요성에 대한 가장 좋은 정당화는 그동안 학자들이 그 주제에 대하여 이루어 온 성과, 문제의 측면에 대하여 보다 나은 이해를 확보하기 위해 적용해 온 방법들, 이 방법들을 통해서 학자들이 발전시켜온 이해의 종류들을 존중하고 숙고하는 고찰을 통해서 도출된다.

문헌고찰의 방향을 연구 질문에 맞추기 어떤 종류의 문헌고찰을 진행했던 간에, 당신이 문헌고찰을 기술할 때 중요하게 고려할 것은 문헌의 본체와 주제를 그룹 짓고 개념화하는 일이다. 대체로 당신은 문헌에서 그 문헌의 "본체"를 가장 잘 나타내는 특정 부분을 찾아내고자 할 것이다. 다른 연구자는

개인의 기여도에 특별히 초점을 두기도 한다. 꽤 잘 요약된 문헌들은 유사한 탐구궤도를 지켜 온 저자들로 그룹이 지워질 것이다. 그 예로 한 가지 쟁점에 특정 입장을 취해 온 학자 공동체 혹은 해당 주제에 대하여 일관성 있는 관점이나 방향을 형성하고 있는 학문분야를 들 수 있다. 귀납적 추론의 모든 측면이 그렇듯이, 문헌 속에서 당신이 참고할 수 있는 분야에서 흔한 지식에 대한 아이디어와 어떤 아이디어가 구체적인 관심을 가질 수 있을 만큼 새로운 것인지 또는 논쟁적인 것인지에 대한 감을 얻기에는 어느 정도 시간이 걸릴 것이다. 당신이 이용할 수 있는 문헌의 특성과 내용에 따라 예를 들어 연대기, 학문분야, 이론적 관점, 방법론, 당면한 임상의 쟁점과의 근접성 등 몇 가지 문헌을 조직하는 방안들을 갖게 된다.

당신은 전반적인 문헌 구조를 결정하기 전에 각 방안에 대하여 어떤 종류의 주장이 가능할지를 고려하고자 할 것이다. 예를 들어, 첫 시도에서부터 오늘날까지 직접적인 발달궤도가 있다면 연대기적 순서가 적합할 것이고, 당신은 이 방법에 따라 명확하게 문헌 분류와 구조 설계를 만들 것이다. 그러나 당신의 연구가 어떤 주제에 대하여 학문이나 관점들 간에 중요한 차이를 보이는지에 대한 경험적 지식을 이해하고자 하는 것이라면 학문적 혹은 관점의 순서를 가장 효과적으로 밝혀내고자 할 것이다.

문헌고찰의 결론 문헌고찰을 실시하는 전략적 목표는 추후 연구가 필요하고 당신이 의도한 접근을 이용한 연구가 기여할만한 가치가 있다는 훌륭한 주장의 첫 단계를 세우는 것이다. 이 결론을 논리적으로 구성하기 위해 효과적으로 그리고 질서정연하게 문헌을 고찰한다면, 연구 설계의 다음 단계를 구체화하는 길을 잘 닦아 놓은 것이다.

그 분야에서 지식이 잘 성립되어 있고 이 지식이 널리 수용되고 있는 상태이면, 당신은 적어도 당신이 시도할 새로운 연구가 필요하다는 것을 정당화하기 위해 그 지식의 수용과 관련하여 한 가지 정도의 문제를 찾아내야 한다. 종종 연구자가 문헌을 철저하게 고찰하기 전까지는 잘못 이해하고 있었음을 깨닫고, 이로 인해 연구자가 생각했던 것만큼 그 주제가 중요하지 않다는 것을 발견하고 실망할 수 있다. 그러나 관련 문헌들을 탐독하면서 선행연구자들이 그 분야에서 추후 진행되어야 할 연구의 방향에 대하여 내린 결론에 주의를 기울일 수도 있다. 당신은 이러한 선행연구자의 결론에 근거해서, 당신의 주제에 관련성을 가질 수 있도록 문제에 대한 관심의 각도를 재정립할 영감을 얻을 수 있다.

TEXT BOX 3.1

다문화 정황에서의 돌봄

Cioffi는 해석적 기술 접근을 이용하여 급성치료시설에 입원한 환자의 가족이 비주류 문화권의 친척들과 함께 머무르는 경험을 이해하기 위하여 연구를 실시하였다. Cioffi는 간호사들은 가족을 핵심 간호 인력으로 포함시키고 있으나, 문헌에서는 이와 같은 다문화 인구에 관련된 문제에 대한 인식이 전혀 없다는 것에 주목하였다. 연구자는 가족 구성원과의 면담에서 이들의 경험이 병원에서 여러 역할을 해야 하는 것과 연관이 있음을 발견하였다.

예를 들어 가족들은 종종 해석자의 역할과 옹호자의 역할을 하고 있었다. 가족들은 병원 정책을 바탕으로 한 병동의 규칙들에 대하여 매우 잘 파악하고 있었고 이 규칙을 염두에 두고 있었다. 가족은 또한 그들이 목격한 상황에 대한 불편함에서부터 그들의 친척의 돌봄의 특정 측면을 조절할 수 없어 앞으로의 일이 걱정되는 등 다양한 개인적 근심도 지니고 있었다. 이 발견은 가족이 간호를 담당하는 상황에서 간호사가 가족의 환자에 대한 접근을 협상하고 가족의 도움역할에 대한 기대를 전달하는 독특한 방식에 대한 몇 가지 질문을 만들어 낼 수 있었다.

Cioffi, J. (2006). Culturally diverse family members and their hospitalized relatives in acute care wards: A qualitative study. *Australian Journal of Advanced Nursing, 24*(1), 15-20.

상대적으로 연구가 이루어지 않은 분야라면 당신이 그 주제에 시간과 노력을 투자하는 일을 어떻게 정당화할 것인가를 생각해야 한다. 임상실무에서 발생한 그러나 아직 그 분야의 연구자들로부터 관심을 받지 못했거나, 애매모호하거나 아주 구체적인 정황에 국한되는 주제이어서 아직 그 중요성을 알아차릴 방법을 찾아내지 못하였다는 식으로 주장할 수 있다. 선행연구가 없다는 사실 그 자체가 새로운 연구의 필요성을 정당화하지는 않는다. 오히려 당신이 해야 할 일은 이 새로운 탐구에서 아주 확고한 문헌사례를 고찰하여 당신의 연구주제와 유사한 것들에 대하여 이제까지 알려진 것과 알려지지 않은 것이 무엇인가에 근거하여, 그리고 임상실무에서 중요한 쟁점에 대하여 어떤 결론을 내릴 수 있는지에 근거하여 문헌고찰의 결론을 이끌어 내는 것이다.

문헌고찰을 통해서 해석적 기술연구가 절실히 필요하다는 것을 정당화하기 위해서는 현재까지 알려진 것이 무엇이고 임상 상황의 현상에 대하여 더 잘 이해할 수 있도록 해주는 경험, 행동, 혹은 의식 등의 인간 활동의 패턴과 관련된 어떤 것이 있다는 결론에 도달해야 한다. 다시 말해서, 당신은 그 분야의 행위자들이 아직은 학문적 활동이나 설계에 유용할만한 수준의 지식으로 충분히 검증, 기술, 해석되지 않은 그러나 경험적으로 접근할 수 있는 그런 관련지식이 있다는 믿을 만한 결론을 이끌어내어야 한다. 근본적으로 당신은 우리가 무엇을 알고 싶어 하는지, 어디에 그런 지식이 존재할 것인지, 그리고 왜 그것이 중요한지를 확실하게 보여주어야 한다.

이론적 구조의 명료화

연구의 틀 구성에서 두 번째 요소는 당신 자신을 그 분야의 연구자로서 그 학문의 이론적 세계 내에 자리를 위치시키는 일이다. 연구자가 연구과정에 미칠 수 있는 모든 영향력에서 중립을 지키고자 하는 대부분의 양적 연구 설계와는 달리, 해석적 기술방법은 다른 질적 접근과 마찬가지로 연구자를 도구로서 인정하고 활용한다. 이는 당신이 어떻게 느껴도 좋다는 뜻이 아니라 당신의 행동과 사고가 당신 연구의 특성과 결과를 형상화하고, 궁극적으로 연구를 통해서 발견한 것이 당신의 분야의 사람들이 신뢰할 만한 기여를 할 것인지 여부를 결정하는데 중요한 역할을 한다는 의미이다. 그만큼 당신은 이 점을 충분히 심사숙고해야 한다.

이 이론적 기틀의 구성요소는 다음과 같다.

- 연구의 서론에 당신의 이론적 입장 정리
- 당신자신을 학문 내에 위치시키기
- 당신이 주장하는 아이디어에 대한 개인적 관계 정립

이상의 각 구성요소는 연구 계획서 작성하고 현장에서 자료를 수집하기 전에 해야 할 지적 훈련들이다. 이론적 기틀 구성의 절대적인 규칙은 많지 않지만, 핵심은 당신 자신 내에서 뿐만 아니라 자신과 연구 설계 간에, 그리고 독자 간에 목적이 통합되어야 한다는 것이다. 연구자로서의 당신의 정신과 인성이 통합되어 당신이 성취하고자하는 것에 연루되기 때문에 이들 구성요소에 대한 정직한 반성만이 당신의 목적에 부합하면서 실무에 중요한 기여도를 지닌 연구결과를 생산할 수 있게 해준다.

이론적 입장의 정리

해석적 기술방법은 전통적 과학이론의 영역에서 벗어난 위치에 있다. 그러므로 해석적 기술연구 모두를 공식적 이론화의 영역 내에 명확한 위치를 정하지 않아도 된다. "정상과학"에서 연구 질문의 합법성은 오로지 선행연구와의 관련성에 의해 결정되듯이, 사회과학의 전통에서도 학문 설계 간의 이론적 연계성을 명확히 해야 한다는 식으로 발전해 왔다(Sandelowski, 1993b, 2000). 그러므로 사회과학의 연구 설계나 연구보고서에서 이 연구가 특정 학자의 전통을 따르고 있고 특정 전통의 사상을 취하고 있다는 것을 독자들이 이해할 수 있도록 단서를 제공하는 언어들이 발견된다. 이 이론적 입장이 그 연구의 결과가 그 학문에서 관심을 두고 있는 이론적 설계에 기여할 것임을 확증시켜 준다.

예를 들어, 연구자가 이론적 입장을 "상징적 상호작용주의"라고 제시했을 때, 독자는 연구자가 Mead (1934)와 Blumer (1969)의 전통에 따라 연구를 진행했고, 해석을 필수적인 인간반응으로 강조하고, 행동주의와 여타의 심리학 전통들을 거부하며, 사람들이 타인과의 상호작용에서 의미를 표현하는데 사용하는 상징과 기호에 관심을 두고 있음을 알게 된다. 나아가서 독자는 상호작용을 통해서 의미를 만들어가는 인간의 측면을 보다 충분히 이해하기 위해 아직 발견하지 않았거나 구체화되지 않은 "기본사회과정"에 기여할 수 있도록 연구자가 근거이론방법을 사용할 의도를 지니고 있다고 추측하게 된다. 연구보고서에서 이 쟁점을 진지하게 다루지 않았다면 독자는 연구자가 이 이론적 입장이 독자층에게 주는 의미를 이해하지 못하고 참고문헌을 부적절하게 누락시켰을 것이라고 생각할 수 있다. 아니면, Blumer나 Mead와 같은 학자가 이 지식에 매우 광범위하게 기여하였지만 연구자는 어떤 다른 아이디어가 상징적 상호작용주의와의 연관성이 아주 견고하여 평범한 연결을 의도하지 않은 독자에게 그 연계성을 확고하고 명확하게 전달할 필요가 있는 그런 아이디어와 관련지어 이 학자들에 대하여 언급하고자 했을 수도 있다. 연구자는 저자를 이렇게 가볍게 인용하는 일을 시도하지 않아야 한다. 민감한 독자는 이러한 인용 속에서 새로운 탐구가 기여하고자 하는 연구전통에 대한 신호, 이론에 대한 선호도, 그 관점에 대한 반대 등을 분별해 낼 것이기 때문이다.

앞서의 예시와 같이 종종 이론적 단서가 방법론적 정보뿐 아니라 실질적 정보를 반영해 준다. 예를 들어, 연구에서 "생활세계"나 "살아있는 경험"과 같은 언어를 사용하고 있을 때, 독자는 통상적으로 현상학적 지향과 이 전통에 일치하는 방법론을 선택했을 것으로 예상할 것이다. 민족지 학자도 생활세계에서 살아있는 경험에 대한 자료를 수집하지만, 이들은 이 개념을 다른 언어로 언급한다. 종종 특정 학자공동체에 속한 학자들은 "loaded"와 같은 단어를 어떤 의미를 지닌 단어로 인식하지만 다른 그룹의 학자들은 같은 의미로 인식하지 않을 수 있다. 당신이 해야 할 일은 당신이 시도하고 있는 연구노정이 어느 학문적 문화에 속하는지를 이해하고, 이를 그 언어로 능숙하게 그리고 지적으로 표현하는 방법을 배우고, 그 학문적 문화의 언어적 단서에 깔려 있는 가정들과 신념들이 다른 지식 공동체와는 어떻게 유사하고 다른지를 이해하는 일이다. 문헌을 검토하면서 접하게 될 모호하거나 호기심을 불러일으키는 참고문헌을 그냥 "끼워 넣고" 싶은 충동이 있을 수 있지만, 당신이 이 문헌을 진정으로 연구 설계를 안내하고 적용하는데 사용하기로 심각하고 분명하게 결정할 의도가 있지 않는 한 이러한 문헌을 피상적인 태도로 포함시키는 일은 중요한 독자 앞에서 당신의 입장에 해를 끼친다. 예를 들어 Michel Foucault를 인용한다는 것은 당신의 연구결과에서 진열장의 모델에서 볼 수 있는 것과 같이 지식과 권력의 역동에 관한 일련의 아주 명백한 이해를 발견했음을 전문 학자들에게 전달하는 것과 같다. 만일 당신이 그러한 의도가 아니었거나, 그 의도를 달성하지 못했다면 당시의 삶을 복잡하게 만들지 않는 것이 좋다. 그러므로 가급적 연구자의 분야에 속하는 언어적 단서와 여러 이론적 관점에 연관되어 있음을 전달하는 것이 무엇을 의미하는가를 가급적 확실하게 아는 것은 신뢰성 있는 연구 설계에서 중요한 부분이다.

학문적 입장 정립

각 학문은 궁극적으로 학자 공동체의 존재를 정당화하기 위한 관심사와 활발하게 제기되는 질문들을 지니고 있다. Michael Quinn Patton에 의하면 사회학에서 중요한 질문은 무엇이 사회를 하나로 묶어 놓는가와 같은 질문이다. 심리학의 핵심질문은 "왜 개인들이 그렇게 생각하고 느끼고 행동하는가?"이고, 경제학의 주요 질문은 "어떻게 자원이 생산되고 분배되는가?"이다. 생물학자들은 생명의 본질과 다양성을 질문하고, 농업학자들은 우리는 어떻게 음식을 생산할까를 질문한다(Patton, 2002, p. 216). Patton이 다차원적인 학문을 하나의 질문으로 학문이 지닌 복합성을 과도하게 단순화시키기는 했으나, 그의 핵심은 어느 학문을 엮어주는 기본 질문에 대한 이해가 한 학문의 시각과 다른 학문의 시각을 명확하게 구별하고 초점을 맞출 수 있게 해준다는 것이다.

이 쟁점은 오랜 동안 논쟁 대상이 되어왔고, 현상학 전통 내에 다양한 철학적 입장들이 존재하지만(Schwandt, 1997), 현상학적 틀은 특징적으로 연구자가 에포케를 고수하여 다른 사람의 경험적 생활세계에 개입하기 전에 품었던 선입견을 제쳐두기를 요구한다. 이 "판단중지" 혹은 "본래적 태도"에 대한 의혹은 연구 중인 현상의 핵심 "본질"을 식별해 내는 조건이 된다(Husserl, 1929/1975; Miller & Crabtree, 1999a). 이 아이디어는 예를 들어 외로움이나 슬픔과 같은 주관적 경험을 깊이 느끼고자 하는 연구에 상당한 매력을 느끼게 했고, 우리는 미숙하게 개발된 개인의 경험적 "통찰"보다는 연구 참여자의 주관성을 여과하여 현상을 탐구하는 연구의 가치를 충분히 인정한다. 그러나 이 아이디어에 대한 맹목적인 추종은 많은 질적 건강 연구자들이 건강분야에 영향을 미치고 있는 지식의 현황을 적절히 평가하지 않고 건강관련 문제를 연구하는 것이 정당한 일이라고 생각하게 만들었다. 이 "공허한(blank) 상태"의 문제는 학문 지식의 발전과 철저하게 불일치하는 것으로 보인다는 것이고, 이를 잘못적용하게 되면 다른 사람들이 인간경험과 의미에 대한 질문에 답변하는데 있어서 현상학적 접근을 잘못 사용하는 것으로 지적하게 만드는 빌미를 제공한다(Anderson, 1989; Morse, 1994c; Ray, 1994; Schultz & Meleis, 1988; Thorne, 1991).

학문적 지식 개발의 한 형태로서의 해석적 기술방법은 그 범위와 경계, 관심문제에 대한 시각, 지식 구성요소와의 관련성에 대한 철학적 기조를 구별해 낼 수 있는 충분한 학문적 기반을 필요로 한다. 이는 연구자의 학문적 유산을 "고백"하고, 그 안에서 새로운 연구 질문의 위치를 분명하게 정립할 것을 요구한다. 모든 연구의 기틀 구성에서 한 가지 중요한 요소는 연구의 학문적 특성, 해당 학문의 지식과 실무 내에 위치를 정하는 방식, 그리고 연구 설계와 보고서 작성에서 이를 드러내는 방식의 발견을 고려하는 일이다.

저자는 질적 연구의 목적을 메타 합성방식으로 검토하면서, 연구자가 학문적 지향을 드러낼 의도를 지니고 있지 않은 경우를 포함하여, 질적 연구에 학문적 지향이 스며드는 다양한 방식을 검토한 바 있다(Thorne, Joachim, Paterson, & Canam, 2002). 문헌고찰에 포함된 문헌들, 보고서에서 사용하고 있는 언어, 연구 설계의 쟁점들을 드러내고 탐색하는 특징적 양식에서 연구자의 학문적 지향을 찾아낼 수 있었다. 여기서 저자는 연구자가 인용하는 특정 이론가나 이들이 형성한 이론적 지향을 정립하는 과정에서 연구자가 종종 자신의 연구 작업에 학문적 지향을 취하는 일을 망각하고, 이로써 전반적인 영향과 질에 있어 중요한 요소를 무시하게 된다는 점을 우려하였다.

연구 틀을 구성하고 근거를 마련하는 과정에서 학문적 관심사와 어떤 주제에 대한 개인적 취향을 구분할 수 있어야 한다. 이에 대한 인식은 연구 후반부에 연구결과를 근거로 연구의 결론을 이끌어 내고, 의의를 찾아내고, 제언을 만들어 내는데 있어서 연구자에게 일정 수준의 통찰력을 제공해 준다. 그러므로 학문을 하나의 "이론으로" 간주하기를 권장한다. 이는 다음의 형태를 구성하는데 있어서 이해력을 높여줄 것이다.

- 그 분야에서 관찰하기로 결정할 것이 무엇인지
- 그러한 관찰에서 무엇을 관찰해야 할 것인지
- 그 관찰을 진행하면서 어떤 감을 잡기 시작해야 할지

이제까지 이론과 학문의 역할에 대하여 언급해 오면서, 학문적 관점과 그 학문에 속하는 이론개발을 구별하는 일이 중요하다는 점이 분명해 졌다. 때로, 연구 질문은 그 학문의 이론에서 직접 도출된다. 예를 들어 심리학자는 인지적 접근 혹은 행동적 접근이 특정 집단의 건강행동 습관을 변경에 더 긍정적으로 기여할 것인지에 의문을 가질 수 있다. 의도한 연구의 범위와 특성을 명확하게 하기 위해 그 연구가 두 가지 중재 접근에 대한 비교를 통해 실무자에게 더 나은 이해를 제공하고자 하는 것인지, 아니면 또 다른 인구를 대상으로 한 검증을 통해서 중재가 근거로 하는 이론적 관점을 더 잘 이해하고자 하는 것인지를 구별해 내야 한다. 임상적인 동기와 이론적 동기의 이러한 복잡한 관계는 연구 방법과 연구 설계의 논리의 통합에 관심을 둘 때 특히 문제가 된다.

임상에서 대두되는 현상에 대한 지식을 생산하기 위한 방법으로서의 해석

적 기술방법의 위치는 명백히 응용학문의 영역에 속해있다. 해석학적 기술방법은 이론화에 목적을 두고 있는 학문을 위해 설계된 전통적인 연구방법과는 다르다. 따라서 특정 임상 문제들이나 임상의 사람들에 대하여 그 경험, 행동, 표현의 패턴을 기술하고 해석하는 탐구에 필요한 접근을 요구한다. 이 접근은 기존의 접근방식과는 구별된다. 그러므로 이 방법은 "이론과는 거리가 있는" 방법이다. 그러나 이 방법에서 다루는 문제의 본질은 그 자체로는 이론이 아니지만 이론적 요소를 지닌 실무 학문의 아이디어들과 구조에서 직접 도출된 것이라는 점을 분명하게 인정하고 있는 방법이다. 해석적 기술 연구방법은 임상연구로 위장된 "이론 구축"에는 크게 기여하지 못한다. 이는 근본적으로 논쟁의 고리를 만들어 내게 될 것이기 때문이다. 특정 관점을 확증할 의도로 해석학적 기술 연구를 시도했다면, 당신의 마음은 그 관점을 지지할 관찰과 해석으로 기울게 될 것이고 이는 더 큰 문제를 일으키게 된다. 그러므로 이론을 구축하는 연구와 학문적 지향을 잘 알고 설명하는 방식으로 구조화시킨 연구를 구별하는 일은 매우 중요하다. 이는 아주 조심스럽게 그리고 심사숙고하여 다루어야 하는 문제이다.

연구자가 아이디어 내에 정립하기

질적 연구의 특징은 연구의 "도구"가 되는 사람 즉, 연구자의 자질을 강조한다는 것이다. 연구과정과 연구 산물의 질은 오로지 연구자가 최종 결과를 판단할 수 있는 기전을 얼마나 통합적으로 설명할 수 있는가에 달려있다(Lipson, 1989; Purkis, 1994). 학문적 통합과 개인적 통합은 명백히 질적 학문의 정신에 근본이 된다(Knafl, 1994). 그러나 여기서 우리는 연구 설계에서 연구자가 "정립된" 입장을 지니고 있다는 의미에서 또는 복합적인 자아를 구성하는 특정 관련 요소를 지니고 있다는 의미에서 보다 지적인 통합에 관심을 갖는다.

해석적 기술방법은 임상분야의 필요에 의해 제기된 문제를 연구하고자 하는 연구자를 위해 만들어진 방법이므로, 학문적 지향은 연구에서 추구하는 동기가 무엇이고 잠정적 독자를 위해 이 연구를 통해 생산될 새로운 지식은 어떠한 것이어야 하는지를 이해하는데 도움이 된다. 연구가 미치는 영향력은 그 독자에게만 한정되는 것이 아니지만, 이 방법의 독특한 요구는 연구자의 의식에서 많이 벗어나지는 않을 것이고, 따라서 "입장 정립"에서 공식적인 위치를 차지하게 된다.

특정 주제에 따라 관심 영역을 만들어 내는 데 기여할 구체적 관심사를 확인하는 일이 상당히 중요할 수 있다. 특정 건강문제를 지닌 입원 환자에게서 관찰되는 패턴이 있는지? 의료인은 이 상황에 대한 특정 유형의 가족 반응을 보고하기 시작하였는지? 다른 환자에 비해 표준 프로토콜에 잘 맞지 않는 환자가 있는지? 연구자에게 이러한 영감을 만들어 내는 일은 연구의 기초를 세우는데 있어서 중요하다. 왜냐면 이러한 영감은 연구자의 동기와 편견을 드러내고 고정되어 이 초기의 개념화에 의해 자료 수집과 분석이 정보에 근거할 것인지 아니면 스쳐 벗어나게 될 것인지를 결정할 수 있기 때문이다.

TEXT BOX 3.2

신부전에 대한 적응

신장전문간호사인 Ravenscroft는 당뇨병에 의해 신부전이 진행된 환자들의 독특한 간호요구 충족을 돕기 위한 관련 정보를 찾고자 하였다. 연구자는 신부전 환자의 경험의 역동을 이해하기 위해 해석적 기술방법을 적용하였다. 연구자는 신부전 발병이 환자들에게 고통이었고, 이 질병이 환자의 일상생활 특히, 시간과 친교관계를 상당히 많이 침해 한 것을 발견하였다. 나아가서 사생활의 몇몇 요소들에 대한 통제력과 희망을 유지하는 일을 포함하여 환자들이 만성 질환의 발병에 적응하면서 겪게 되는 도전에 대하여 밝혀내었다. Ravenscroft는 간호의 지속성을 확보하고 신장투석실에서의 환자-건강관리자 간의 상생관계의 증진이 환자들의 일상생활 정상화 노력을 돕고 가능한 긍정적인 시각을 유지하려는 시도를 지원한다고 결론지었다.

Ravenscroft, E. F. (2005). Diabets and kidney failure: How individuals with diabetes experience kidney failure. *Nephrology Nursing Journal, 32*(4), 502-509.

연구자는 처음의 호기심을 공식적인 연구 질문으로 구성하기 전 또는 그 과정에서 특정 아이디어, 이론, 탐구 방식에 의해 강력한 영향을 받을 수 있다. 학위과정의 학생들은 카리스마 자질이 넘치는 교수, 새로운 이론적 입장을 강요하는 임상 연구자, 이전의 연구에 기여해 온 특정 이론적 주장에 의해 권위를 얻은 학자 등에 의해 영감을 얻게 될 것이다. 인간은 탐구 정신을 지닌 존재이므로 최근에 탐독한 훌륭한 책이나 최근에 들은 강의를 아주 민감하게 받아들인다. 각 경우에서 연구를 설계하고 실천하는데 영향을 미치게 될 아이디어를 심사숙고하고, 인식하고, 명확하게 하는 일이 중요하다.

우리는 이미 해석적 기술방법이 일차적인 목적이 이론화인 질적 연구와 왜 명확하게 구별되는지, 그리고 이 방법이 어느 정도 비이론적인 맥락에 적합한지에 대해 이미 논의하였다. 그러나 아무도 이론적 영향과 편견에서 완전히 벗어날 수는 없다. 그러므로 이 민감성에 대하여 명확한 이해와 인식을 가지고 자료에 근거한 결과를 도출하는 귀납적 추론과정에 일관성 있게 영향을 미치도록 다루어야 한다.

Sandelowski는 전통적인 질적 기법에서 질적 기술에 적용하는 문제에 대한 논의에서 특정 아이디어를 그대로 수용하는 것과 아이디어를 탐구하는 것의 "색조, 톤, 짜임(hues, tones and texture)"이라고 하는 형태로 하는 덜 "순수"한 상황을 구별하였다(2000, p. 337). 전체적인 관점에 대한 주장과 적용한 관점의 특정 구성요소에 관련하여 제기한 주장을 구별함으로써 어떻게 견고한 질적 연구와 일관되도록 방법과 관점의 범위를 이끌어 내는가를 보여주었다. 연구자와 연구자가 참조하는 아이디어와의 관계를 어떻게 효과적으로 전달할 것인가를 이해하면 잘못 적용한 방법이나 잘못된 주장에 의해 혼란을 겪지 않으면서 통합된 목적을 전달하게 된다.

아이디어와 연구자와의 관계를 전달하는 방식들의 중요한 구별은 어느 한 "입장"의 적용에서 잘 드러난다. 최근 질적 연구문헌에서 이에 대한 언급이 점차 증가하고 있다. 예를 들어 여성주의는 성과 관련된 건강문제와 연관하여 흔히 거론되는 아이디어인데, 연구자가 여성주의자가 되는 것과 연구 작업에 여성주의의 일부 측면이 영향을 미치고 있음을 인정하는 것은 전혀 다른 것이다. 연구자가 연구 분야에 개입하는데 있어서 중요한 영향을 미치지 않는 한, 연구자의 개인적 삶이 여성주의자인지의 여부는 연구 설계와는 무관한 것이다. 물론 연구자의 개인적 성향이 연구에 영향을 미치는 상황이라면 그 영향력에 의해 자료를 분석하는 과정에 상당한 제한을 초래하게 된다. 연구자가 어느 연구가 여성주의 연구라고 주장할 경우, 이 연구자는 연구 설계 전반에 걸쳐서 그리고 자료수집과정에서 해당 분야에서 제기될 수 있는 특정 세계관에 근거한 방법론적 주장들을 따라야 한다. 반면 예를 들어 연구 질문의 중요성, 문헌고찰의 범위, 특정 설계의 측면 등 연구의 일부에서 여성주의 사고를 수용한 경우, 여성주의의 아이디어가 연구 과정을 통합하는 근거를 제공했고 양질의 해석학적 기술방법을 성공적으로 적용하게 된 조건을 제공했다는 식으로 이론적 아이디어와 연구의 관계를 제시할 것이다.

일반적으로 아이디어, 사고, 관점, 혹은 개인적 경험이 연구에 대한 시각에 영향을 미치는 경우, 이에 대하여 고백하고 연구자가 이를 어떻게 적절하게 고려하고 관리했는가를 명확하게 밝히는 것이 가장 바람직하다. 그렇다고 해서 일부 질적 연구 보고서에 제시한 지나친 개인적 반성을 무조건 선호하고 인정하는 것은 아니다. 사람들은 연구자가 자기 자신보다는 일차적으로 해당 주제에 매력을 갖기를 바라기 때문에 보고서에 연구자에 대한 내용이 너무 많이 포함되어 있으면 연구결과의 질에 의혹을 갖기도 한다. 자가 민족지라는 연구방법이 있기는 하지만, 해석학적 기술방법의 독자들은 연구자 개인의 삶과 연구실천과정에서 경험한 사적인 정보를 원하는 것이 아니라 임상문제 해결이라는 목적을 공유하기를 원한다. 그러므로 연구에서 연구자의 적합한 입장표명은 연구자의 동기, 편견, 그리고 해석학적 탐구의 시각을 독자가 이해하는데 필요한 내용을 명시적으로 제시하는 일이다.

문헌고찰을 통해서 그 분야에 대하여 이끌어낸 결론을 통합하고 이를 당신의 연구 설계를 결정하고 분석 방식의 형태를 만들게 될 이론적, 학문적, 개인적 구조로 제시함으로써 효과적인 질적 연구의 기초 틀을 지니게 된다. 독자들은 당신이 무엇을(연구 도구) 연구에 가져와서 이 도구가 무엇이 일어나고 무엇을 발견하게 될 것인지에 미칠 영향에 대하여 적절한 정보를 얻게 될 것이다. 이 기초를 통해서 연구자는 신뢰할만한 그리고 방어력을 갖춘 해석학적 기술방법의 연구 설계를 세우기 위한 입지를 견고히 다지게 될 것이다. 이러한 연구 설계는 연구자가 설정한 목표에서부터 결론에 이르기까지 논리성을 유지할 것이고, 의미 있는 결과를 도출할 가능성이 높다. 연구자는 당신과 당신이 스스로 드러낸 정체성에 대하여 편안한 상태에서 연구를 시작하기를 원한다. 또한 연구과정에서 연구자의 인간성이 의도하지 않게 영향을 미치는 범위를 최소화하도록 무장하는 것이 양질의 질적 연구결과를 생산하는 연구자의 능력을 결정하는데 있어서 상당부분을 차지한다.

제4장

연구 설계 틀 구성

이전 장에서 명백히 밝혀졌듯이 해석적 기술은 연구를 진행하는 정확한 길을 기술하지는 않는다. 오히려 응용학문에서 설계하고 의미 있는 결과를 도출해 내기 위해 만들어진 질적 연구 설계의 논리적 모델을 제시한다. 해석적 기술은 이와 같은 방식으로 연구의 전반적인 논리와 의도에 일치하는 한도에서 다양한 자료 수집과 분석전략들을 유용하게 활용할 수 있게 해준다. 연구기법, 전략, 기전을 만들기 위한 수많은 사회학과 응용과학자들의 훌륭한 업적들이 해석학적 연구방법의 자원이 되었다. 그러므로 이 기법들의 함의 즉, 어디에서 기원한 것인지 이 기법들이 개발된 분야에서는 무엇을 위해 이용되었는지를 이해할 필요가 있다.

해석적 기술은 대부분의 질적 연구 방법과 마찬가지로 무언가 다른 지식을 개발하는 대안적 방식에 대한 긴박한 요구에 의해 생겨났다. 그만큼 이 연구방법은 간호 분야에서 생산된 아주 정교한 연구를 합법화하는 미래 전략에 대한 전망을 반영한다(Morse, 1989a). 저자는 그 당시의 동료들처럼 저자의 요구에 완벽하게 들어맞지 않는 설계 용어로 연구결과를 구조화하고 있었다. 저자는 연구 프로그램을 다양하게 구체화하는 과정에서 연구를 실행하고 발견될 결과를 다듬을 구조적 틀을 구성하기 위해 현상학, 근거이론, 민족지, 자연주의 탐구 등을 활용하였다. 그러나 어느 방법도 완전하게 들어맞지 않았다. 솔직히 말해서 이들 방법이 정확하게 실천되는 유의미한 방법론적 과정을 찾지 못하였는데, 그 이유는 저자의 연구가 이론 발전보다는 임상의 쟁점에 관한 것이기 때문이었다. 질적 연구에 대한 학문적 접근으로서의 해석학적 기술이라는 명칭을 붙임으로써 저자와 동료들은 이용할 수 있는 방법을 찾기 위해 고군분투하고 있었던 사람들에게 합법화의 명분을 만들어 주었다. 저자와 동료들은 새로운 혹은 기원적인 설계를 창조한 것이 아니라, 응용건강분야의 지식 생산 요구를 보다 적합하게 충족시킬 수 있는 일관성이 있고 방어 가능한 방식으로 연결하는 합리적 근거를 창조해 낸 것이었다.

해석적 기술방법의 기초 다지기

이 장과 다음 장에서는 연구 설계에 관한 쟁점 즉, 연구 계획안을 완성하고 자료 수집과 분석을 위한 현장 개입을 정당화하기 위한 결정을 내리는데 필요한 쟁점들에 초점을 둘 것이다. 이 장에서는 명확한 처방을 제시하기 보다는 독자에게 학문분야의 문제에 대한 질적 탐구를 위한 몇 가지 방안들을 소개하고자 한다. 이 탐구방법들은 인간 경험과 지식 생산의 본질에 관하여 동일한 가정들을 근거로 하고 있어 몇 가지 공통적인 측면을 지니고 있다. 해석학적 기술 연구는

- 모든 참여자의 윤리적 권리와 안위를 존중하는 방식으로 가능한 자연스러운 맥락에서 실시한다.
- 임상적 통찰력의 근본적인 자원으로서의 주관적 지식과 경험적 지식의 가치를 명시적으로 중시한다.
- 공유하고 있는 공통 관심사에 대한 개별적 경험뿐 아니라 인간의 공통성을 중시한다.
- 시간과 맥락에 구속되지 않는 주제들을 반성하지만, 현재의 표현을 작동시킨 시간과 맥락을 주의 깊게 고려한다.
- 본질적 특성과 의미적으로 분리될 수 없는 사회적으로 "구축된" 인간경험의 구성요소를 인정한다.

- 인간경험세계에서 "실제"는 다수의 구성된 실제들을 포함하고, 이 구성된 실제들은 서로 상반될 수도 있음을 인식한다.
- 탐구자와 탐구에서 서로 영향을 주기 위해 상호작용하는 "대상"과의 관계와 같이 식자와 지식 대상간의 불가분의 관계를 인정한다.

해석적 기술방법을 이용하는 실무자들은 이상과 같이 독특한 방식으로 세계를 이해하기 때문에 기존의 이론은 이러한 복잡한 실제를 포괄할 수 없다는 가정 하에 연구를 시작한다. 오히려 이들은 임상현상에 대한 이론은 그 현상에서 도출되어야 하거나 그 현상에 뿌리를 두어야 한다고 인식한다.

이러한 아이디어의 대부분은 Lincholn과 Guba (1985)의 자연주의 탐구의 핵심 공리에 영향을 받은 것으로, 해석적 기술방법의 인식론적 근거가 된다. 해석적 기술 연구가 특정 자료수집 방법과 자료 분석 접근에서 다른 연구들과 차별화되기는 하지만, 해석적 기술연구의 결과가 다른 기존의 질적 기술이나 혼합 방법에 의한 결과들과 차별화되는 근간을 확보해 주는 것은 바로 이러한 철학적 기초이다.

연구 설계 구성요소

해석적 기술 연구는 임상적 관심 현상에 대한 주제별 기술 혹은 통합적 기술을 제공하는데, 여기서 기술은 해석에서 그 연구의 학문적 목표를 명확히 해주는 방식을 취한다. 이를 달성하기 위해 연구 설계에서 다양한 방식으로 공통 쟁점의 구성요소나 측면들을 찾아내고 밝혀내되, 본래의 복합적 특성을 이해하고자 할 것이다. 그렇게 함으로써 지각된 것이 항상 그리고 반드시 "진리"라고 가정하는 함정에 빠지지 않으면서도 표현된 모든 지각을 인식하는 본래의 가치를 확보할 수 있도록 구성하게 될 것이다. 이 연구들은 개별적 집단적인 대표 자료에서 이끌어낸 해석적이고 분석적인 결론에 근거할 것이고,

개별 사례들이 전반적인 패턴에 기여하는 방식으로 제시하게 될 것이다.

해석적 기술연구 설계에는 수많은 공통 요소가 있을 수 있으나, 그 취향의 범위는 넓다는 것을 염두에 두어야 한다. 예를 들어 해석적 기술을 이용하여 유방암 자원자 집단에 참여하는 여성을 연구하는 연구자는 이 연구의 근거로 공적 과정과 사적 과정 간의 개입에 대하여 해석학을 강조하는 의미로 "informed"된 연구라는 입장을 취할 수 있다. 특정 지역사회에서 경계선 상에 놓여있는 이민가족을 연구하는 연구자는 자료수집 단계와 실천과정을 안내하기 위해 민족지적 기법을 사용할 수 있다. 사산 후 삶에 대한 연구에서는 공통의 사회과정의 존재를 밝혀내기 위해 근거이론 방법의 주제 분석을 활용할 수 있다. 이렇듯, 해석적 기술방법은 연구 설계 결정을 위해 광범위한 대안들을 지닌 방법론적 틀이 있다는 것을 정당화하고 수용할 수 있다.

연구 계획 초안 구성

연구자들이 알고 있듯이 두 가지 연구 설계 구성 과정이 있다. 그 하나는 당신이 무엇을 할 것인가를 주장하는 것이고 다른 하나는 실제로 무엇이 일어날 것인가이다. 이론적으로 이 두 과정은 주요 사안에 있어서 유사하다. 그렇지만 모든 연구 특히, 질적 연구에서 연구 현장에서 가장 완전한 계획실현 방식을 다듬어 가는 노정에는 결정을 해야 하는 수많은 지점들이 있기 마련이다. 이 장과 다음 장에서는 연구를 계획하면서 자료 출처, 표본 추출, 자료수집 방법, 신뢰도 충족 요건 등에 관하여 연구자가 내려야 할 결정에 대하여 논할 것이다. 그 다음 장에서는 복잡한 자료 수집과 분석 과정의 실천에 대하여 보다 심층적으로 논의하고자 한다. 이 논의는 아주 정교하게 계획을 세우는 연구자조차도 현장에 나가게 되면 종종 접하게 되는 도전들과 흔히 빠지기 쉬운 함정을 고려할 수 있도록 안내해 줄 것이다.

연구 계획서 작성

모든 과학적 연구는 정교한 연구 계획서에서 시작된다. 질적 연구의 경우 주로 연구논문/학위논문 혹은 연구과제의 계획서가 된다. 연구 계획서는 연구자에게 관련 연구문제가 무엇인지 정하고, 연구의 청사진을 생각하게 하고, 연구할 가치가 있음을 강조하게 해주며, 연구자가 앞으로 어떻게 할 것인가에 대하여 명확하고 명백한 도안을 그려준다.

연구 계획서를 개념화하는 가장 좋은 방법은 다른 사람에게 계획서를 읽어보도록 하는 것이다. 극도로 부정적인 질적 설계는 당신의 첫 경험에서 사기를 저하시킬 수 있지만, 여기에는 논리가 있고, 다른 사람이 이 계획서를 어떻게 보는가는 당신에게 아이디어와 전반적인 방향을 제공해 줄 수 있다. 또 다른 방법은 다른 목적과 다른 독자들을 위한 연구 설계를 만드는 과정을 안내해 줄 수 있는 훌륭한 문헌 자료를 참고하는 방법이다(Carey & Wwanson, 2003; Connelly & Yoder, 2000; Knafl & Deatrick, 2005; Maxwell J. A., 1998; Morse, 1994a; Patton, 2002; Sandelowski & Barroso, 2003c; Sandelowski, Davis, & Harris, 1989). 이 장에서는 당신의 연구에서 해야 할 결정들에 대해 안내하고, 다른 연구자들이 그동안 이 틀로 연구하면서 발견해 온 유용한 접근과 전략을 당신이 어떻게 고려할 것인가를 소개하고자 한다.

연구윤리 승인 획득

이 사전 단계에서 모든 질적 연구가 충족해야 할 조건은 윤리적 승인이다. 해석적 기술 연구는 인체에 위해를 가하거나 고위험의 활동을 포함할 가능성은 낮다. 그러나 오늘날 연구의 기본 전제는 연구 "대상"에게 그들의 이익과 욕구가 어떻게 존중될 것인지에 대하여 정보를 제공해야 한다는 것이다. 나아가서 개개인과 집단은 그들의 이익이 언제 방해받고 부적절하게 중지될 것인지, 심각하게 손상될 수 있는지에 대한 정보를 충분히 이해해야 한다(Giordano, O'Reilly, Taylor, & Dogra, 2007; Morse, 2005; Sieber, 1998). 많은 전통적인 상황을 통해서 저자들이 학습한 바와 같이, 연구에 노출된 사람들에게 잠재적으로 가해질 위험은 설명 동의를 얻는 것만으로는 충분히 해결되지 않는다.

설명 동의와 윤리적 연구절차의 "표준" 조건 중 많은 부분이 질적 연구에는 적합하지 않아 보이기는 하지만 학자들은 다양한 방식으로 개방적 탐구과정의 "유동성"과 윤리심의 위원회에서 요구하는 "엄격성"간에 균형을 맞추고 있다(Lipton, 1994; Munhall, 1989). 이 분야에서 적합한 멘토와 접근할 수 없는 초보연구자는 지역 연구윤리심의위원회에 문의하거나 문헌을 참고하면 된다. 윤리적 절차의 일반 원리는 동일하나, 대학이나 건강분야의 위원회에 따라 특수하고 구체적인 조건을 요구하기도 한다.

설계 안의 선정

기본 연구 설계안들은 당신의 다음 사항을 드러내 준다.

- 철학적 기조
- 아이디어와 경험 간의 관계에 대한 가정들
- 당신이 추구하고 있는 지식의 종류에 대한 지각
- 그렇게 하게 된 궁극적인 목적에 대한 감각

초보 질적 연구자들은 간혹 연구자가 하고자 하는 것이 특정 사람들에게 특정 주제를 이야기 하는 것이라는 모호한 상태로 연구를 시작한다. 그러나 실제 연구를 설계할 때는 고려해야 할 것이 훨씬 더 많다. 설계에서 당신은 어떤 종류의 자료에 의존할 것인지. 이 자료 출처의 대표성을 어떻게 확보할 것인지, 이 자원을 찾았을 때 그것으로 무엇을 할 것인지, 이 자료들에 대하여 어떤 감각을 만들어 낼 수 있을 것인지 등의 핵심적으로 고려할 것들을 소개해야 한다. 이 모든 것을 한꺼번에 생각하면 혼돈을 가져다 줄 수 있다. 그러나 명확하고 견고한 계획은 비록 이 계획이 먼 길을 돌아가도록 할 수도 있으나 가치 있는 결과를 생산하는 근본이 된다.

자료 출처의 결정

면담

대부분 건강전문가들이 주관적으로 도출된 지식을 학문적 범주로 가져가기 위한 길을 발견하기 위하여 이끌어 낸 것이 질적 연구이다. 그러므로 면담은 의심의 여지없이 많은 질적 임상연구 분야에서 일차적인 자료 출처가 되었다. 개별 면담을 통해 얻은 주관적 자료는 상당한 비판을 받아왔고 문헌에서는 주관적 자료에 근거한 이해에 과도하게 의존하는 일에 대하여 강력한 논쟁이 이어져왔다(Nnkoosing, 2005; Sandelowski, 2002; Silverman, 1985). 임상건강분야에서 면담은 매우 익숙하고, 질적 건강문제로 전환하고자 하는 질적 탐구 정신을 지닌 사람들은 종종 임상에서 면담경험이 연구에서의 면접에 필요한 기술들을 준비시켜 준다고 생각하고 "연구 제보자들"과 작업하는 일을 매우 편안하게 느끼기도 한다. 그러나 이는 매우 잘못된 가정이다. 이 부분에 대하여는 자료수집과정에서 일어났던 일들에 대한 반성을 통해 차후에 논하고자 한다.

해석학적 기술은 적어도 인간경험을 포함한다는 점에서 "보다 개연성이 높은 진리" (Johnson, 1996; Kikuchi & Simmons, 1996; Sandelowski, 1996)는 다각적인 시각을 적용하여 도달하게 된 것들이라는 점을 이야기 해 주는 철학적 전통에 뿌리를 두고 있다. 인간의 임상 문제를 이해하는데 있어서 복잡한 현상을 수량화하기 위해 측정가능한 단일 변수로 조각내는 일이 왜 맥락내의 전체적인 경험을 효과적으로 드러내 줄 수 없는지를 즉각적으로 인식하게 된다. 그러나 협소한 관점과 질적 탐구의 균형을 맞추기 위해 열중하는 동안 우리는 간혹 주관성 역시 명백한 한계가 있음을 잊기도 한다. 자신의 삶에 대한 "거시적 이야기" 즉, 어떻게 핵심적 사건이 발생했는가에 대하여 우리가 구성한 서술과 우리 자신과의 관계를 생각해 보면, 우리 모두는 주관적 지식은 자아, 이데올로기, 사회적 의미를 포함하여 많은 조정 장치에 따라 형상을 짓고 구성되었음을 인식한다. 비록 우리가 어려운 가족결정 과정에 충분히 유능하고 지적으로 참여한다고 해도 내 형제가 같은 사건을 전혀 다르게 기억할 수도 있다. 우리는 세계 속에서 어떻게 살아가는가에 대하여 알고 있다. 그렇기는 하나 때로 질적 건강연구의 세계에서 외상적 경험이나 풍부한 경험에 관한 개인의 회고가 명백해 보이는 진리의 형태로 구체화될 수 있음을 잊고 있다 (Nunkoosing, 2005; Sandelowski, 1991).

이렇듯 "진리"에 접근하는 창고로 주관적 자료에 과도하게 의존하게 된 것은 연구 실체에 근본적으로 주관성 이외의 사회적 진리나 다른 자료들이 전혀 없는 현상학에 우리가 그동안 의존해 왔던 것에서 비롯되었다. 충격적 뉴스를 들었을 때의 느낌, 혹은 우울에서 벗어나려 노력할 때의 느낌을 이해하고자 한다면, 내가 그 경험의 본질을 "알아 가게"되는 유일한 길은 연구자의 의식과 추리에 접근될 수 있는 형태로 놓여 진 대상자의 주관적 경험의 여러 기전을 통하는 일이다. 시인, 예술가, 소설가, 현상학자 모두 연구자의 대리 경험에 기여하고 이로써 의미 있는 감각에 대하여 "알게"되는 것이다.

반면, 이러한 유형의 지식을 진지하게 두드리고 있음에도 많은 부분의 질적 연구는 실존적 의미의 앎보다는 "공감화"나 "이해"에 대하여 더 많이 위임하고 있다. 이것이 우리가 오늘날 알고 있는 현상학적 전통에서 상당히 벗어난 형태를 창조하였다. 우리는 주관적 인간 경험에서 앞으로 임상실무에서 부딪치게 될 것을 이해하고 이에 대한 다소의 민감성을 지니는데 필요한 본질을 찾기 보다는 양상과 주제를 찾는다. 이렇듯 필름이나 프린트에 포착될 수 있는 심층의 개인적 표현들이 우리에게 실무에 대하여 제공하는 정보의 부분이 된다. 그러나 이는 동시에 우리를 마비시켜서 활동을 정지시키거나 공통으로 공유하기 보다는 개인에게 고유한 경험의 측면들로 우리를 잘못 인도할 수 있다. 이처럼 해석학적 기술의 상당부분이 현상학 방법에서 비롯되었으나 이 방법은 지식과 앎에 대하여 현상학과는 매우 다른 태도를 지닌다.

다시 말해서 개별면담을 우리가 접하게 되는 많은 임상 문제들에 관한 지식 개발에 유용한 핵심 방법으로 삼게 되는 이유가 있다는 것이다. 예를 들어 경화증 환자가 일반의사에게 일차 진료를 받으면서 접하게 될 반응의 종류를 이해하고자 할 때 가장 좋은 방법은 소수의 경화증환자에게 질문을 하고 체계적으로 조직하여 공통 구성요소에 대한 감을 포착하는 것이다. 한 두 사람과의 면접에서 이 주제에 대하여 아주 신속하게 어떤 느낌을 얻을 수 있음을 안다. 그러나 임상가인 우리들은 좌절과 만족의 연속선상 양극단에 놓인 두 사람을 접하게 될 수도 있다는 사실 역시 알고 있다. 그러므로 비록 의학문헌에서는 임상 사례 보고가 존중되기는 하나 질적 연구자는 다양한 사람들에 대한 설명에 좀 더 신중하게 의존해야 한다. 충분한 대상자 수를 어떻게 결정하는가에 대하여는 차후에 논할 것이다.

참여관찰

참여관찰은 질적 연구자가 면담 다음으로 흔히 사용하는 자료출처이다. 참여관찰 역시 매우 익숙하게 느껴지는 방법이다. 실무를 기반으로 하는 전문가들은 현장 참여를 편안하게 느끼고, 의도적 방식을 고수하면 우리가 관찰한 것 속에서 주제와 패턴을 드러낼 수 있다고 가정한다.

참여관찰은 사람들이 행동하는 패턴을 이해함으로써 사람들의 생각을 알아내기 위한 방법으로 고안되었다. 참여관찰은 연구자 자신들과는 다른 문화권의 사람들의 행동과 활동의 근저를 이루는 문화 즉, 일련의 규칙들을 이해하고자 하는 민족지 연구자들의 일차적인 연구도구이다. 주도면밀하게 관찰하고 연구자가 관찰한 것을 체계적으로 기록하여 겉으로 드러난 행동들 저변의 사회적 구조를 평가하기 시작할 수 있다. 참여관찰의 중요한 장점은 연구자들이 주관성에 과도하게 영향을 받지 않은 입장에서 왜 사람들이 그런 방식으로 생각하고 행동하는지를 연구를 할 수 있다는 것이다. 전통적인 민족지는 주제보자 면담과 참여관찰을 병용하면서 문화가 이론화 가능성을 허용하는 방식에서 멀어지도록 하는 이른바 지적 "거리두기"를 인류학자에게 권장한다. 물론 피관찰 사회집단의 논리에 너무 근접하게 되면 연구자가 "주민화 되는"위험에 처하고 연구는 중단될 우려가 있다.

응용건강연구에서의 참여관찰은 중요한 몇 가지 문제들을 반드시 고려해야 한다. 첫째, 임상 연구자는 이미 특정 전문가의 렌즈로 그 분야를 바라보는데 사회화 되어 있는 상태이다. 이 렌즈의 힘과 이것이 연구자가 관찰한 것과 관찰한 것에 대하여 감을 잡는 데 있어서 근본적인 변화를 가져다 줄 가능성은 질병을 앓게 된 임상전문가에 대한 연구에서 생생하게 포착되었다(Sacks, 1984). 이는 임상전문가들이 본래적으로 그들에게 치료를 받는 사람들의 시각으로 세계를 바라보는 민감성이 낮다는 의미는 아니다. 그러나 경험의 "다른 측면"이 허상에서 실재로 이동할 때 신비함이 상당부분 흩어지게 된다. 이것이 우리에게 전하는 바는 연구자가 이미 익숙해진 세계에서 참여관찰을 실시하는 것이 전혀 문제가 되지 않는 것은 아니라는 것이다. 또한 비록 연구자가 의식의 차원으로 편안하게 가져올 수 있는 표면 밑 어딘가에 숨겨져 있다 하더라도 의심의 여지없이 잘 형성되어 있는 의견들을 가지고 참여관찰을 실시하는 것이 전혀 문제시 되지 않는 것이 아니라는 의미이다. 이렇듯 참여관찰자가 해야 할 업무는 엄격하고 체계적으로 관찰 렌즈를 개방하고, 투명하고 선명하게 만드는 일이다. 연구결과의 질은 온전히 연구자가 이 의무를 얼마나 완수하는가에 달려있다. 이는 단순히 연구자의 사전 신념에 대한 의혹 제기에서 그치는 것이 아니라 지속적으로 연구자 스스로가 놓치는 것은 없는지, 당신이 관찰한 것에 대안적인 해석이 있을 수 있는지를 고려해야 한다는 것이다. 인간의 마음은 패턴을 지향하고, 이에 대하여 해석하고, 스스로의 결론을 확신하는 경향이 있기 때문에 연구자는 당신이 내린 결론이 다른 사람들의 시각에 부합하지 않을 경우 그 결론에 대한 심각한 비판을 받을 수 있음을 수용해야 한다.

포커스 그룹

특정 사람들을 집단으로 구성하여 이 집단이 한 주제에 대하여 개입하도록 하는 아이디어는 후에 두 가지 전통에서 자료의 출처가 되었다. 초점집단 연구는 두 전통이 있다. 한 전통은 사회변혁 운동을 촉진하는 남미의 학술활동에서 비롯되었고(Fals-Borda & Rahman, 1991; Friere, 1970), 이는 학문단체가 지역사회 집단과 동조하여 사회 운동과 막대한 경제 개혁을 추진하는 기구로 발전되었다. 이 초점집단은 일단 공동체에 지식을 제공하면 집단 의식화되고 그 잠재력을 인식하게 되는 힘이 있기 때문에 특정 공동체가 행동을 취하도록 활성화하는 수단으로 특별하게 고안되었다. 또 다른 유형의 초점집단은 북미에서 시작된 것으로 시장 연구에 적용된다. 이 방법은 대중의 의견을 이해하는 기구를 만들어 내기 위해 협동조합의 이점을 위한 것이었다. 여기서의 아이디어는 사회적 압력에 쉽게 변화될 수 있는 개개인의 의견을 수집하는 것이 아니라, 개인들을 집단으로 모아서 이 집단에 특정 아이디어를 제시하고 사회적 역동과정에서 어떤 합의가 도출되는가를 관찰하는 것이었다. 이와 같이 초점집단 방법은 개개인의 차이에 관심을 두기 보다는 집단이 공유하는 관점을 만들어 내거나 발견하고자 하는 연구에 적합하다. 이러한 집단의 효과에 대한 인식이 초점집단 방법의 특징이다.

아이디어를 교환하기 위해 유사한 경험을 한 사람들을 모으는 일은 대중 의견이나 사회적 의식 구축에 강력한 도구임에는 분명하다. 그러나 모든 건강문제가 근본적으로 사회적 힘의 영역에 대한 가정에서 발생하는 것은 아니라는 점도 기억해야 한다. 건강연구가 힘없는 소비자 집단을 활성화시키거나, 행동연구에서 불이익 인구집단의 리더에게 힘을 실어주기 위한 것일 때 초점집단은 적합한 자료수집 전략이 된다. 그러나 연구의 초점이 특정 질환에 대한 치료를 추구하는 사람들 간의 공통점과 차이점을 이해하는 것이라면 초점집단은 이 연구 목적에는 근본적으로 옳지 않은 방법이다.

불행하게도 간혹 질적 건강연구자들이 초점집단 설계를 많은 수의 개인에 대한 면담자료를 얻는 효과적인 방법으로 생각하는 것 같다. 그러나 초점집단의 기초는 집단 역동에 있으므로 이 방법을 부적절하게 사용하면 중요한 관점들이 모호해지고 위험스러운 잘못된 결과를 도출할 수 있다. 특정 질환을 앓고 있어 늘 아프고 분노에 찬 사람들은 집단 토의에서 많은 시간을 사용하게 되고, 상대적으로 특권을 누리고 행운이라고 생각하는 사람들은 쉽게 침묵하게 된다. 초점집단은 개개인이 자유롭게 "자신의 이야기"를 풀어놓을 수 있는 상황은 아니기 때문에 연구자는 경험의 차이를 심층적으로 파악할 기회를 잃고 개별면담을 할 수밖에 없게 된다. 초점집단은 사회적 역동을 중시하므로 쉽게 표현되거나 정화되지 못하는 공통 경험의 요소들을 흘려버리는 경향이 있다. 초점집단이 무엇을 하는 것인지 왜 연구자가 이 방법을 이용해야 하는지를 이해하면, 연구의 독특한 요구에 이 방법이 기여할 것인지 아닌지를 신중하게 선정할 수 있다.

문서 자료와 기타 자료 출처

종종 등한시 하는 자료 출처는 텍스트이다. 텍스트는 연구자에게 주관적 지식이나 담론들을 제공해 줄 수 있다. 이들 지식과 담론은 연구자에게 배경 신념, 의견들, 그리고 현상에 대한 태도를 밝혀주기도 한다. 질적 건강연구자들은 면접이나 관찰이외에 다른 수단에 의해 수집한 자료들을 분석하여 많은 것들을 얻을 수 있다는 것을 알게 되었다. 정책서, 회의록, 자술서, 대중매체 등의 기록 자료를 주의 깊게 분석하면 연구자에게 특정 건강현상에 대하여 많은 것을 알려준다(Hodder, 1994). 이 자료들은 연구자가 구성하고 있는 구조의 범위를 축소시켜 주는 이점이 있고, 주관적 지식과 객관적 지식을 제공해 줄 수 있다. 물론 연구자는 어떤 기록 자료를 사용할 것인지를 알아야 하고 모든 기록 자료가 한계를 갖고 있다는 것도 알아야 한다. 예를 들어 미숙한 자가민족지 연구자는 극단의 경험을 지닌 사람들의 자술내용을 사용하는 경향이 있고, 정책 문서는 건강전문가나 정부를 당황시키거나 흥분시키지 않은 방식으로 기록하는 경향이 있는 등의 한계를 지닌다. 그럼에도 기록 자료는 일차 자료나 부수적인 자료로 고려해 볼 가치가 있다.

질적 건강연구 분야에서 점차 관심을 끌고 있는 기록 자료는 연구자나 다른 사람의 질적 연구에서 수집한 기존의 자료들이다(Heaton, 2004; Hinda, Vogel, & Clarke-Steffen, 1997; Thorne, 1994). 면담이나 관찰을 이용한 자료 수집은 상대적으로 많은 노력을 요하기 때문에 많은 연구자들이 선행 연구에서 수집한 자료에서 충분한 가치를 이끌어 내려고 노력한다. "자신의 이야기"를 위해 시간을 허용하는 사람들은 더 많은 사람들이 자신의 이야기에 귀를 기울여주는 것을 즐기는 경향이 있고, 대부분의 연구자는 자신의 일차 분석은 전체 중에서 연구하고자 하는 맥락의 극히 일부분만을 파악할 수 있음을 잘 알고 있다. 이차분석 역시 다른 연구자들이 유사한 주제에 대하여 수집한 여러 유형의 자료들을 수집하여 실시할 수 있다. 그러므로 연구도구로서의 연구자에 대한 신뢰성 문제에서 발생하는 한계점들을 조정하는 방법을 제공한다. 이차분석이 많은 시간을 소요하는 "현지조사"과정을 생략하는 것을 허용한다는 점에 매력을 느끼는 것 같다. 그러나 이차분석에서는 기존자료의 특성과 한계를 매우 신중하고 심각하게 처리해야 한다. 그러므로 이차분석은 손쉬운 "안락의자" 연구방식으로 가볍게 선택하지 않아야 한다.

질적 건강연구 분야의 괄목할만한 발전은 현대공학의 마술과도 같은 발전에 힘입어 시각 적 자료수집과 제시방법을 도입한 것이다. 점차 많은 연구자들이 행동패턴 연구에서 여러 가지 다양한 방식으로 비디오 촬영 자료를 제시하고 있다. 예를 들어 참여관찰자가 피관찰자의 행동에 미칠 수밖에 없는 부정적 영향을 줄일 수 있는 방식으로 비디오 촬영을 사용한다(Bottorff, 1994). 이러한 기법이 주관적 경험에 직접 접근하는 것은 아니지만, 종종 다른 기법들을 이용하여 강화하기도 하고, 경우에 따라서 환자와 집적 접촉하는 연구에서 전자기구나 필름 상에 포착된 것을 해석하고 구성하기도 한다.

이 자료출처들을 일차 자료수집 방법으로 활용할 수 있으나, 다른 자료 수집방법을 이용하는 연구에서 부수적인 방법으로 고려하는 것도 가치가 있다.

이러한 방식은 이들 자료 수집방법의 한계를 극복하는데 도움이 되고 연구 설계 결정에서 초래될 수 있는 오류를 수정하기 위한 추가적인 시각을 제공한다. 대안적인 자료 출처를 부수적인 자료수집방법으로 사용한다고 해서 연구자가 각 형태의 자료를 어떻게 분석할 것인지 등에 대한 방법론적 논의를 별도로 해야 하는 것은 아니다. 그러나 제3자가 최종 분석결과에 대하여 좀 더 투명하게 감시할 수 있는 정보를 제공하기 위해 사전에 어떤 각도의 관점에서 어떻게 사용할 것인지를 신중히 고려해야 한다.

TEXT BOX 4.1

복합성의 학습 Learning complexity

Thorne 등은 만성질환자들이 어떻게 자가 간호 결정에 대하여 학습하고 실천하는가를 보다 잘 이해하기 위해서 만성질환자들의 자가 간호 결정과정에 대한 자술기록과 면담을 이용하여 실시한 두 개의 선행연구 자료들을 해석학적 기술방법으로 이차 분석을 실시하였다. 연구자들은 두 선행연구의 맥락과 자료수집 방법을 비교하면서 자가 간호관리의 통제는 질병의 구체적 징후에 집중하고 사회적 맥락과 생활양식 및 건강간호를 관리하기 위한 의식적 결정을 반영한다는 것을 발견하였다. 연구자들은 이 분석에 기초하여 환자가 전문가의 충고와 생화학 지표를 해석하고, 개별화된 표준을 만들고, 복합성을 이론화하는 과정에서 내리는 전략적 선택의 패턴들을 규명해 내었다. 이 분석에서 얻은 결과는 연구자들로 하여금 이 개별 환자들의 자가 간호결정에 대한 기존의 이해의 틀을 재구성하게 하였고, 연구자의 관점을 의학적 충고 이행에서 이 도전의 복합성에 대한 무한한 존중으로 전환시켰다.

Thorne, S., Paterson, B., & Ressell, C. (2003). The structure of everyday self-care decision making in chronic illness. *Qualitative Health Research, 13*(10), 1337-1352.

마지막으로 "숙련된 임상전문가"의 언급을 자료로 활용할 수 있다. 저자는 질적 건강연구 설계에서 아주 흔히 무시되는 이 자료들을 잠재력이 있는 "부수적" 자료 출처로 간주한다. 연구의 초점이 전문 건강관리분야의 뿌리 깊은 편견에 대한 도전일 경우, 연구자는 임상전문가에게서 영감을 얻으려 하지 않을 것이다. 그러나 대부분의 질적 연구는 건강 관리자에게 정보를 제공하고 이들을 예민하게 만들기 위해 이용할 수 있도록 서로가 공유하고 있고 패턴화된 경험지식을 체계적으로 탐구한다. 이 경우 장기간에 걸쳐 많은 "사례"에 대한 관찰에 근거하여 전문가적 관점을 형성해 왔고, 대부분의 질적 연구에서 도달할 수 있는 그 이상의 변이와 다양성들을 밝혀 줄 수 있는 노련한 실무자가 막대한 역할을 하게 된다. 예를 들어 어떤 한 현상에 대하여 10명에게 면담을 할 경우 이들 모두가 해당 현상을 거의 같은 방식으로 보았다고 확신을 할 수 있을 것이다. 그러나 이들이 관찰한 것을 적정 환경에서 오랜 기간 연구주제에 해당되는 경험을 쌓아온 신중한 임상전문가와 대조해 보면 이 전문가의 우수한 견해가 특정 임상 상황, 인구 집단, 간호철학과 밀접하게 연관되어 있음을 알게 될 것이다. 질적 연구 설계에 "숙련된 임상전문가 검증"을 포함하면 연구 설계에 의해 발생하는 분석 오류를 피할 수 있게 해주고 결과적으로 보관하는 연구결과가 아니라 보다 많은 영역에 영향을 미치는 연구결과를 발견하게 해준다. 연구자는 다른 유형의 자료에 대한 비판적 반성 분석 뿐 아니라 숙련된 임상전문가의 관점을 취할 것이다. 어떤 것은 단지 임상가의 생각이라는 이유로 진리로 인정받지 못한다. 그러나 이 의견들 중에서 임상에서 관찰되고 환자가 연구자에게 진술한 것과 합성하면 보다 강력한 결과를 얻을 수 있다.

저자는 전문가들의 관점보다 환자의 관점을 더 우선시하는데 있어서 질적 건강연구분야가 어떻게 양극화되어왔는가에 대하여 오랜 동안 매력을 느껴왔다. 현상에 대하여 개인적으로 주관적 경험을 지니고 있는 사람들은 저자가 이 문제를 이해하는데 크게 기여하였다. 저자 역시 정보를 갖추고 심사숙고 하는 노련한 임상전문가는 각자가 어렵게 학습하여 성취한 통찰력을 파악할 수 있게 해주는 훌륭한 자원이라고 생각한다. 임상전문가의 이러한 통찰력은 문헌에 기록되어 있거나 일반적인 집단구성원들이 공유할 수도 없는 것들이다. 저자는 수년 전 위절제술 아동 간호 전문가인 아동전문 간호사의 지식을 활용한 경험이 있었는데, 이 경험을 통해 이 임상전문가들이 제공한 경험

지식이 다른 자료출처로는 파악할 수 없었던 임상 패턴과 주제에 관한 통찰력을 제공한 훌륭한 자원임을 확신하였다. 이 연구를 통해서 궁극적으로 얻게 된 결과는 환자나 간호제공자의 자료에 비해 임상가들이 위절제술 환아 어머니의 주관적 외상 경험을 더 민감하게 반응하게 해 주는 지식을 생산한 것이었다(Thorn, Radford, & McCormick, 1997). 저자는 이 경험을 통해서 어느 분야에 항상 전념하고 있는 전문가들의 지혜를 찾아내고 활용하는 기법을 포함하는 것이 연구 설계의 가치 있는 구성요소임을 깨달았다.

다양한 자료 출처의 이용

개별 자료 출처들에 대한 설명을 통해서 명백해 졌듯이 모든 연구에 적합한 자료수집기법은 없다. 각각의 자료수집기법은 그 나름의 강점과 제한점을 지니고 있다. 그러므로 당신의 연구에서 가장 의미 있는 답을 찾아줄 가능성이 높은 자료 수집기법과 연구자가 원하는 자료수집기법을 부합시키는 것이 바람직하다. 연구자가 다양한 자료수집 기법을 동시에 활용하여 연구를 진행할 능력을 갖추고 있으면, 각 자료수집기법이 지니고 있는 인식론적 함정에 빠질 가능성을 줄일 수 있다. 그러나 많은 소규모의 질적 건강연구들이 시험적 단계에서 시간과 자원이 제한된 상태로 실시해 왔으므로 단일 자료 유형에 주로 의존해 왔다. 자료의 출처에서 핵심은 이 자료출처가 내포하고 있는 것에 대한 진정한 이해를 발견하고 자료를 분석하고 연구결과에 대한 결론을 이끌어 낼 때 연구자의 생각의 중심과 전면을 차지하는 자료들이 지니는 한계를 확인하고 염두에 두는 일이다.

제 5 장

신뢰할만한 연구를 위한 전략

당신이 수행하는 연구에서 철학적 토대의 논리를 따르고 연구 설계의 어떤 기본요소를 가지게 되면, 당신은 해석적 기술 연구계획서의 필수적인 뼈대를 확장할 준비가 되어 있는 것이다. 그 연구계획서는 표집, 일반적 자료 수집과 분석선택 등과 관련된 좀 더 구체적이고 명확한 결정을 가지게 된다. 그런 방법을 통해 최종결과물의 신뢰성을 확보할 요소들을 당신의 설계에 구성하게 될 것이다. 만약 초보연구자라면 이런 결정들이 꽤 도전적이라는 것을 발견하게 될 것이다. 왜냐하면 이것들의 각각은 중요한 함의를 가지며, 그 어떤 것도 현장에서 그것을 마주칠 때까지는 충분히 명확치 않기 때문이다. 그러나 이전에 배웠고, 멘토에게 이전에 연구의 모든 단계를 거쳐 가는 것을 지도 받았다면, 초기 개념 단계에서 공통적인 압도적인 공황감은 덜 할 것이다.

학문분야와 과학의 영역에서, 연구계획서는 프로젝트의 직접적 부분이 될 것이다. 왜냐하면 연구자가 따라야 할 것이라고 기대되는 명확히 설정된 방법이 있기 때문이다. 질적으로 가장 오리엔트되어 있는 프로젝트인 해석적 기술은 정반대이며 많은 어려운 개념적, 지적인 작업은 초기 계획단계에서 이루어진다. 그러나 이런 모든 계획 작업은 실제적으로 연구를 하는데 직접적으로 정보를 주고, 그것이 필요한 시간을 잘 보내는 것이라는 것을 알고 당신 스스로 편안해 할 수 있다. 따라서 이것은 급하게 몰고 가는 단계가 아니고, 잘 수행한다면, 현장에 나갔을 때, 연구자는 이미 꽤 오랫동안 수행하여 왔다는 것을 발견할 것이다.

표집

당신이 계획하는 연구의 종류와 당신이 도출하고자 하는 결과의 종류에 가장 적합한 자원을 확보하면, 다음은 포함시키고자 하는 이론적 전체 "모집단(population)"의 어떤 부분을 포함시킬지와 어떻게 그 "표본(sample)"을 포함시킬지를 고려해야 한다. 가장 흔하게, 당신은 특별한 현상을 경험한 사람 전체를 만날 수 없으며, 따라서 당신은 그 현상의 어떤 측면 또는 연구자가 보고자하는 관점의 어떤 재현에 대해 생각하여야 한다. 재현을 이해하고 표본크기를 산출하고 표집절차를 결정하는 문제는 모든 연구계획의 고유한 부분이다.

재현

재현의 관념은 교묘하고 복잡하다. 그것은 처음부터 당신의 연구가 그것이 무엇이라는 것 외에는 실제적으로 "재현하지" 못할 것이라고 이해하는 것이 가장 좋다. 개념은 확률의 수학적 평가를 위해 양적인 요구로부터 도출되며 확률은 당신이 이용하는 자료수집의 중요한 부분과 자료 자원이 전체에 대한 일반적으로 수용된 측정을 반영한다. 과학의 형태는 "진실"은 발견되어지는데 있다고 하는 기본 가정에 의해 도출되기 때문에 이 점에 대해 당신이 어떻게 주장하는가를 둘러싸고 있는 규칙구조는 매우 명백하게 된다.

질적 연구에서, 재현은 사회적 또는 정치적 선택을 하기 위해 당신이 누구의 목소리를 어떻게 정리하는가 하는 번거롭고 복작한 사업과 매우 유사하다. 당신은 관심그룹, 침묵하는 대다수 및 도처에 있는 권력의 영향 모두를 안다. 그러나 "민주주의" 같은 개념이 내포하고 있는 철학적 가치라는 것이 완전히 진실이라는 방법으로 공적인 선택을 하는 방법을 결정할 수는 없다. 유사하게, 연구에서 당신은 인간경험에 대한 지식을 확장하고자 하는데 있어서 우리가 만날 모든 목소리는 우리의 관심을 끌 명백한 흥미와 편견을 가지고 있을 것이라고 가정해야 한다. 따라서 당신은 표본이 특권을 누리고 있을 것 같거나 침묵하고 있을 것 같은 의견이나 견해의 어떤 측면을 추정하고 그들이 왜 관심을 받을만한 가치가 있는가에 대한 합리적 논의를 나타내고, 어떠한 연구 질문에 대답할 목적으로 표본에 대해 생각하는 방법을 발견해야만 한다.

재현은 단순히 별개의 사실(fact)만으로는 거의 되지 않는다. 왜냐하면 적절한 공동요소임에 틀림없다고 동의할 수 있는 공통적인 기준이 없기 때문이다. 질적 연구자들은 당신이 검은 백조가 없다고 안전하게 결론짓기 전에 당신이 본 것이 어떻게 수천마리의 하얀 백조인가를 질문할 때에 "순수한 귀납"에 대한 Popper의 도전(Popper, 1972)을 떠올리는 것이 좋다. 비슷하게 우리는 사회적 위계에 의해 그것을 달성할 수 없다. 왜냐하면 대중을 대변한다고 주장하는 사람들(환자 옹호자 그룹 같은)은 그들이 재현하고자 하는 대중과 그들 자체가 본질적으로 다른 지위에 있기 때문이다. 그들이 이야기하는 것에 중요한 스토리가 없는 것은 아니지만, 그들이 많은 개인들의 관심에 의해 이야기 되어진 스토리와는 꽤 차이가 있다.

필자는 재현은 마음에 간직하고 있는 그러나 기술적으로는 달성할 수 없는 그런 광범위한 사회적 개념들(존엄 또는 통합감과 같은)의 하나로서 우리에게 최상으로 기여하는 것이라고 이해하는 것이 좋다고 생각한다. 이런 입장은 우리가 제안한 어떤 표본이던 "재현적"이 되는 어떤 의미 있는 방법은 없고, 다만 일련의 감사가능한(auditable) 시각의 측면에서 만들어진 일종의 견해를 반영하는 것이다. 그것의 본질과 경계는 우리가 인식할 수 있고 기술할 수 있다고 가정하도록 한다. 우리가 표본의 특성을 이해하고, 표집절차에서의 본질적인 제한점과 그러한 표본들을 기초로 해서 도출되는 결과에 대해 어떻게 생각해야 하는가의 적용을 이해하는 방법이 우리의 마지막 결과물의 신뢰성과 통합성으로 나타나게 될 것이다. 따라서 표본에 대해서는 기본적으로 올바른 방법이 없으며, 어떤 명료한 표집논리에 근거하여 우리 연구를 산출하고 우리의 표본이 재현하고자 하는 것을 이해하는 것을 유지하면서 결과로 보고하는 것이 필수적인 요구사항이다.

표집방법

편의 표집 가장 질적인 연구는 어떤 사람 또는 상황이 연구의 주요점이 될 것인가를 확인하기 위하여 "목적적인" 또는 "이론적인" 표집의 주제에 있어 어느 정도의 변이가 있는가에 달려 있다(Kuzel, 1999; Morse, 1989b; Sandelowski, 1995b) 어떤 경우에는 거의 "편의"에 의한 표본이 적절하며, 특히 그것의 공유된 경험에 대한 측면을 서술하는 초기 단계에서는 가장 근접해 있는 집단들에서 한 현상에 대한 응용 질적 연구들을 위한 훌륭한 통찰력의 근원이 될 수 있을 것이다. 그러나 대부분의 그런 그룹들은 그들 특성의 공통점을 반영하지만 그 현상에 대한 연구자의 시각을 왜곡할 수도 있고, 특별한 연구 맥락 이외의 어떤 해석을 하여 연구자의 신뢰성이 제한 될 수 도 있다.

예를 들어, 만약 어떤 연구가 일주일 이상을 특별한 상태를 가지고 있는 특수병동에 있는 모든 환자를 모집했다면, 연구자는 그런 환자들이 그 병원에 있는 또는 다른 세팅의 다른 병원에 있는 1년에 걸친 양상과는 어떻게 다른지 또는 같은지에 대해 주의 깊게 반영해야 할 것이다. 이런 경우 이런 사람들이 좀 더 일반적인 그런 환자군과 꽤 다르게 만들 수도 있는 이런 맥락의 특별한 특성에 주의를 기울여야 한다. 만약 그 병동이 특히 카리스마적인 직원 보충, 특화된 연구프로그램, 또는 특화된 환자 "접대" 서비스를 가지고 있다면, 공유되고 공통된 경험이 임상집단의 경험에 대한 것보다 건강관리세팅의 경험에 대해 어떻게 좀 더 우리에게 전달될 수 있는지를 빨리 파악할 수 있다. 따라서 편의표본을 연구하는 것이 나쁘지는 않지만, 그런 표본은 국소적 맥락을 넘어서는 어떤 것을 우리에게 말할 것이라고 가정하는 근거는 다른 방법을 통해 논의 되어야만 할 것이다. 연구자는 좀 더 큰 맥락에서 이런 세팅을 묘사하는 좀 더 광범위한 문헌을 포착하고 결과를 해석하고 이 표본이 다른 것과 매우 다르다는 가능성을 명확하게 비판할 수 있다. 그러나 일반적 원칙에 따라 편의 표집은 "기술(description)"을 위한 강력한 근거가 되면서 "해석(interpretation)"을 정당화하는 도전을 만들어 낸다.

목적적 표집 어느 정도 좀 더 전형적인 표집기법은 "목적적" 또는 "현상적" 표집이다. 이는 어떤 구체적인 상황 또는 개인이 우리에게 좀 더 이해를 도울 수 있는 경험의 측면에서 모집된다. 이는 "재현"이라는 용어를 사용하지 않고는 이 기법을 논의하기 힘들지만, 우리의 연구 의도가 우리에게 정직함을 유지하도록 하는데 도움이 될 수 있는 것이라 한다면 이 용어는 피해야 한다. 예를 들어, 목적적 표집을 사용하여, 남자와 여성 모두에게 영향을 미치는 어떤 특별한 상태를 위해 우리의 연구 표본에서 여성 참여자만을 포함시켰다면, 우리는 성(garden)에 대한 어떤 경험적 설명의 중요한 측면을 오해했을 수도 있다고 결론지을 수 있다. 종종 건강과 질병경험을 나타내고자 하는 이런 가능성 있는 변수들은 이미 예측되어졌고, 우리는 충분한 다양성을 가지고자 하는 것에 대해 이것들의 목록을 만들 수 있다. 이 문제에 있어서 문헌은 지침의 자원이 될 수 있다. 한 특징 또는 다른 특징에 근거하여 차이가 있다고 말하는 것은 문헌이기 때문에, 우리가 결과를 표현하려고 할 때 그것에 근거해 우리가 우리를 비평할 수 있는 것은 도전이 될 것이다. 따라서 목적적인 표집 전략은 연구하기에 앞서, 당신이 확실하게 하기를 원하는 주요 그룹이나 상태가 당신의 연구에 포함되었는가를 확인하고자 하는 것이며, 만들어낸 최종적인 결과가 당신이 목적하고 있는 청중에게 합리적으로 보이며 진실되게 보여야 한다는 것이다.

목적적 표집의 특별한 그리고 중요한 형태는, 민족지 연구의 특징인 "주요정보제공자(key informants)"를 전략적으로 확인하는 것이다. 주요정보제공자는 무엇이 일어났고, 왜 그것이 발생했는가에 대해 다른 사람보다 더 많이 정보를 제공해 줄 수 있는 공동체의 구성원이다. 이전의 인류학 연구의 부족연구에서 예를 들면, 연구자는 그 사회전반에 대해 비교적 알려진 견해를 제공할 사회적 역할을 가진 족장이나 어떤 사람을 특별히 찾아야 했다. 주요정보자의 또 다른 특징은 적극적으로 연구자에게 정보를 제공할 의지가 있어야 하며, 따라서 주요정보제공자와 친근한 인간관계를 갖는 것이 "현장에 들어가는" 과정의 중요한 요소이다. 그러나 건강에 관한 연구에서, 이와 같은 방법으로 그 그룹을 이야기해 줄 충분한 지위와 신분을 가진 공동체 구성원을 찾기는 쉽지 않다. 당신이 같은 방법으로 그룹과 관련이 있는 주요인물이라고 여기는 사람을 찾는 것이 쉽지는 않지만 그러나 주요정보제공자의 알려지지 않은 사고는 좀 더 넓은 경험적 배경을 가진 사람 또는 그들과 비슷한 배경을 가진 사람들과 접했던 사람을 찾도록 한다. 이론화하여 그것을 오염시키지 않고 "순수한(pure)"경험을 공유하고자 하는 현상학적 연구와 달리, 해석적 기술 연구를 위한 이상적인 정보제공자는 단순하게 살기보다는 그들 스스로를 발견하는 상황에 대해 관찰하고 사고하는 것을 특별히 좋아하는 집단에서 "일상의 철학자"이다(Gubrium, 1988).

이론적 표집 해석적 기술에서 중요한 역할을 하는 세 번째 주요 형태는 이론적 표집이다. 이 용어는 근거이론방법론(Glaser & Strauss, 1967; Strauss & Corbin, 1988)에서 도출되었다. 근거이론 방법은 자료로부터 도출된 이론적 변이를 전개시키는 표집 전략을 명확하게 세우면서 연구가 수행된다. 이론적 표집의 중요한 요소는 최대 변이(maximal variation)의 개념이다. 즉 자료 수집과 분석의 처음 단계에서 도출하기 시작하는 패턴과 주제에 대한 덩어리를, 당신이 보고자 하는 것과 어느 정도 같은지 또는 당신의 현재 표본 또는 연구 설계의 어떤 설명되지 않은 특성의 부분인지를 알기 위하여 "사례(cases)"의 형태로 추적해야 한다. 예를 들어 당신의 초기 연구참여자 모두가 당신이 연구하고 있는 특별한 진단적 절차로 중심적인 그들 경험으로서 비슷한 정서적 불편감 수준을 보고하였다면 정서적 영향이 거의 또는 전혀 없는 반대사례를 조사하여 확실히 하기를 원할 것이다. 이런 방법으로, 당신이 연구를 시작하기 전에 명확하지 않았던 변수를 추가함으로써 최대한 변수를 발견하고자 하면서 현상학적 또는 인구학적 변수를 정련한다. 후에 연구에서, 이론적 표집의 개념은 당신이 결과로서 보고자 하는 현상의 분류 또는 그룹화 하는 것을

더 충실히 하는 좀 더 명확한 목적을 수행한다. 유해한 진단 절차를 다루는데 세 가지 다른 정서적 대처 양상이 관찰되었다면, 그들 간에 서로 무엇이 다르고 그들 간에 어떤 변이가 있는지에 대한 당신의 주장을 정련하기 위해 각 양상들에서 좀 더 사례표집을 위해 이론적 표집을 사용할 수 있다. 이러한 세 가지 양상이 그 분야를 나타낸다고 조기에 결론을 내리기 전에, 당신의 임상 전문가에게 자문하여 이런 패턴의 어떤 것에도 적합한 것으로 보이지 않는 사례를 보여주고자 노력해야 한다.

당신의 의도가 공식적 이론화가 아닌 임상 실무와 관계가 있는 명확한 지식이기 때문에 해석적 기술 연구는 근거이론방법에서 기여하는 이론적 표집만큼 충분한 범위의 분석 깊이를 필요로 하지는 않는다. 그럼에도 자료 수집이 진행될 때까지 이런 표본 선택 기준을 유지하는 원칙은 연구 설계를 세울만한 충분한 가치가 있다. 자료 수집은 자료 분석과 해석이 실행되는 것을 지지하고 그것에서 만들어내며 연구의 초점으로 보이는 관련된 현상에서 최대한의 변이를 명확히 찾으면서 진행된다. 반면 이론적 표집은 당신이 그 연구 설계에서 본질적으로 도출되는 어떤 결정을 보유할 것을 반드시 요구한다. 그리고 모든 윤리적 검토가 아닌 또는 인정된 지식체는 모든 요소를 미리 확인할 수 없는 연구 설계 개념으로 편안해질 것이다. 당신이 훌륭하고 설득력 있게 적용하고자 하는 방법과 원칙을 충분히 고려하면 훌륭한 해석적 기술 연구 계획서를 만들 것이다.

표본 구성원과 관련된 용어 찾기

여기에서 기억해야 하는 또 다른 측면은 용어이다. 용어는 당신이 당신의 연구에서 이르게 되는 사람들에 관한 것으로 당신이 연구하는 철학적 입장과 연구과정에서 그들의 역할에 대해 당신이 말하는 어떤 것을 나타낸다. "정보제공자(informant)"라는 용어는 문화기술학과 오랜 역사를 가지며 당신이 그들을 기꺼이 설명하고자 하는 사람이며 그 문화와 관련된 요소와 특히 친밀한 사람으로 그 문화나 사회의 정체성을 가지고 있는 사람이라는 것을 반영한다. 말할 필요 없이, 연구의 질은 주요 정보자를 선택하는데 달려 있다. 만약 당신이 어떤 의도를 가지고 지역사회 구성원의 관점을 강조한다면, 당신의 전체 해석적 기술 연구계획서의 통합성은 위태롭게 된다. 더욱이 많은 공동체는 명확한 "분파(factions)"를 만들고, 주요 정보제공자 선택이 잘 알려져 있기 때문에, 그 공동체 내의 어떤 관점은 다른 것이 더 우세할 때 없어질 수도 있다는 것을 발견할 것이다. "경험적 전문가(experiential experts)"의 사고가 중심이 되며, 도전이 없는 것은 아니다. 현 상황에서 많은 질적 연구자들은 "정보제공자"라는 용어의 사용을 피한다. 왜냐하면 관심현상과 거리가 멀고 공적인 상황에서 어느 정도 좋지 않은 의미를 가지는 것으로 보였기 때문일 것이다. 비슷하게 그들은 대상자(subject)라는 용어도 피하는데, 이는 그것이 그들이 좀 더 충분히 상호작용에 참여하기를 바라는 사람들과 구분되고 객관화 시키는 것으로 보이기 때문이다. 그러나 근거이론연구에서와 같이 단순하게 관찰하고 사람들과 덜 접촉하는 곳에서는 "대상자"라는 용어는 아직 약간의 가치를 가진다.

질적 연구전통에서, "공동연구자(co-researcher)"라는 용어는 대안적인 용어로 보여 진다. 그러나 이 용어는 연구결과의 특성과 질을 동기화하면서 연구자와 연구대상자간에 동등한 동반자 관계가 있다는 것을 의미한다. 연구자와 연구대상자와 관련된 특별한 주관성에서 내재되어 있는 의미의 층을 체계적으로 밝히기 위해 연속적인 광범위한 대화를 하는 현상학적 연구에서는 "공동연구자"라는 용어는 명확한 표현일 수도 있다. 비슷하게, 변화를 가져오기 위한 힘의 근원으로서 내재되어 있는 지식을 나타내고자 연구자가 그룹으로 참여하는 행위 연구(action research)에서는 이 용어는 특별한 역할 균형을 반영하기도 한다. 그러나 현재 질적 연구영역에서 많은 경우 "공동연구자"라는 용어의 사용은 어떤 의미 있는 절차적 수행이라기보다는 "좋은 느낌"의 자축적(self-congratulatory)진술을 반영하는 것으로 보인다. 더욱이 마지막 분석에서 연구자의 관심 대상자가 공동저작자로서 인정받지 못할 수도 있다는 가능성에도 불구하고 연구자는 연구결과에 대한 전체 책임이 있는 것으로 여겨진다. 내 견해로는 연구 설계, 수행과 저작권의 모든 요소를 이미 알고 있는 사람과 알고 있는 사람간의 순수한 지속적인 협력이 있다면 드물게 이 용어는 그런 경우를 위해 남겨진 것이다.

그리고, 이런 경우 해석적 기술 연구의 대상자를 서술하기 위한 "이용 가능한" 용어가 없다. 이런 이유로, "연구참여자(study participant)"라는 용어가 그 의미가 중립적이고 다른 질적 연구전통으로부터의 의도치 않은 암묵적인 의미를 옮기지 않기 때문에 일반적으로 쓰이게 된다.

표본 크기 산출

해석적 기술은 어떤 크기의 표본이라도 시행될 수 있다. Patton이 지적한 바와 같이 "모호함을 잘 견디는 사람에게는 질적 연구가 최상의 작업으로 보인다"(Patton, 2002), 적절한 한 예가 표본수의 문제이다. 비록 이런 방법으로 하는 대다수의 연구가 비교적 적은 표본 수(아마도 5~30명 사이)이지만, 좀 더 적거나(단독 사례연구같이) 또는 좀 더 큰 표본 수를 가진 연구에 대해 다양한 합리적 이유로 원칙이 적용될 수 있다. 나의 연구에서, 나의 결과를 적용하고자 하는 청중들의 가치와 신념특성들을 이해하고 관심 주제의 복잡성을 인식하여 200명 정도의 큰 표본 수를 사용하였다.

표본 수를 정당화하는 최상의 방법은 연구 질문과 일치하는 합리적 근거를 만들어 내는 것이다. 우리가 연구를 수행하는 사람들을 위해 연구결과가 그들에게 어떤 이익을 주기 위해 우리가 관찰하고 분석하는데 포함되어야 하는 사례가 얼마나 필요로 되는가? 만약 참고문헌과 학문적 지식에서 어떤 현상이 일상집단에서 흔히 발생되고 그것의 함축적인 주관적 경험적 본질을 좀 더 심층적으로 탐색할 필요가 있다고, 제시되었다면, 그것에 경험적으로 친숙한 약간의 개인들이 참여하여 우리와 함께 공유하고자 결정할 수 있고, 좀 더 기록할만한 가치가 있는 것을 산출할 것이다. 예를 들어, 간호연구자가 말기 암환자가 호흡곤란이 있는 동안 무엇을 경험하는지 좀 더 이해하고자 할 때 그런 환자들은 완화 간호 시 좀 더 잘 지지되어 질 수 있다는 것을 가장 적절한 연구를 통해 발견할 수 있다. 그 연구는 그런 경험을 가지고 있으며 적절한 면담을 하지 못하게 하는 충분한 고통은 없으면서 그 경험을 설명하기 위해 연구자와 시간을 보낼 수 있는 관심을 가지고 있는 사람들이며 임상직원이 선택한 소수의 사람들이 포함될 수 있다. 이런 연구에서 모집, 표본 선택 및 자료수집 전략의 요소는 정통적인 방법론적인 요건에 의한 것이 아니라 말기에 호흡곤란이 되는 것 같이 느끼는 것이 무엇인가에 대한 지식을 얻을 수 있는 임상적으로 가장 적절한 방법을 만들어 내는 것이다. 이런 약간의 극단적인 임상연구의 예를 사용하여, 필자는 해석적 기술이 다음의 학문적 논리를 따르는 틀이 된다는 것을 제시한다.

- 우리가 필요로 하는 지식이 무엇인가?
- 합리적이 되기 위해 우리는 어떤 선택이 필요한가?
- 어떻게 우리가 연구윤리기준과 임상실무의 윤리적 기준과 일치하면서 신뢰할 만한 탐구를 할 수 있는가?

위의 예에서 왜 표본 수가 적은 것이 다루기 쉬운가를 이해하는 것은 비교적 용이하며 우리가 추구하고자 하는 지식을 산출할 수 있다. 그러나 전반적으로 적은 표본을 가진 다른 많은 종류의 임상연구는 주제가 부적절하고 "순수귀납(naive induction)"을 적용하는데서 비논리적이었다(Sandelowski. 1995b). 불행히도 연구자에게 도움이 되고자 노력하여 적은 표본 수 연구를 옹호하고자 출판된 근거를 제시하면서, Morse (1989b)는 현상학적 연구의 합리적인 표본 수는 6명이라고 추정하였다. Kuzel (1999)은 동질그룹으로 5~8명의 참여자면 충분하다고 제시하였고 작은 수의 표본의 잠재적 가치를 정당화하기 위한 것으로 그들 자신이 인용하였다는 것을 발견하였다. 어떤 경우에, 이런 인용은 궁극적으로 현장에 어떤 의미있는 기여를 하거나 또는 "불충분한(thin)" 서술을 보완하여 보고하기 위한 충분한 깊이를 얻을 수 있는 연구 기회를 최소화 하는 것이며 표본 수에서는 공허한 방어를 반영하는 것이다. 반면 소규모 연구는 우리가 질적 연구기법을 배울 수 있는 기회가 되고 많은 좀 더 소규모 연구들은 기대된 원래의 결과를 산출하였다. 소규모 연구의 빠른 확산 경향은 전반적인 질적 연구 분야에 이익을 가져다주지는 않았고, 방법론적 이외의 질적 결과를 수용하도록 하였다.

범위 정하기

해석적 기술 연구를 위해 얼마의 표본 크기가 있어야 맞는가에 대한 정해진 신속한 규칙이 없기 때문에, 연구자는 가치가 있는 결과를 위해 연구에 포함되어야 하는 사례, 대상자, 또는 실례의 숫자에 대해 일관성 있는 주장을 할 수 있어야 한다. 나의 경험상, 연구계획서는 상위 범위와 하위 범위가 어떻게 선정되었는가에 대한 설명과 양쪽 범위를 만든 연구자의 의도가 효과적으로 의사소통되어야 한다. 전형적으로, 하위 범위의 숫자는 연구대상자에게서 나타나는 공통적 측면을 판별하는데 필요하다고 생각되는 가장 적은 사례일 것이다. 필자는 질적 연구를 시작하는 초기동안에는 면담하는 6~8인 가족이 같은 알파벳으로 시작하는 성을 가졌다는 점에 관해 초기의 교훈을 학생들에게 이야기한다. 반면에 초기에는 암을 경험하는 가족의 삶에서 전반적으로 의미있는 변수가 아닌 것 같았던 것들이 가족 역동과 관련된 우세한 변수들이 드러나게 되었다. 예를 들어, 필자는 그 분석과 그것의 관련성을 잘못 읽거나 어떤 강력한 해석적 의미를 가지고 그것을 과도하게 해석하기도 한다. 이런 초기의 교훈은 더 소규모 연구에서 사례를 통해 가장 분명한 것으로 보이는 것이 필시 결과와 관련된다고 가정하지 않아야 한다는 것을 나에게 가르쳐 준다. 해석적 기술 연구에서 합리적인 표집이 되기 위해서는 시간과 자원이 필요하다. 건강분야에서 이 두 가지를 갖는다는 것이 한정되어 있고 차별화된 연구계획서에는 연구기금과 윤리적 승인이 필요하다는 것도 알고 있다. 만약 연구가 좀 더 소규모이며 예측된 노출로 문제가 될 수 있는 어떤 문제를 다루는 것이라면, 필자는 연구의 범위와 의도를 고려하여 선택하고, 확인해야 할 것을 권한다. 당신이 편의 표출한 6명의 정보제공자를 면담한 것을 근거로 임상현상에 대한 통합된 새로운 이론을 만들어낼 수 있다고 믿는 것은 질적으로 도출된 지식이 어떻게 구성되고 평가되는지에 대해 완전히 오해하고 있는 것이다. 학문적 관점이 복잡한 문제에 영향을 미칠 수 있는 질문이나 관심을 제기하는 방법으로 구성되는 의미 있는 임상 기술을 제공하는 것이 좀 더 소규모 연구의 가치 있는 목표가 될 수 있다.

해석적 기술을 수행하기 위해 필요로 하는 특별한 인원수, 사례 수, 또는 경우의 수에 대해 객관적으로 정당화 할 수 없기 때문에 당신이 적절한 수정 지점을 어떻게 정당화할 것인지 고려해야만 한다. 어떤 연구자들은 연구현장에 들어가 그들의 한정된 범위 내에서 연구의 본질에 따라 범위를 조절할 수 있을 때를 합리적으로 결론짓고, 연구에 포함시켜야 할 상한 범위의 사례로 추정한다. 만약 당신이 면담한 사람들이 정보제공자로 부적절했거나, 그들에게 당신의 노출이 당신이 바라는 것보다 덜 되었거나 심층적으로 되었다면 수를 늘리기를 원할 것이다. 또한 당신이 접촉한 표본이 당신의 표본에는 포함되지 않았지만 매우 관련 있는 것으로 보이는 이론적 변수를 제공한다면 상상보다는 자료에 근거한 해석적 분석을 하기 위해 당신의 자료 수집을 확장시켜야 한다.

그러나 현장 연구자들의 좀 더 흔한 경험은 관심현상이 그들이 예측했던 것보다 더 흥미롭고 복잡하다는 사실을 인식하는 것이다. 사람들의 이야기는 관심을 끄는 것으로 당신에게 제공되는 경향이 있으며, 그것들의 많은 것은 중요한 새로운 측면에 대한 단서를 제공할 수도 있지만, 잘못된 방향으로 가고 있는지 생산적인 탐구의 길로 가고 있는지 즉시는 잘 알지 못한다. 그들은 그들 자신이 발견하는 상황(학위를 위한 시간 압박 같은)과 그들 특성의 기본적인 구성에 따라, 개인 연구자는 매우 다른 특질에 근거해 일을 한다. 어떤 연구자의 특질은 초점이 좁아 직접적으로 그 질문과 관련이 있을 것 같지 않은 분야에서 어떤 것을 보호하여 잘 알지 못하게 된다. 이런 종류의 연구자는 많은 자료로 분석을 혼란시키기 전에 그 현장에서 나가기 위해 변명을 찾는다. 또 다른 극단적인 연구자는 항상 많은 질문과 호기심을 가지고 있으며 전체 개념화를 열기 위한 열쇠는 좀 더 많은 자료를 모으는데 있다고 끊임없이 가정한다. 방법론적으로 도와야 하는 것은 명확하게 정당하다는 것을 증명하는 것이 아니라 당신이 처한 상황을 고려하고 균형을 맞추기 위한 논리를 만들어 내는 것으로 이끄는 것이다.

현재 응용학문에서 많은 질적 연구의 바람직하지 못한 패턴은(나의 견해로) 자료 분석을 마무리 하고 그 현장을 떠나기 위한 정당화로서 포화(saturation)개념을 과도하게 의지하는 것이다. 그것이 연구계획서에 적합하고 잘 알지 못하는 사람에게도 합리적인 것으로 들리지만, 자료 또는 이론적으로 당신이 하고자 하는 주장과 일치하든 안하든, 포화의 개념을 이해하는 것은 중요하다. 근거이론의 사회학적 근본을 유지하면서, 이론적 포화의 기준은 지식의 어떤 특별한 부분의 자질을 판단하는 기준이 된다. 왜냐하면 그것은 연구자들이 기본적인 사회적 과정 행동 내에서 충분히 파악한 것에 대한 어떤 이론적 주장을 만들기 위해 필요로 되는 다양성을 추구하였다는 것을 의미하기 때문이다. 그런 맥락에서 이론적 포화주장[또는 유사한 의미인 "풍부함(redundancy)"]은 추가적인 자료 수집에서 이론의 새로운 변이가 나타나지 않을 것이라는 신뢰의 표현의 하나이다. 필자는 실제적인 이론구축 맥락에서 이 개념을 사용하는 사람을 매우 존경하지만, 의문이 있는 임상현상과 관련이 있을 것으로 생각되는 모든 것을 충분히 이해하기 위해 수집한 충분한 자료를 정당화하기 위해 느슨하게 사용되는 구성으로서 매우 문제가 있다는 것을 발견하였다. 응용 건강 학문에서 환자는 건강관리에 따라 그들의 경험과 관련하여 많은 변이를 이론적으로 나타낼 것이라는 것이 실제적인 실무이다. 따라서 건강 연구의 학문에서 새로운 변이가 나타나지 않을 것이라고 주장할 수 있는 개념(사고)이 실무지식의 인식론적 기초와 정반대로 보일수도 있다. 대신에, 그것을 경험했던 사람이라고 여겨지는 사람에 근거했다는 것을 판단할 수 있는 것을 좀 더 정직하게 사정하는 것은 일상적인 합리적 논리와 좀 더 일치할 때 의도하고자 하는 독자에게 도달하게 될 것이다. 그런 이유로, 좀 더 소규모의 해석적 기술 연구는 좀 더 연구될 필요가 있다는 인식을 보여 주는 한, 표본 제한은 어느 정도 임의적일 수 있고, 좀 더 대규모 연구에서는 질문에 대한 대답을 전개시키는 연결에서 필요로 되는 질문의 복잡성과 관련된 변이에 근거해 좀 더 확대된 범위가 필요하다고 제시한다.

자료 수집과 분석을 통한 사고

당신의 연구계획서는 무슨 자료를 얼마만큼 찾을 것이며, 자료 수집과 분석의 결과에 대해 얼마만큼 말할 것인가에 대해 서술하여야 한다. 이런 과정에 대한 좀 더 심도 있는 논의는 이 책의 마지막 장에서 제시한다. 그러나 처음 연구계획서를 쓰는 단계에서 당신이 어떤 법칙과 원칙으로 자료를 모으고 만들 것인가를 서술하고 어떤 분석 단계로 결과를 만들어 낼 것인가에 대해 미리 계획을 서술해 보는 것이 중요하다. 예를 들어 해석적 기술연구는 *자료 수집과 분석의 동시성*의 어떤 요소를 포함하고 있지 않고, 분석과정이 *대조 비교분석*을 포함하지 않는 연구를 초래한다고 상상하기는 어렵다. 이러한 두 가지 관념은 당신이 연구하고 있는 현실의 측면이 사회적으로 구성되었고, 그것들은 비교와 대조의 다른 방법으로 증명하여 지식을 밝힌다는 가정을 가지고 현상을 연구하기 시작하는데서 중심적인 것이다. 직설적인 기술(description)은 먼저 자료를 모으고, 후에 생각하는 연구에서 발생하지만, 해석적 기술은 당신이 현장에 들어가자마자 형성되기 시작하는 개념화를 확인하고, 검정하고, 탐구하고 확장시키기 위해 전략적으로 적용되는 자료를 가지고 지속적으로 참여하는 것이 필연적으로 요구될 것이다.

해석적 기술의 자료 수집과 분석의 또 다른 중심요소는 자료의 맥락 내에서 개발되고, 자료로부터 귀납적으로 도출되어야만 하는 지식을 추구하는 것이다. 따라서 당신이 연구에서 만들어 내는 관념(틀, 이론)은 당신이 의도하지 않은 것을 보고, 듣는데 영향을 미치지 않았는지 확인하기 위해 조심스럽게 주시하고 규칙적으로 검토되어야 한다. 당신의 마음속에 구분되어진 명확한 이론은 비교적 쉽게 경계할 수 있지만, 임상적 또는 학문적 지식을 가지고 한다는 것은 좀 더 어렵다(격언에, 물에서 발견된 것이 물고기가 아닐 수 있다는 것과 같이) (Schein, 1987). 예를 들어, 만성질환을 가진 사람들의 자가 간호 의사 결정 연구에서, 당신의 연구 참여자가 치료방침을 임의로 조정하는 그들 자신의 합리적 이유를 설명하기 시작했을 때 환자 교육에 즉각적으로 관여하고자 하는 당신의 임상적 마음의 일부를 "자제" 한다는 것이 어렵다는 것을 발견한다. 당신이 이미 알고 있는 학문적 선입견을 다룰 수 있고, 기본적인 것(예를 들어 모든 사람의 본질적 존엄성)과 반대되는 것으로 사회적으로 구성될 수 있는 것을 구별할 수 있는 방법에 대해 사려 깊게 생각하면, 탐구의 목적을 위해 임상현장에 들어갈 때 연구 시 고려해야 할 개인적 지침을 주는데 도움이 된다(Robinson & Thorne, 1988).

연구계획서 체계는 자료 수집과 분석을 명확히 분리해야 하기 때문에, 연구방법의 토대를 정당화 하는 방법으로 현장에서 무엇을 하고자 한다는 것을 요약하여야 하며 이는 또한 일반적으로(특히, 해석적 기술) 질적 연구에 덜 익숙한 사람들에게는 연구 설계 논리가 있다는 것이 편안하게 느껴진다. 초기에는 질적 연구자들이 자료 수집과 분석 과정을 어느 정도는 혼란스런 언어로 서술하였다["마술(magic)"의 한 형태로 되어가는 분석, 또는 예를 들어, "자료로부터 도출되는" 결과로] (May, 1994; Morse, 1994b). 비록 이런 것들이 유용한 경험적 관찰이지만(인간 마음의 작용은 매우 놀랍다), 그들은 상상력이 없는 독자에게 그들의 연구 방법을 설명하기 위해 그런 탐구의 필요사항을 제공하려고 하지 않았다. 이런 이유 때문에, 적용되어질 주요 방법을 확인하고, 연구계획서에 전후 관계가 구체적이고 명확한 언어로 사용되어질 것인가를 확인하는 것은 중요하다.

선택한 자료 근원에 따라, 당신의 과정을 안내하기 위해 질적 연구 문헌에서 훌륭한 자원들을 발견할 것이다. 예를 들어 포커스 그룹 연구를 시행하기

전에 그룹과 의사소통하기 위한 일련의 기술을 형성하고 그룹 역동을 이해하는 것은 좋은 생각이다. 비슷하게, 만약 면담하는 것이 당신의 일차적인 자료 수집 전략이라면 임상적 면담 맥락에서 알고 있는 것을 넘어 연구면담 하는 것에 대해 많이 학습할 것이다. 만약 당신이 임상력과 사정을 하는데 있어서 면담을 잘 한다면, "주요한 증거"의 옛날 형태로 돌아가지 않도록 연구 영역으로 들어가기 전에 고통스럽고, 학습되지 않은 것을 요구한다는 것을 알게 된다. 비슷하게, 참여 관찰자는 보고 있는 것을 통해 무엇이 일어나고 있는 가를 파악하기 위해 특별한 사고방식과 반영적 자가 점검 기술의 수집이 요구된다. 따라서 특정한 자료, 근원과 관련된 어떤 특정학습은 항상 좋은 관념이다.

반면 질적 연구세계는 자료 수집과 분석 과정을 파괴하고 단순하고 잘 짜 맞춰진 지적 작업으로 가득한 "요리책(cookbooks)"이며, 자료 수집과 분석의 실제 작업은 복합적이다(Morse, 1994c). 그러나 이런 과정이라고 여겨지는 것에 대한 모호한 또한 과도하게 복합적인 진술은 당신의 해석적 기술연구계획서에 도움이 되지 않을 수도 있다. 그러므로 적절하게 보이고, 무엇이 일어났는지를 예측한 것에 대한 일반적 진술로서 지침을 작성하는 것은 좋다. 예를 들어, 많은 저자들(예: Colaizzi, 1978; Giorgi, 1985; Strauss & Corbin, 1998)은 그들의 방법론적인 지침에 단축된 일련의 단계를 제시하였고 많은 연구자들이 작성하는데 도움이 되었다. 그러나 요리책과 같지 않게, 법규책보다 일반적 개념적 지침으로서 꽤 더 많이 작동하는 것 같고, 그것을 "하는 것(doing)"보다는 그것에 의해 "정보를 받는(informed)"다는 것을 처음부터 인식하는 것이 통합성을 갖고 당신의 계획을 작성하는데 도움이 될 것이다.

신뢰성 지표 구축

해석적 기술의 연구계획서 단계에서 연구결과가 어떤 통합성을 가지기 위해 당신은 의도하는 계획에 대해 어떤 것을 말할 필요가 있을 것이다. 질적 건강연구에서 질(quality)의 문제는 아직 해결되지 않은, 많은 논쟁이 되고 있는 매우 복잡하고 도전적인 주제라고 말하는 것은 당연하다. 그러나 연구계획서는 최종 연구결과의 가치가 단순히 연구자의 주장에 근거하지는 않으며(Thorne & Darbyshire, 2005), 연구 과정내의 어떤 단계와 절차는 요소들과 결과에 대한 질을 보장하지 못할 수도 있다는 어떤 증거 없이는 불완전하다.

양적 연구에서 친숙한 신뢰도와 타당도는 질적 연구가 강조하는 어떤 철학적 가정과 목적에 일치하지 않는다(Leininger, 1994; Thorne, 1997). 그러나 일반적 원칙은 자료가 만들어지고 분석되고 결론이 도출된 근거에 대해 일치한 관념을 반영하는 질적 기준에 질적 연구자들이 동의했다는데 의미가 있다. 우리는 현재의 사회정치적 맥락에서 한 연구자의 건강현상에 대한 주장이 그 상황밖에 있는 사람, 저널리스트, 또는 정치인이 하는 주장과 비슷하다기 보다는 매우 다르다는 것을 알고 있다. 그런 특권에 대한 중요한 방책은 그 주장이 단순한 "의견"이라는 것을 넘어 인식할 수 있는 경험적 사유방법에 근거한다는 가정에서 나온다. 과학자가 이익을 얻게 되는 이런 전문가의 강령은 연구의 가치를 결정할 공유된 근거가 없으면 빠르게 침식된다. 질적 연구 설계에서 신뢰성이 어떻게 확보될 수 있는가에 대한 지속적인 논쟁이 있음에도 불구하고, 연구자는 과정과 결과의 통합성을 확보하기 위해 적용되는 적절한 기법을 확인하기 위해 이런 도전을 고려해야 한다는 것을 보여주어야 한다.

임상적 질적 건강연구 맥락에서, 우리는 더 나아가 의무조항 한 단계를 취하고, 새로운 종류의 지식을 인식하는 것은 연구하고 있는 영역에 대해 우리의 의도된 일상 독자들을 분명하게 하는 형태로 표현될 것이며, 결과적으로 우리의 결과는 다른 과학자들이 필수적인 검증을 고려하는 것에 대한 이득 없이도 실무 맥락에서 착수하게 될 것이다. 예를 들어, 암환자의 심층 면접이 어떤 동정의 표현 방법을 공통적으로 선호하는 것으로 나타났다면, 그 결과를 읽은 임상가는 실무에서 무의식적으로 그들의 행동을 스스로 조정하려고 하는 것을 발견할 것이다. 반면에 공식적인 일상 절차적 변화는 체계적인 증거의 검토를 요구하며 , 특히 그것이 우리 독자를 이미 좋아할 것 같은 "임상적 본능"과 일치하는 것이라면, 우리는 임상세계 내에는 적절한 시기의, 분명한, 강력한 질적 연구 표현의 결과에 매우 민감하다는 것을 가정할 수 있다. 질적으로 연구한 결과는 심금을 울리고, 편견을 줄 수 있는 가능성이 있기 때문에 이러한 연구결과를 비판 없이 받아들일 위험도 있다.

반면에 신뢰도는 넓은 범위의 절차를 적용하여 증대될 수 있으며, Leininger (1994)는 질적 건강연구 공동체 내에서 잘 받아들여질 수 있는 것을 만들어 놓았다. Leininger는 신뢰성(credibility), 확증성(confirmability) 맥락 내 의미(meaning-in-context), 순환적 패턴화(recurrent patterning), 포화(saturation), 전이가능성(transferability)이라는 6개의 평가 기준을 개념화 하였다. 신뢰성, 전이 가능성, 확실성(dependability), 확증성(confirmability)의 요소인 "진실성(truth worthiness)"은 "주의를 기울일만한 가치가 있는" 것으로서 연구에 대한 견해를 가지고 있는 Lincoln과 Guba (1985)에 의해 사용되었다. 이런 각 영역에서, 다양한 연구자들이 신뢰성을 높이기 위해 다양한 방법으로 자료를 탐색하고(triangulation)적용하며, 확증성을 위해 "참여자 확인(member checking)", 또는 확실성을 위해 전문가 패널 분석 같은 구체적인 기법을 사용한다. 이런 기법들이 신뢰성의 영역에서 신뢰를 지지하지만, 연구자가 선택하는 특별한 접근법은 방법론적인 정교함 또는 방법적인 정확함을 달성하고자 하는 것을 기반으로 만들어져야 한다. 후에 제13장에서, 해석적 기술, 인식론적 통합과 같은 기준을 지향하는 우리의 선택, 방향, 표현적 신뢰성, 분석적 논리 및 해석적 권위를 포함하는 신뢰성 절차의 객관성에 대해 생각하기 위해 무엇이 좀 더 나은 방법인가를 고려하는 것을 정련화 할 것이다. 해석적 기술 결과물이 학문적 지식에 실제적으로 기여하기 위해, 응용건강분야의 연구자들이 그들의 탐구를 도덕적 방어가능성(moral defensibility), 학문적 관련성(disciplinary reference), 실용성(pragmatic obligation), 맥락 인식(contextual awareness), 가능한 진실(problem truth)을 포함하는 부가적인 이상적 기준과 관련시켜 정립하는 것이 중요하다고 제시한다(Thorne, 1997).

이런 신뢰성 방법들은 우리의 궁극적인 연구 목적을 목표로 자료를 수집하고 분석하도록 우리가 충분한 전략을 세우도록 하는 필요 요건을 가지도록 한다. 이것은 우리가 도달하는 결론에 대한 타당성의 척도를 제시하도록 설계된 "반성적 설명(reflexive accounting)"의 한 형태인–우리 연구보다 앞서 그리고 결과에서–다른 사람에게 보여줄 수 있는 한 방법을 만들어낸다(Altheide & Johnson, 1994).

계획과 적용

훌륭한 질적 연구 계획에서 모순되는 일은 당신이 연구에서 무엇이 발생할지 또는 신뢰성과 진실성에 대한 모든 위험을 극복하기 위해 포함시켜야 하는 방어가 무엇인지를 충분히 인식할 수 없다는 것이다. 느슨한 계획("내가 하는 대로 그것을 파악하기 위해 나를 믿는" 것에 대한)은 당신의 대학원 감독위원회나 연구기금 검토 패널을 통과하기 어려운 반면, 너무 완고한 것은 필요 없는 또는 심지어 비생산적인 절차와 요소로 빠지게 할 수도 있다. 더 나아가 계획이 좀 더 복잡할수록, 관점을 가정하기가 더 힘들고 당신이 실제적으로 연구를 할 때는 "나무 때문에 숲"을 보기가 더 힘들어 진다. 논리적 연구 설계를 단순히 쓰고 그것을 따라가는 것은 훌륭한 결과를 산출하지 못할 수도 있으며, 연구 설계의 세세한 부분에 너무 관심을 기울이는 것도 텅 빈 작업을 초래할 수 있는 위험이 있다.

해석적 기술 연구 계획의 요점은 당신이 연구를 진행하면서 만들고자 하는 선택에 내재된 원칙의 기초를 생성하는 것이며, 당신의 목적을 달성하기 위해 논리적이고 신뢰할 연구만한 일련의 의도된 지적, 절차적 활동을 만드는 것이다. 당신은 첫째로 당신의 관심을 불러일으킨 현상을 충분히 이해할 수 있게 그것의 구조와 본질을 알기 위한 일련의 분석단계를 자극하고, 의미 있는 새로운 지식을 만들어내고자 하는 구축을 위해 당신 자신의 위치를 정립한다. 해석기술이 일련의 일정한 연구 설계 의사 결정을 보이지 않지만 특별한 질문을 위한 작업이 효과적으로 일어날 수 있는 연구 설계 의사결정의 틀을 제공한다. 비록 초기에는 당신이 이전에 만들었던 연구 설계보다 덜 견고한 기초를 가지고 있는 것처럼 느껴질 수도 있다. 이것은 실제적인 두 가지 이점이 있다: (1) 당신이 제안하는 연구 설계는 당신이 질문하는 특별한 형태의 질문을 지지하는 것이 될 것이다, (2) 당신의 연구초기 단계에 있는 연구계획 논리는 실제적 연구를 수행할 때 다양한 함정을 피하게 해 줄 것이다. 결국, 당신의 목적은 단순하게 연구과정 내내 남아 있는 것이 아니라 연구 현장을 미리 이해하는 결과가 된다.

어느 정도 실용적인 근거에서 전반적인 연구 설계 의사 결정에 대한 것을 만드는 것이 필요하지만, 성공의 요점은 전체 통합성을 위해 각 의사결정의 적용을 판단하고 예측하는 당신의 능력에 달려 있다. 당신이 모든 이용 가능한 선택을 탐색함으로써, 일련의 가능성을 선택하는데 한계가 있고, 교환할 필요성을 깨닫는다(Patton, 2002).

이 장에서 해석적 기술의 기원과 연구 프로젝트 계획의 논리에 대해 간략하게 제공하였다. 다음 장에서는 해석적 기술에서 임상 자료를 가지고 좀 더 구체적인 적용을 통해 귀납적으로 접근하는 방법을 탐구할 것이다.

제 2 부

과정 속에서의 해석적 기술

제 6 장

현장에 들어가기

연구계획서를 통해 생각한다는 것은, 당신이 해석적 기술을 시행하는 실제 과정에 대해 이미 이야기하기 시작했다는 것이다. 어떤 연구 설계에서도 진행을 할 때 연구계획서 단계의 개념형성과 실제 행하는 것 간에는 괴리가 있다. 연구계획서에서 단순한 한 문장으로 읽을 수 있는 것("내가 현장에 들어가게 되었을 때"와 같이)이 특별한 상황에 대한 실제적 뉘앙스를 나타낼 때에는 복잡하고 어려운 상태로 될 수 있으며, 준비되어 있지 않았을 때에는 딜레마에 직면하게 된다. 이것은 연구 상황에서 동료나 멘토가 귀중해질 수 있는 적절한 시기이다. 그리고 이 단계 전에 그런 동료를 갖지 못했다면 이 시기가 적절한 시기가 될 것이다. 이 장과 다음의 장들에서, 필자는 특히 초보 연구자들이 흔히 제기하는 재현(representation)과 책임문제에 대해 논할 것이며, 해결점에 대한 어떤 생각을 제시할 것이다.

해석적 기술 연구의 연구 설계 논리와 같이 제기된 연구 내에서 많은 단계들과 관련하여 꽤 많은 범위가 허용되며, "해석적 기술 활동(interpretive-description-in-action)"의 여러 차원은 그들의 분별된 맥락 내에서 다른 연구자들에 의해 다른 방법으로 행해질 수 있다. 해석적 기술이 제공하는 것은 응용학문 즉 새로운 지식이 없을지라도 행동은 반드시 발생해야 하는 학문의 요구조건에 따라 이런 요소들이 만들어지는 합리적 근거이다. 그러나 당신이 추구하는 새로운 지식은 실무자들 간의 지각을 변화시키기 위한 능력에 의해 행동의 측면에 영향을 주거나, 형성시킬 가능성이 있다. 따라서 해석적 기술로 만든 선택은 사회과학방법이 우리에게 남겨준 훌륭한 유산으로부터 도출되었지만 실무학문(상속)내에서의 개념인 책임으로 선택한다. 이 원칙은 이런 규정 내에서 각 연구자들이 선택할 때 지침을 줄 것이며, 해석적 기술결과와 다른 방법으로 수행한 연구결과와는 구별될 것이다.

이제 어떤 선택이 해석적 기술 논리와 일치되는가와 연구 프로젝트가 필연적으로 직면한 것을 의사결정을 통해 어떻게 작업하는 가를 확인하기 시작하는 것이 도전이다. 필자는 어떤 사고와 의견을 제공 할 것이며, 그것들의 대부분은 개인적 선호도의 문제이며 해석적 기술 접근의 기본적인 요구조건이라기 보다는 스타일이라고 말해질 수 있다. 만약 독자가 나에게 지침을 제공하기 위한 기회를 주면 나는 어떤 도전과 관련하여 동료와 대학원생들과 논의를 할 것이며, 그 개념(ideas)은 해석적 기술 맥락의 필수요건으로서의 처방이 아니라, 견실한 논리를 위한 근거로서 제공된다.

연구역할에서의 자아정립

책상에 앉아 이론화하는 것은 매우 강압적인 재미가 될 수 있지만, 임상 연구가는 자료 근원을 다루고 연구현장에 들어가게 되는 마지막 단계에서는 생동감을 느낀다. 대부분의 경우, 사람들(연구 참여자)이 일차 자료근원이 될 것이며, 임상 맥락에서 사람들의 마음을 끄는 것은 연구가 시작되는 첫 장소일 것이다. 그러나 연구를 시작한지 얼마 안 되는 사람들이 상상했던 것과 같이 연구를 시행하는 것은 드물다. 충분히 가치를 두고 주의를 기울여야 하는 사람들을 다루는 것과 관련된 많은 경고와 제지가 있는데, 이는 전체 프로젝트의 잠재적 신뢰성 또는 당신이 수집할 자료의 통합성과 연구현장에서 연구를 지속하게 하는 것을 위협하는 문제를 예방할 수 있게 한다. 이런 많은 요소들은 윤리적, 이론적, 실무적 측면과 결합되어 있으며, 따라서 이런 문제들에 대한 논의는 공통적인 도전에 대한 기술과 얽혀있을 것이며, 어떤 것은 해결을 제시할 것이다.

주관적 경험적 임상연구를 위한 그들의 노력으로 질적 연구로 기술되어짐에도 불구하고, 많은 임상가들은 연구자의 역할로 전환하는 것이 그들이 초기에 생각했던 것보다 훨씬 더 어렵다는 것을 발견한다. 사람들은 자신의 현장에서 대상자와 상호작용하는 것이 자신이 있고 편안하다고 느끼는 경향이 있으며, 그런 열정을 불러일으키는 사람들과 좀 더 많은 시간을 가진다는 사고는 매우 고무적이다. 그러나 당신의 "이전의 자아(former self)"의 다양한 측면은 의미 있는 연구와 신뢰할만한 도구가 되어야 하는 새로운 도전을 수행하기 위해 포기해야 할 것이다.

반영추적

우선, 제3장에서 논의된 바와 같이 연구현장에 들어가기 전에 연구 현상에 대해 당신이 가지고 있는 사고(관념)의 본질과 특성을 유의 깊게 인식하고 서술할 필요가 있다. 이런 과정은 연구과정 내내 아마도 특히 자료 수집과 분석과정에서 지속된 것이다. 반영(reflectivity)은 모든 질적 탐구의 본질적 요소이지만, 반영하는 것은 어떤 계획에도 포함되어지며 그것의 과정, 관련성 및 의미는 간단하지 않다(Finlay, 2002). 그럼에도 불구하고 연구 중에 주관적으로 개념적으로 발생하는 어떤 것을 기술하는 것은 당신의 귀납적 분석적 과정을 알리는 핵심요소가 된다.

당신은 이것을 현장노트를 통해 또는 연구기록의 중요한 부분이 되는 개인적인 반영적 "저널(journal)"을 통해 달성할 것이다. 일반적으로 이것은 자명해서 그것을 결코 잊을 수 없지만 배경적인 것과 같은 것을 기술하기 위해, 그리고 연구를 전개하고 좀 더 정련화 시키기 위해, 또 후에 참조하기 위해 그곳을 다시 찾아야 하는 것에 대비해서 명확한 장소를 기술하는 것은 좋다. 그것은 그 자체로서 "자료(data)"가 되지 않을 수도 있지만, 자료수집과 구성에서 당신 자신의 역할의 의미를 이해하는데 필요한 중요한 부분이 된다. 당신 자신의 선호와 스타일에 따라, 연구할 때 떠오르는 생각, 질문, 개념(ideas)을 모두 기록하는 연구 노트를 가질 수 있다. 또는 배경이 되는 선입견(이론적 성향, 당신의 임상전문가적인 의견, 이전 지식의 다른 근원)과 지속적인 분석노트(질문, 영감, 전개해 나간 해석)를 기록하기 위한 분리된 장소가 있을 수도 있다. 어떤 경우이든 이것들은 연구자로서의 당신 삶의 일부가 되는 것이며, 항상 이용 가능하며(한밤중에 빠르게 노트하기도 함), 일정하게 유지되어야 한다. 모든 자료와 함께 이것은 프로젝트 동안 상실되는 것을 방지하고 이것들을 지지하기 위한 일정한 기전을 갖고자 할 때도 말할 것도 없다.

이끄는 것이 아닌 배우는 것

효율적인 연구자가 되기 위한 두 번째 측면은 당신의 임상 실무와 의사소통 기술을 "하지 않는(undoing)" 것이다. 당신은 경험이 많은 실무자의 신용을 얻어 새로운 대상자에게 인사하는 것으로, 역할(당신이 그것을 어떻게 제공하는 가를 알고 그들을 도와주려고 하는) 내에서 어떤 명확함을 기대하며, 적어도 처음에는 명확한 또는 내재된 일련의 임상변수들(예를 들어 사정면담)에 근거하여 그들과 의사소통 하곤 한다. 당신은 현장을 알고 있고, 각 대화가 진행되고 있는 장소도 알고 있으며, 대부분은 상호작용이 행해질 방향을 조정하고 있다는 것도 안다. 내가 서술하고 있는 것 보다는 덜 목적적으로 여겨지는 많은 임상적 상호작용에 당신이 참여 하였지만, 연구세계에 적용된 새로운 것은 이런 새로운 등장인물로 전환될 수 있는 것이 얼마나 어려운가에 대해 놀라게 된다. 본질적으로 당신은 그것을 드러냄으로써 대화를 만들어가는 전문가는 아닌, 알지 못하는 누군가의 역할을 취하며, 알기 위해 연구참여자의 세계로 들어간다. 뒤에서 우리가 다루겠지만, 연구면담은 임상 면담과는 매우 다르며, "증거로 이끄는(lead the witness)" 임상가의 경향은 연구면담 기술을 성취함으로써 잘 수행할 수 있다(Hutchinson & Wilson, 1994; Lipson, 1989). 방법론적인 추세의 범위를 넘어 적용되는 연구면담에서 훌륭한 지침을 주는 전통적인 근원은 James Spradley 교재의 "민족지학 면담(ethnographic interview)" (1979)이다. 비록 면담 그 자체에 초점이 있고 태도, 대화 선택에 대해 자세하게 기술하였지만 Spradley의 교재는 많은 임상연구자들이 다루기 힘든 방법으로 연구면담에 영향을 줄 수 있는 것들을 다루는 전략을 제시하고 임상적 의사소통 습관을 알게 되는데 도움이 된다.

노출 훈련

세 번째 문제는 잠재적 연구 참여자인 자기 자신을 어떻게 소개하고 그릴 것인가 하는 것이다. 이전 장에서 우리는 연구에서 자기 자신을 정립하는 것과 관련된 것을 약간 제기하였으나, 그 단계는 주관적 경험적 문제에 대해 어떤 것을 배우고자 하는 사람에게 자기 자신을 설명하는 것과는 매우 다르다. 만약 우리가 이론적 입장(여성주의, 비판적 사회이론, 인본주의, 총체주의 등)을 가지고 잠재적 연구 참여자가 되기 원하다면, 우리가 그들과 함께 했을 때 그들이 무엇을 말할 것인지와 누가 참여하기로 수락 할 것인지 이미 편견을 가지고 있다. 대신, 만약 우리가 강력한 이론적 관점을 가지고 그것을 감추고자 했다면 우리의 의도를 잘못 전하고 있는 것이다. 특별한 상태를 가진 환자를 간호사가 좀 더 잘 이해하도록 돕기 위해 우리가 지식을 추구한다고 믿는 잠재적인 연구 참여자들은 환자의 전반적인 간호 내에서 부조화적인 힘을 탐구하기 위해 연구하고 있다고 믿는 사람들보다는 우리의 안내를 좀 더 편안하게 받아들일 수 있다. 우리의 동기는 구성 뿐 아니라 자료에 접근하는 데 있어 중요한 요소가 되므로 현장에 참여하는 것을 기초로 하여 성공할 것이다. 건강 임상 연구자들을 위한 한 가지 특별한 도전은 많은 환자들이 지식에 기여하기 보다는 다른 이유 때문에 건강관리 전문가와 의미 있는 시간을 보내기 위한 기회를 즐긴다는 것을 인식하는 것이다. 그들은 자신의 상태에 대한 좀 더 많은 정보를 얻고, 그 체계내의 "내부자(insider)"와 어느 정도 은혜를 입고 있는 관계를 만들거나 그것을 다루는 것에 대한 그들 자신의 이론이나 전략을 확인하기 위한 기회를 갖기를 부지 중에 희망할 수도 있다. 따라서 자기 자신을 정립시키는 과정은 연구 참여과정 내에서 가능한 명확성을 확립하고 부적절한 기대를 피하기 위해 어떤 사려 깊은 전략화가 요구된다. 이런 단계는 연구관계 내에서는 적절한 경계선을 만들고 유지하는 중요한 과정의 일부가 된다(Dickson-swift, James, Kippen, & Liamputtong, 2006). 전문적 헌신을 인식하는 것은 이런 일종의 결점을 만들지만, 꽤 비윤리적으로 보이는 정보를 모호하게 한다. 따라서 연구자들은 주관적 경험-환자의-에 전문가인 개인으로부터 "학습자(learner)"가 되는 역할과 병합하고, 전문경험에서의 관심주제를 설명하는 방법을 발견하는 것이 요구된다. 이런 두 차원의 소개는 참여를 위한 기대와 질문에서 관심의 근원에 명확성을 제공하며, 연구자에게는 이러한 이익이 앞으로의 환자 이익을 위해 동료 전문가를 일깨우는데 도움이 되는 지식이 될 것이다.

역할에서 물러나기

연구의 역할이 진실이 되기 위한 모든 좋은 의도에도 불구하고 개인의 전문연구에 참여하는 건강관리 전문인으로서 좀 더 큰 사회적 위임을 포기하는 것이 실제로 가능한 것인지 필자는 의심스럽다(Robinson & Thorne, 1988). 때때로 연구참여자의 고통, 심각한 잘못된 정보, 또는 임상적 관심의 민감함이 연구의제를 조작할 수도 있다는 것을 잘 알고 있다. 그런 상황을 위한 주요 규칙으로 제기되어 온 한 기전은 연구면담의-자료를 먼저 수집하고 후에 임상대화로 옮겨가는-이분화이다. 내 자신의 관점에서 항상 실행가능하고 윤리적인 것은 아니지만 그 상황에서 무엇이 일어나고 있고, 연구를 구성할 수 있는 것이 무엇이고, 무엇이 아닌지에 대한 좀 더 개념적인 이해가 필요하다. 여기서 반영적 노트의 가치가 발휘된다. 왜냐하면 그것은 치료적이 되는 것과 연구제안서를 제공하는 것 간의 정교한 경계를 밝히고 조사될 수 있기 때문이다. 규칙적인 자아탐구를 통해 연구자는 "학습자 측면(learner side)"이 우세한 곳과

행동이 우선적인 "임상가 측면(clinician side)"이 있는 곳에 대한 다차원적인 이해를 개발시킬 수 있다. 면담이 어떤 이유 때문에 한 부분이 임상맥락내로 전체 또는 일부가 옮겨질 때 결정은 그 자료의 요소가 연구를 위해 적절하게 아직 사용되고 있는가, 또는 자료가 분석 내에서 사용 될 수 없는 결점을 가지고 있는가에 따라 달라지게 될 것이다. 명백하게 결정은 연구되고 있는 현상과 특별한 임상적 만남에서의 이야기간의 상호작용을 따르게 될 것이다.

드러내고 감추기

많은 해석적 기술 연구의 맥락에서 발생하는 관련된 미묘한 문제는 제기되는 질문의 내용 안에서 연구자의 명확한 개인적 위치이다. 이런 문제는 주제가 개인적 경험이 이해를 형성하는 공통된 인식이 있는 곳에서 가장 역동적으로 발생한다. 예를 들어 대인적 폭력연구에서 연구자에게는 관심사를 구성하기 위해서 뿐 아니라, 그들이 요청할 것 같아도 주제와 그들 자신의 관계에 대해 명백하고도 일관된 메시지를 발달시켜야 하는 것이 중요하다. "나는 당신에게 정보를 털어 놓는 것이 편안하지 않다"라는 것은 면담과정에 대한 자연적인 저항을 불러일으킬 수 있기 때문에 좀 더 신뢰할 만하고 조직적인 선택이 바람직하다. 대부분의 연구자들은 명확하게 물어보지 않은 한 개인적 정보를 드러내는 것을 피하려고 한다. 왜냐하면 "공유하는 것"은 그것의 의도된 목적을 위해 정확히 연구면담을 지켜야 한다는 부담이 있기 때문이다. 연구자는 개인적 경험을 가진 연구 참여자가 좀 더 공유된 이해를 가정할 것 같고 따라서 연구하고 있는 현상에 내재해 있는 주요한 요소가 될 수 있는 곳에 깊게 들어가는 것을 싫어한다. 또한 "노트를 비교(compare note)"하고자 하는 큰 유혹이 있으며 그때 그 문제를 경험하는 것이 "올바른 방법(right way)"이라는 생각을 전달한다. 담론을 공유하고 도전하는 세계에서 "동료 여행자(fellow travelers)"가 되는 공간으로 들어가기 위한 가장 강력한 "사회적 프로토콜(social protocols)"이 있다는 것을 기억하는 것은 중요하며, 따라서 "외부(outsider)"탐구자의 시각을 되찾는 것은 거의 불가능할 수 있다.

나의 관점에서보면, 노출의 딜레마에 대해는 특히 민감한 주제인 경우는, 본질적으로 정답이 없다. 당신은 자신의 경험과 거리가 있는 연구대상자의 질문을 전환하는 방법을 대상자에게 돌아가 발견해야 하며, 이는 적절한 면담으로 이끄는 개방적인 대화를 해야 한다는 것을 의미한다. 또한 당신 자신(비 임상적인)과 주제와의 관련성을 아는 것이 이야기를 말하는 방법에 우연히 영향을 줄 수 있기 때문에 연구 대상자에게 면담의 초점을 두는 것이 왜 중요한가를 설명할 수 있다. 임상지식을 가지고 당신의 이전 지식이 타당한 것으로 가정하기 보다는 "그들의" 경험으로부터 배울 수 있는 기회를 위한 당신의 열정을 강조하는 것이 이런 어려운 대화를 회피할 수 있는 효과적인 방법이 될 수 있다. 그러나 어떤 연구 참여자는 주장할 것이며, 연구자는 거짓말하는 것을 원하지 않는다. 만약 당신이 그 문제에 대해 어떤 개인적 노출을 했다면, 어떻게 했는가를 생각하여 지나친 과시 없이 설명할 것이고 연구 참여자의 이야기로 면담을 되돌리도록 해야 할 것이다. 노출이 계속적으로 자료에서 발생될 수도 있는 어떤 잠재적 영향을 설명하는 것은 해석적 기술을 수행하는 당신 자신을 준비하는 중요한 요소가 될 것이다.

사전 동의 협상

당신의 기관에서 연구에 참여하기 위해 사전 동의와 관련된 명확한 절차와 정책을 가지고 있다 할지라도 연구 시작초기와 진행되는 과정에서, 사전 동의에 통합성을 가지고 참여해야 한다는 것은 일반적으로 질적 연구자들에게 특별한 도전으로서 오래전부터 인식되어 왔다. 본질적으로, 탐구의 초점이 인간의 주관적 경험적 지식이기 때문에 연구자는 연구 상황에서 무엇이 발생했는지 충분히 예견할 수 없다. 연구 설계에서 제기 되는 구체적인 질문이 중요한 양적연구와 달리 해석적 기술에서는(많은 질적 연구에서와 같이) "출현하는(emergent)" 질이 있으며, 이는 연구를 통해 진행됨으로써 자료들 간을 연결하며 연구참여자가 제시하는 안내에 따르도록 요구한다. 이 때문에 일반적인 기술적 연구의 "면담스케줄(interview schedule)" 가이드는 잘못된 것이다. 그 보다는 해석적 기술을 하는 대부분의 사람들은 전형적인 면담이 어떻게 진행되는가에 대한 "최상의 추정(best guess)" 의 어떤 정형적 지표를 가지고 병합한 자료 수집과 분석 간의 관계를 설명하는 사전 동의 과정을 협상한다. 당신은 "처음 면담을 위한 유도 질문" 또는 "일반적인 포커스그룹 지침"을 만들어 낼 수도 있다. 예를 들면, 그것은 탐구의 예측된 범위를 보여주며, 검토 패널을 확보하고 기관적인 권위를 가지며, 연구 설계에 내재해 있는 "일반적 개념(general idea)"을 가지고 있는 연구참여자를 제기하기까지 한다.

우리 대부분은 개인적 경험과 의견에 진지하게 집중하거나 이야기에 오랫동안 이방인으로서 귀 기울이는데 익숙하지 않다. "듣는(being heard)" 경험은 신중한 사람으로 인식되며 이는 연구 참여자들이 나타내는 것이 무엇인가를 반영하는 것으로서, 그들의 주관적 경험의 요소를 좀 더 깊이 있게 기술하여 그들을 안내해 주므로 중요하다. 진정으로 "좋은 자료(good data)"는 깊게 느꼈던 것을 드물게는 만들어진 자료를 반영하는 것이며, 연구 참여자들이 그런 노출에 좀 더 친숙해짐에 따라 사전 동의에 대한 지속적인 협상을 하려는 우리의 도덕적 의무를 더 강하게 한다.

속임수나 조작을 통해 강요된 참여는 매우 비윤리적이라는 것을 인식하기가 쉽지만, 질적 연구자들은 곤궁, 외로움, 또는 "연구된(studied) 것으로부터 도출될 수 있는 자아존중감에 대한 함축적 시각을 잃을 수 있다. 이런 것들은 또한 "좋은 자료"를 위한 연구에 도움이 되도록 조작될 수 있다. 따라서 해석적 기술 연구 내에서 사전 동의를 하는 것은 지속적인 윤리적 의무로서 최선으로 구성되어야 하며, 우리가 연구하고 있는 사람들이 무엇이 편안하고 편안하지 않은지를 나타내도록 최적의 상태를 만들어 낼 목적으로 비언어적 행동뿐만 아니라 언어적으로도 발휘되어야 한다. 사전 동의를 확보하기 위해 대상자를 연구하는데 있어서 다양한 노출 전략의 가치에 대해서는 다음 장에서 다룰 것이다. 예를 들어 면담이 "비밀스런(secret)" 또는 정서적 정보이면, 연구자는 그 것을 지속하기 전에 적절하게 늦추던가, 즉각적인 자극을 집중하기보다는 반영과 재 고려를 한다. 대안적으로 연구자는 면담이 참여자가 원하든 원치 않던 간에 반영하도록 강요한다거나 힘들어지는 것을 보면서 "휴식기(pause)"를 가질 수 있다. 그들과의 지속적인 동의를 확보하기 위한 한 방법으로서 연구참여자의 참여에 있어서의 복잡성과 뉘앙스가 이런 간단한 논의의 범위를 넘어선다 할지라도, 이런 큰 맥락 내에서 해석적 기술연구의 기대를 파악하기 위해 제공되는 논평은 드물다.

당신의 언어 발견하기

대부분의 건강전문인들이 질적 연구 면담을 처음하게 되었을 때 발견하게 되는 것은 평상적인 그들의 대화 도구의 목록 없이 "노출됨(nakedness)"에 대한 불편감이다. 그들이 꽤 쉽게 소개를 하였지만, 의도하고자 하는 방향으로 움직이기 위하여 상호작용 없이 사람들을 격려하면서 적절한 면담을 하고자 할 때 좀 더 힘들어지게 된다. 임상적 만남과 달리 가치 절하적인 반응을 보이는 것은("좋아요", 또는 "나는 동의해요", "나는 이해합니다."와 같은) 일반적으로 금지된다. 왜냐하면 이런 반응은 자료의 어떤 부분이 잘 받아들여질 것이라는 것을 알게 되며 만약 그들의 복잡한 상황에서 반대 자료가 있다면, 그렇지 않다는 것을 의미하는 것이 되기 때문이다. 질적 연구 면담이 당신에게 요구하는 것은 당신이 완전하게 이해하였다고 표현하기보다는 좀 더 정련하거나 명확히 하는 또는 이해하는 개념을 중지하는 것이다. 이런 방법으로 반응하는 것은 대부분의 임상가들에게 직관을 방해하는 것으로 느낀다. 왜냐하면 이해의 개념을 이동하는 그들에게는 돌봄적인 의사소통이 기본이기 때문이다. "흠흠" 과 "더 말해주세요"에 대해 제한하는 것은 좀 더 어리석은 반응이며, 당신은 의뢰할만한 침착한 건강관리 전문인이 아니며 연구참여자에게 확인하고자 추구하는 것은 압도적이 될 수 있다.

이때 필요한 것은 면담이 진행 될 "좋은 질문"의 목록이며 따라서 당신은 감정에 치우치지 않는 "흠흠" 이상의 선택을 가지게 된다. 질문의 종류는 앞에서 열거할 수 있으며 따라서 당신이 그것을 필요로 할 때 이미 포함하였을 것이다. "나는 당신이 그것을 기술하는 방법에 정말 관심이 있다. 그것이 어떻게 발생했는지 좀 더 자세히 말해 줄 수 있습니까?" 또는 "그런 놀라운 일이 당신에게 있었습니까?" 또는 "몇 분전에 X에 대해 얘기했다. 그것과 같은 어떤 새로운 것이 있었습니까? 또는 당신은 어떤 차이를 보았습니까?" 이런 종류의 질문은 연구 참여자의 사고과정과 경험에서의 지속되는 관심을 신호화하고, 어떤 반영적인 해석을 격려하며, 존경과 동정을 표현하는 그 자체의 구체적인 경험에서의 관심을 의사소통한다. 면담 과정에서, 연구 참여자로부터 배울 수 있는 가능성이 있으며, 면담의 흐름을 촉진하지만, 당신의 자료를 절충할 수는 없다. 당신이 동시에 자료를 수집하고 분석할 수 없기 때문에, 다음과 같은 질문을 이용한다. "당신의 상황에서와 같이, 간호과정의 이런 측면이 가장 도전적이라고 다른 환자로부터 들었다. 당신은 그렇게 된 이유에 대해 어떤 생각을 가지고 있습니까?" 또는 "다른 사람으로부터 비슷한 어떤 것을 들었다, 나는 그것을 좀 더 잘 이해하기 위해 기꺼이 할 것이다. 당신은 나에게 더 말해 줄 수 있습니까?" 준거점으로서 좀 더 많은 자료를 통해 일반적으로 기술하는 것은 적절하다. 무엇을 도왔고 환자의 관심과 인류애를 표현하기 위한 일상적인 기전이 언제 일어났는지 명백히 이해한다면, 효과적으로 수행된 것이다. 당신은 연구 면담을 주의 깊게 들었다는 것만으로 연구 참여자에게 존경심을 갖게 할 것이고, 희망을 가지고 자신들의 지식이 미래의 다른 사람에게 좀 더 나은 간호를 하는데 기여하게 될 것이다. 당신이 들었던(가지고 가서 반영하는) 주요 주제를 요약한 후 면담을 마치면서, 더 큰 목적을 위해 가지는 면담의 가치를 증명하게 될 것이다.

당신의 영향력 자제

연구 참여자와 함께 연구자로서 당신 자신을 정립하는 과정에서 마지막 우선순위는 연구에 참여한 결과로서 수집되고 분석된 자료를 위해 자신의 특권적인 능력에 책임을 갖고 인식하는 것이다. 연구에서 윤리를 유지하고 결과의 통합성을 보호하는 것은 일반적인 "영향(influence)"의 두 가지 영역으로 연구자가 지속적으로 사려깊게 고려해야 하는 영역이다.

앞에서, 우리는 어떤 학문적 방향(orientation)을 드러내는 것과 연구 관계를 위해 어떤 기대를 만들어내는 것에 대한 이해의 문제에 대해 논의했다. 학문적 역할의 또 다른 잠재적 효과는 연구과정을 통해 이용가능하게 되는 자료와 관계하여 어떤 이익을 줄 수도 있다는 것이다. 사람들은 간호사는 다양한 신체 기능의 세부적인 것에도 편안할 것이라고 가정한다. 필자 역시 은행가는 어떤 사람의 재정적 상태의 세부 항목을 좀 더 알 것이고, 법률가들은 탈세사건에 대해 더 많이 알고 있다고 생각한다.

경험적 지식의 세계에서, 변화의 위험을 탈피하지 않고는 어느 누구도 현상을 연구할 수 있는 방법은 없다. 한 경험의 측면에 참여하거나 그 요소들을 정련하기를 요청하는 것만으로 연구자는 그 의미에서의 미묘한 변화를 무심코 자극할 수도 있다. 해석적 기술 연구자는 이런 것을 인식하여, 자료근원에 가지는 개인적 또는 관념적 영향과 그들의 해석이 이루어지는 연구의 기초 동안 내내 사려 깊어야 한다. 여기서의 요점은 단순히 무엇이 진행되고 있고 우리가 누구인가에 의해 보여지고 있는 것과 연구에서 설명할 때 사용되는 자료들에 영향을 받을 것이라는 것이다. 이러한 영향을 완전히 피할 수는 없지만, 우리의 연구과정이 결과로 나타낼 것이라는 의미와 그것을 이용하지 못할 가능성도 있다는 것을 인식하고, 신경을 써야 한다.

영향 통제의 두 번째 차원은 좀 더 광범위한 사전 동의와 밀접하게 연관된다. 우리의 연구에 한 개인이 등록되면, 연구의 특성과 목적 및 그 결과를 어떻게 사용할 것인가에 대한 정보를 제공한다. 설명은 분석 시 도출되는 개념과 상호적인 분석에 근거하여 개발된 개념에 대해 언급하지만 연구 내내 유지해야만 하는 목적과 범위에 대한 이해는 이미 동의된 상태이다. 연구자는 참여자와 자료에 잠재적인 영향을 미치기 때문에, 또 초기에 기대하지 않았던 자료로부터 개념이 나올 수 있기 때문에, 참여자 내부는 동기에 의한 연구결과의 방향에 동조할 지속적인 의무가 있다. 만약 개인의 수술 전 교육으로 특별한 수술 절차 경험에 대한 면담에 동의하였다면, 연구결과가 수술기법이나 집도의의 개인적 습관을 비난할 것이라고 예측하지 않는다. 그들이 이야기의 이런 측면에 대한 공통적인 정보를 지속적으로 드러낸다면, 특히 연구자가 흥미 있어 하는 것으로 보인다면, 그들이 고려하지 않았던 목표로 연구결과를 전환하기 위하여 그들의 동의를 위반하는 것이 된다.

개인의 영향에 대한 이런 강압적인 문제는 정직과는 거리가 멀다. 그러나 이것이 탐구 초기에서 나타나는 대로 참여하고 고려해야 하며, 당신 자신의 위치를 결정짓게 하는 한 측면이다. 여기에 열거된 모든 차원을 가지고, 대단히 엄한 규율로서가 아닌 적절한 절차로서 연구 수행가운데 "생각을 위한 어떤 것"을 제공한다.

연구현장에서 자신의 위치 정하기

연구현장에서 당신 자신의 위치를 정하는 것과 관련된 두 번째 도전은 연구를 수행하고 연구참여자를 모집하는 실무 현장에서 연구를 위해 어떻게 옹호하고 자신을 어떻게 나타내는가를 선별하는 문제이다.

현장에 들어가 자신들의 방법을 논쟁할 필요를 가정하고 한 때 거기에서 시간을 보내며 관계를 확립해야 한다고 가정하는 민족지학자(ethnographer)와는 달리, 임상연구가들은 쉽게 들어가고 접근하는 것에 대한 잘못된 낙관론을 가지고 있다. 비록 그들이 전문가로서의 "작업체계"에 대해 알지만, 그들이 연구를 할 때는 이와 같은 체계가 그들에게 친숙하지 않다는 것을 발견한다.

내부자와 외부자

임상연구자들은 그들의 전문적 경험에 의거하여 친숙한 실제적 상황 내에서 연구를 하거나, 그 구성원들이 그들과 친숙하지 않은 상황에서 연구를 하게 되는 선택을 하게 된다. 해석적 기술 연구의 과정에서 취해야 하는 많은 결정에서, 최선의 접근은 특별한 연구 맥락 내에서 각각의 적용을 고려하여 하는 것이다. "내부자"가 되는 것의 가치는 초기 "초입"단계를 피할 수 있고 당신 프로젝트를 지지하는 권위를 가진 사람이 누구인지를 안다는 것이다. 내부자로서의 특권을 가지는 것과 관련된 이득은 정보, 의뢰 및 맥락적인 정보에 좀 더 솔직하게 접근할 수 있다는 것이다. 그러나 장점보다 단점이 더 많을 수도 있다(Field, 1989).

내부자는 "역할을 벗어나기"가 좀 더 어렵다는 것을 발견하며, 연구 참여기간 동안 그들 스스로가 일상 활동으로 빨려 들어가 있다는 것을 발견한다. 그 상황에 있는 대상자는 같은 사람이 다른 시간에 다른 역할을 한다고 가정할 때 매우 혼돈스럽다는 것을 발견할 것이고 만약 연구자와 임상 팀이 뚜렷한 관계가 있다면 참여를 강요할 위험이 매우 높다. 내부자는 어떤 것이 어떻게 행해졌는가에 대한 검증되지 않은 가정을 좀 더 잘 받아들이는 경향이 있으며, 연구자가 내부자라는 것을 알고 있는 연구참여자는 동료와 절충된 입장에 있는 연구자가 가지는 문제를 떠올리는 것을 희미하거나 그에 따라 그들의 이야기를 만들 수도 있다. 이런 모든 것들은 위압적인 진술들이며, 연구과정은 최대의 통합성을 가지고 관리하기 위하여 반영(reflection)과 유의 깊은 주시가 필요하다.

반대로, 그 상황에 대해 "외부자"가 되는 것은, 정보접근에 제한이 있고, 연구하고 있는 모든 것이 우선순위가 있고, 연구와 관련된 선택적인 지식 공유 등을 가지고 있는 임상상황에서 예측 가능한 저항과 부딪힐 수 있다는 것이다. 당신이 그 내부 문화가 만들어진 역사, 파벌, 지도자들에 대해 알지 못할 때는 직원들과의 관계를 형성할 시간을 가질 수 있다. 당신은 특별한 작업을 하는 것과 관련된 직원으로, 침입자로서 간주될 수도 있고, 더 나쁘게는 좋지 않은 실행을 폭로할 숨은 동기를 가진 사람으로 여겨질 수도 있다. 질적 건강 연구자는 환자의 관점에서 그 세계가 어떻게 보는가를 이해하는데 관심이 있기 때문에, 질적 연구자가 이런 점에서 의심과 저항을 받기 보다는 좀 더 선호되어 왔었다. 이것은 복합적인 동의형태, 윤리적 동의요구서 경쟁, 또는 환자 또는 정보의 저작권 논쟁이 될 수도 있다. 이런 맥락적 도전에 대한 네트(net)효과는 연구자가 같은 체계를 조정하고자 하며 그 자체 환경에 대해 잠재적으로 적대적 일 수 있는 환자의 상태에 대해 매우 민감해지는 경향이 있다.

조정 접근

현재 규제를 받는 맥락에서 모든 연구자들이 인식하는 바와 같이, 자료수집 측면에서의 접근은 정보의 오용, 오해 및 강제에 대해 일련의 점검과 균형에 의해 조절된다. 이런 여러 가지 절차와 방침은 매우 진지하게 취해지며 그 상황에 들어가는 연구자는 현재 규율 구조와 요건을 가능한 충분히 이해하면서 훈련한다.

지식생성을 위한 이론적 의욕에도 불구하고, 대부분의 상황은 연구자가 방해가 되는 것이 발견되는 실정이다. 당신이 연구하는데 연구를 위해 모집 가능한 사람들 또는 그 상황에 접근하는 것을 계획하기 위해 개인을 지명해야 하는 필수요건과 제공되어야 하는 정보, 설명해야 하는 규칙이 있다. 당신에게 부여된 도전은 그것을 진행하는 것을 가능하게 할 것이며 변화하는 분위기에 적응하게 하고 그 상황에 대한 필요성에 적응하게 하며 그들이 당신의 연구를 손상시키지 않는 한, 당신의 능력은 성공을 가능하게 하는 도구가 될 것이라는 것은 말할 나위도 없다. 임상 동료들은 연구의 절차와 규율에 있어서 당신만큼 몰두하지 않으며, 따라서 조정(navigation) 작업을 할 의무와 당신이 하고 일이 당신을 위한 것이라는 것을 아는 적절한 사람을 확보할 의무도 없다는 것을 기억해야 한다(Punch, 1994). 상황 전반에 걸쳐 적용할 수 있는 어떤 중요한 전략들은 당신이 있을 때와 없을 때, 그리고 당신의 입장에서 당신이 해야 할 때에 필요한 명확한 의사소통이다. 직원들은 당신의 연구배경이 되는 정보에 접근하는 것을 확보하고 연구와 관련된 문제나 질문이 발생하는 사건에 대해 충분한 정보를 포함하며, 그리고 당신과 그들의 요구가 충돌할 때 직원들을 조정하기 위해 노력하는 것이다.

주시와 행위

연구참여자가 연구자의 학문적 배경에 의해 영향을 받을 수 있듯이, 연구 "방문자(visitor)"의 전문적 신뢰성에 의해 임상상황이 영향 받는다는 것은 어쩔 수 없다. 병원 상황에서 연구를 하는 간호사는 전형적으로 도전을 하는 경우이다. 전향적 연구를 위해 참여자의 이름을 수집하기 위한 단순한 입장이라도, 완전히 중립적인 입장을 유지하는 것은 거의 불가능 하다. 당신은 휠체어가 문에 낀 환자를 향해 본능적으로 나아가며, 환자를 돕는 보조원이 힘들게 운반하려고 분투하는 곳에서 들어 올리는 것을 돕는다. 이런 이유로, 건강전문연구자의 관찰이 "순수(pure)"하고, "참여관찰"의 형태로 그들의 의도를 기술하는 것이 좀 더 일반적이라고 고려하는 것은 상당히 어렵다. 그들은 이중적 역할을 인식함으로써, 관찰을 하거나 관찰에 영향을 줄 수 있는 참여방법에 주의 깊은 관심을 가져야 한다.

그러나 참여 관찰자가 된다는 것은, 그 기관의 안전과 위험관리 요구조건을 지키는 것뿐만 아니라 얼마나 많은 참여와 어떤 종류의 참여가 당신의 연구에 적절한 것인가에 대한 신중한 고려를 요구한다. 예를 들어, 간호연구자는 기본적인 환자간호에 포함되지만 약물투여나 치료행위에는 포함되지 않으면서 그들의 참여를 명확하게 기술해야 한다. 그런 경우, 기술과 추적을 위한 그 기관의 요구조건을 잘 따르고 충분히 사정하는 것이 중요하다. 왜냐하면 당신은 사실상 환자 결과에 영향을 줄 수 있는 맥락의 일부분이 되기 때문이다.

많은 임상연구자들은 해석적 기술 연구에서 어느 정도의 참여관찰을 현명하게 한다면, 그 프로젝트에서 자산이 될 수도 있음을 발견한다. 만약 당신이 막대기에 부딪친 것과 같이 앉아있기 보다는 도와서 완성시키는 사람이라면 직원(정보누설을 통제하는 사람)과 신뢰관계를 형성하는 것이 훨씬 쉽고, 어느 정도의 참여는 그 맥락에서 좀 더 나은 관점을 수집하는데 도움을 줄 수 있다. 그 상황에 처한 구성원들을 존중한다는 것을 보여 줄 수 있으며, 연구에서 당신을 지지한 것에 대한 답례로 그들에게 어떤 것을 줄 수 있다. 그러나 이런 미묘한 조화를 이루는 행동들과 더불어 당신이 접근하여 본 것과 그것을 어떻게 이해했는가에 대한 참여를 통해 함축성을 반영하고 노트(notes)를 유지하는 것이 가장 중요한 것이 될 것이다.

안전유지

비록 해석적 기술을 사용하는 연구자가 임상적 또는 비슷한 체계를 통해 연구 참여자에 접근했다 할지라도, 많은 경우 그들은 임상 상황과는 거리가 먼 상황이나 맥락에 처한 사람들과 함께 참여할 것이다. 예를 들어, 잠재적 참여자를 초기에 소개하고 정보에 대해 접근하는 것은 일상에서는 매우 통제될 수 있는 반면, 당신의 연구에 참여하기로한 사람들은 그 관계를 지속하기 위해 그 일상을 별로 고려하지 않는다. 더 나아가 해석적 기술 연구가 가능하면 주로 자연적 상황에서 발생하기 때문에 가정을 방문하거나 사무실에서 또는 다른 편안한 장소에서 면담을 시행하는 경우는 흔하다. 이런 방법으로 연구를 수행하면 임상의 조직화된 환경의 방식에서 벗어나고, 또 다른 도전적 문제를 야기 한다.

건강전문가들은 임상 상황에서 매우 불안하고 불쾌한 것으로 여겨지는 사람들도 포함하여 개인의 모든 방법을 처리하는데 익숙하다. 그들은 건강관리 상황에서 적용되는 "안전망(safety nets)"을 따르고, "어려운" 환자와의 만남에서 생기는 뚜렷한 긴장을 극복하기 위해 열심히 일한다. 따라서 시설 상황에 익숙한 사람들은 어떠한 만남도 다룰 수 있다는 자신감을 증대시킬 수 있다. 그러나 그 만남이 연구 참여자들을 위한 가장 자연적인 상황으로 옮겨졌을 때 연구자는 새로운 많은 안전사항들을 기술해야만 한다(Paterson, Gregory, & Thorne, 1999). 다른 사람들은 당신의 소재에 대해 알고 있어야 하며, 당신은 응급 시 연락할 수 있는 것을 가지고 있어야 하며, 만약 직감적으로 당신의 안위를 보장받을 수 없는 상황이라면 "벗어날 수 있는 계획"도 가지고 있어야 한다. 이것은 어떤 고위험 집단을 연구하는 연구자들에게는 자명적(self-evident)일 수도 있지만 그런 명백한 초점을 가지지 않는다면 덜 명백하다. 그러나 누군가의 집으로 들어갔을 때, 당신은 더 이상 자신이 아니고, 놀라움이 발생한다는 것을 기억하는 것은 중요하다.

비밀보장

모든 연구자들은 연구결과와 과정과 연관하여 비밀에 대한 요구조건을 명백히 하고 이해한다. 그러나 그런 명백한 요구조건을 넘어 한 체계 내에서 성공적으로 일할 때 당신에게 일어나는 정보와 관련된 "회색지대(gray zone)"가 있다. 본질상, 해석적 기술은 사실보다는 인식을 드러내는 것이다. 많은 경우에, 건강상태를 가지고 연구할 때, 당신은 개인 임상가에 대해 그들 자신의 환경과 체제에 대해, 다른 환자에 대한 인식과 정보를 만날 것이다. 연구 참여자로부터 당신의 돌봄에 대해 들었던 많은 놀라운 일들이 임상가들에게 말하기가 두려울 수 도 있는 반면, 만약 그것을 제대로 시행하지 않는 것이 보고된다면 이런 종류의 노출은 비밀을 깨뜨릴 수도 있다는 것을 안다. 각 경우에, 당신의 보고는 직원 또는 대상자와의 상호작용을 통해 얻은 정보를 그 상황에서 어떻게 이용할 것인가에 대한 신뢰를 무너뜨린다.

연구초기에는 복잡한 기관과의 비밀이 어떻게 유지될 수 있는지 인식하기 어려울 수 있다. 연구계획서에 당신 계획에 대한 기록과 윤리적 승인은 공적 정보 영역일 수 있고 기관에서는 당신의 참여를 좋아할 수도 있다. 그러나 만약 그 기관에서 발생한 결과가 나쁘게 반영된다면, 또한 그 기관의 이름을 공개하는데 당신이 관여되어 있다면 매우 어려운 입장이 될 수도 있다. 이런 이유 때문에, 많은 연구자들은 다양한 상황을 사용하는데 가치를 두며, 특별한 기관에 대한 그들의 준거를 모호하게 한다(예를 들어, "캐나다 서부지역의 포괄적 제 3관리센터"라고 부름). 건강관리와 같은 영역에서, 특히 환자측면에서 연구를 한다면 건강관리 전달체계에서의 오류를 쉽게 발견할 수 있다. 그러나 당신이 관계에 능한 사람이 아니고, 전문인도 아니며 당신이 서술한 방법과 당신이 보고 들은 것을 해석한 방식이 존경을 받지 못한다면 "정보제공"을 통해 당신의 연구와 일련의 연구자들은 위태로울 수 있다는 것을 인식해야 한다. 궁극적인 목적은 당신이 만든 결과로부터 그들을 소외시키지 않고 건설적인 변화를 만드는 체제에 참여하도록 하는데 있다는 것을 기억해야 한다.

제7장

자료 구성

자료에 참여하는 과정

당신은 해석적 기술 연구의 영역으로 들어가기 시작하면서, 이미 기대되는 자료수집과 그것을 구성하기 시작하는 것 간에 미묘한 변화를 만들고 있다. 연구 계획서를 통해 당신은 각 절차와 구체적인 단계와 함께 자료 수집과 분석 과정을 자세하게 작성하였고, 그것은 귀납적으로 도출된 경험탐구에서 두 단계들 간의 상호관련성에 대한 어떤 설명을 제공하였다. 당신은 자신의 마음과 이 단계를 분리할 수 있게 하는 당신의 검토자(당신 자신 포함)를 신뢰할 수 있지만, 당신이 보는 것보다 훨씬 복잡한 자료 수집과 분석의 실제 모습을 발견할 것이다.

우선, 거기에 모아져야 할 많은 자료들이 기다리고 있다는 개념은 잘못된 것이다. 세상은 보고, 듣고, 냄새 맡고, 감명을 주고, 관찰하고, 경험하는 것들로 가득하지만, 당신은 특별한 현상에 대한 지식을 얻기 위한 명백한 목적을 가지고 집중해야 한다. 당신은 그 현상을 꽤 잘 알 때까지, 그것의 핵심요소가 무엇이고, 무엇이 아닌지, 그리고 영향을 미치는것이 무엇인지를 정확하게 판별할 수 없을 것이다. 따라서 당신은 그 현상을 좀 더 넓게 보아야 하며, 그것과 관련된 정보를 가능한 넓게 탐색해야 한다. 따라서 무엇이 조금만 관련되어 있고, 무엇이 관련될 것 같지만 약간 다르고, 포함시키기 위해 고려해야 할 것이 무엇인지를 연구과정의 일부로서 파악해야 한다. 따라서 연구 초기부터,

당신이 자료를 구성하는 것이 무엇인가에 대한 이해를 하려고 하며 어떻게 그것이 형성되는가를 구성하려고 많은 자료를 "수집" 하지 않는다.

기존의 서술 연구 모델에서 당신은 신중하게 형성된 질문을 가지며, 자료는 그러한 질문이 제공하는 대답이 무엇이든 간에 구성된다(척도점수, 면담 질문에 답하기, 기타). 그런 자료수집 기법은 당신이 찾고 있었던 가능성의 범위를 좁히고, 응답 기저에 있는 것을 조사하고 증명 하고자 하는 연구자 호기심을 최소화하기 위해 처음부터 계획된다. 반면에, 해석적 기술은 그러한 응답을 설명하기 위해 발생하는 어떠한 것에 대한 심도 있고, 풍부한, 미묘한 이해를 위한 것이 아니라 "최고의 마음" 상태를 제공한다는 점에서 피상적 대답은 약간 오류를 가질 수 있다는 개념에 초점을 두고 있다. 사회에서 정상 대화가 어떻게 되고 있는지 생각해보자. "어떻게 지내세요?"라는 질문에 대한 반응에서 "좋아요"라는 전형적인 답변은 아무 의미가 없는 것으로 보인다. 따라서 해석적 기술에서 우리는 최고의 마음 표현에 내재해 있는 혼란스러운 복잡성을 탐구하게 하고, 인간 경험의 모순을 탐구하게 하며, 겉으로 쉬워 보이는 복잡한 것을 좀 더 우리에게 심도 있는 정보를 제공하는 일련의 지식을 제공하기 위한 많은 방법을 가지고 있다. 너무 중요한 지식이지만, 해석적 기술만으로 우리를 이끌 수는 없다.

자료수집과정과 관련하여 "구성(construction)"이라는 용어를 사용할 때, 우리는 연구자가 자료모음으로 만들고 후에 분석 고려의 부분이 되는 가능성의 영역을 결정하는데 있어서 적극적인 역할에 집중한다. 그러나 언어적 준거(linguistic reference)를 사용함으로써, 우리는 연구자의 딜레마로 만나게 된다. 이는 경험적 연구의 관점이 특별한 선입견을 지지하기 위해 이용 가능한 정보를 선택하기 위한 특허를 주는 것이 아니기 때문이다. 우리는 저널리스트를 향해 떠난다. 해석적 기술은 우리에게 중용의 철학적 입장에 있는 의미를 끊임없이 반영하는 합리적 근거를 제공한다. 필자는 인간의 공통적인 주관적 경험으로부터 알려진 어떤 것이 있다는 것을 믿으며, 만약 내가 그것을 확실히 밝히면, 그것을 알아 가는데 있어서의 역할은 매우 설명적이어야 한다는 것이다. 자료수집 과정을 통한 개인의 지적과정을 완벽하고 엄밀하게 설명하는 것은 "구성"으로부터 의미 있는 "결과"로 성공적으로 변환시키는데 기본이 된다.

따라서 이장에서 우리는 자료구성의 기전을 좀 더 자세하게 설명할 것이고, 당신의 여정에 남겨져 있는 도전에 대해 고려하기 시작할 것이다. 일반적으로 자료 구성에서 반영하여야 할 것을 기초로 공통적인 자료 수집기법을 사용하여, 우리는 당신이 피하기 원하는 함정과 자료 구성과정을 전개해가면서 유지하기를 원하는 동기에 초점을 둘 것이다. 각 연구는 그들의 독특한 요소가 있기 때문에, 규범은 귀납적 사유과정에 대해 직관적이지 못하며, 당신은 여기에서 이러한 다양한 맥락에서 작용하는 해석적 기술 논리의 예증을 발견하게 될 것이다. 당신이 발견하게 될 각 지침은 어떤 연구 질문에 대한 것을 포함할 것이며, 이는 당신 자신의 논리적 사유가 과정을 통해 남겨져 있는 자신을 확인할 수 있는 당신 자신에 대한 질문으로 돌아간다.

자료 수집을 위한 선택

해석적 기술에서 자료 수집은 많은 형태를 취할 수 있으며, 창조적 연구자에게 가능성은 무한하다. 질적 건강연구자들이 물어보는 질문의 종류들은 꽤 기본적인 주관적 자료이기 때문에, 자료수집의 목적은 당신이 합리적으로 할 수 있는 만큼 주관적 경험에 접근하는 적절하면서 옹호할 수 있는 방법을 파악하는 것이며, 그것은 당신의 연구 질문에 답할 수 있는 자료들에 접근할 가능성이 높은 것이다. 당신의 자료 근원이 무엇인가를 결정하는 논리는 이용가능한 것이 무엇이고, 그 정보의 본질이 무엇인가(예를 들면, 그것의 강점과 제한점), 그리고 그것으로부터 도출할 수 있는 결과를 위한 합리적 근거로서 얼마나 많은 신뢰성이 제공될 것인가에 대한 중요한 분석이 따르게 될 것이다. 예를 들어 만약 당신이 자료의 근원으로서 관절염 환자의 인터넷 채팅

공간을 사용한다면, 이 경우, 당신은 그들이 표현하고 있는 것이 누구를 위한 것인가를 설명해야 하며, 특별한 시간에 이런 특별한 사이트에 등록한 인터넷 사용자들에게서 발생하는 어떤 것을 반영하기 위하여 그들을 이해하는 것에 대한 근거를 설명해야 한다. 그런 자료 근원은 어떤 환경에서는 많은 자료를 만들어 내며, 다른 환경에서는 거의 의미가 없을 수도 있다. 당신은 그것에 답하기 위해 연구계획서를 통해 연구 질문을 정당화하고, 견고하게 형성된 논리는 당신의 "결과"가 지식을 반영하며 무의미한 것이 아니라는 독자들의 평가(assessment)를 확보하게 될 것이다.

모든 질적 자료수집의 형태는 표면적이며, 보이지 않는 것을 제공하는 어떤 상세한 것을 포함한다. 어떤 사람은 다른 사람보다 연구자-대상자 상호작용과 맥락에 의해 좀 더 명백하게 형성되고, 어떤 것은 다른 것보다 좀 더 해석적이다. 당신이 고려하는 자료수집 전략의 적용을 충분히 인식하는 것과 처음부터 그것의 강점과 제한점을 명백하게 진술하는 것이 절대 필요하다. 예를 들어, 만약 당신이 자료수집 방법에서 예술적 해석(art interpretation)을 사용하는 것을 고려한다면, 당신은 그 방법의 제안자가 그것을 지지하여 무엇을 썼는가를 이해해야할 뿐 아니라, 그것에 대한 어떠한 비평이 있는가도 이해해야 하며 그러한 것을 토대로 확실하게 알기를 원할 것이다. 초기에 상당히 주관적인 해석을 적용하는 방법을 사용하는 것은 관심현상에 대한 다른 각도의 관점을 제공할 것이며, 그것은 예술적 해석을 잘 이해하지 못하는 건강관리 전문가들 보다 예술을 잘 아는 청중에게 좀 더 명백하게 이야기 할 수 있는 결과를 가져온다. 따라서 당신의 초기 자료수집 양상으로서 예술을 사용하였다기 보다는 말로 전달하기 힘든 주관적 자료를 드러내기 위한 전반적인 전략 중 하나의 대체 기법으로서 그것의 유용성을 고려할 수 있다.

자료수집기법과 상관없이 당신은 그것의 적용성-단지 "행하는 것" 뿐만이 아니라 그 자료의 형태가 당신에게 유용하게 될 수도 있고, 그것을 해석하고 분석하는 적용성 및 그 자료 근원이 갖게 될 신뢰성 또한 당신의 독자를 위한 것이라는 것을 충분히 아는 것이 중요하다. 멋진 자료수집 전략을 사용하는 것은 약간 재미있게 들리지만, 당신은 우선 관점을 연구 목적에 두어야 하며, 그 학문의 구성원들이 쉽게 이해할 수 있는 기법으로 시작하는 것이 바람직하다.

면담

이전 장에서 기술한 많은 것들은 개인적 면담 맥락에 대한 것이며, 면담 시 고려해야 할 것에 대해 언급하였다. 여기서는 일차자료 근원으로서의 면담의 강점과 제한점을 좀 더 명확하게 기술할 것이며, 면담을 사용하여 자료 수집 시 발생하는 문제에 대해 좀 더 기술할 것이다.

강점과 약점의 이해 어떤 현상에 대한 지식을 가지고 있는 개인에 대한 직접적인 면담은 지난 몇 십년간 질적 건강연구의 주요 작업이었다. 임상가들은 건강 또는 질병 경험의 어떤 측면은 그것을 경험한 사람들만이 안다고 인식하기 때문에, 그들은 일반적으로 "환자와 이야기하는 것"은 건강관리를 제공하는데 필수적인 요소라고 받아들인다. 바쁜 건강관리 전달체계 내에서 "심층"으로 이야기 할 시간과 초점이 거의 없기 때문에, 질적 건강 연구가들이 종종 물어보는 질문의 종류는 만약 유사한 환경에서 환자들과 좀 더 충분히 "이야기 할 시간"을 가진다면 대답될 수 있는 것이다. 따라서 많은 질적 연구가들에게 개별면담은 이상적인 자료 근원이 될 것이다.

면담은 설계하고 설명하기가 비교적 쉬우며, 질적 연구 맥락 내외에서 효과적으로 수행하는 방법에 대한 많은 이용가능한 지식이 있다(Fontana & Frey, 1994 ; Gilchrist & Williams, 1999; Hutchinson & Wilson, 1994; May, 1989; Miller & Crabtree, 1996b; Patton, 2002). 면담에 대한 지침이 비교적 포함되며 간단하다. 왜냐하면 동료들이 그 방법을 사용할 것이고 자료 수집 기법이 친근하며 대부분의 건강전문인과 다른 학문의 구성원들에게 편안하기 때문이다. 이런 이유로 개인적 "대화적" 면담으로부터 도출되는 질적 건강지식이 너무 많다는 것과 편견이 개입되어 분석되는 것에 대한 논의가 제기되어 왔다 (Nunkoosing, 2005; Siverman, 1998).

TEXT BOX 7.1

시골 여성 노인

Hayes는 혼자 살고 있는 Appalachian 시골 여성의 취약성을 이해하고 공식적, 비공식적 건강지지 서비스를 위한 필요성을 인식하기 위해 해석적 기술 방법론을 사용하였다. 면담을 통해 그들의 이야기를 들음으로써 이런 여성들에 대한 설명을 기술하면서, Hayes는 자아 신뢰와 지역사회 상호이론이라는 복잡한 조합으로 나타내는 삶의 철학을 불어넣는 시골의 문화적 전통을 묘사하였다. 건강관리 선택에 대한 여성 노인들의 소박한 설명과 해석을 묘사하면서, Hayes는 나이가 들면서 발생하는 자연적인 건강변화를 독립적으로 다루는 그들의 선호도와 이런 여성들의 삶에서 "집"의 의미가 가지는 중심역할에 대한 인식을 우리들에게 제시하고 있다. 이 결과는 비록 공식적 사회적 서비스와 건강자원이 이 노인 여성들에게 부적절하게 제공되지만, 그들은 가족과 공동체의 이용 가능한 비공식적 자원을 받는 것을 꺼려한다는 것을 보여 주고 있다. 생생한 그들의 방법을 이해함으로써, Hayes는 관리체계를 개념화하기 위해 좀 더 나은 방법이 제공될 수 있다고 결론 내렸다.

Hayes, P. A. (2006). Home is where their health is: Rethinking perspectives of informal and formal care by order rural Appalachian women who live alone. *Qualitative Health Research, 16*(2), 282-297

통증연구자들이 오랫동안 발견한 바와 같이, 주관적 지식과 객관적 지식 간의 관계를 일치시키기가 어렵다. 통증완화는 널리 알려진 것에 근거하여 최적으로 제공되는 것이 아니라는 것을 인식하고, 어떤 연구자들은 주관적인 준거점(예를 들어, Margo McCaffery의 정의에 따르면: "통증은 경험하는 사람이 말하는 것이며, 경험하는 사람이 말할 때 존재하는 것이다.")을 적극적으로 옹호한다. 우리가 이런 주장이 우리 자신의 통증과 관련하여, 어떻게 유용한가를 직관적으로 인식할 수 있지만, 우리 자신의 불편감에 대해 냉철한 반응을 잘못 해석하기 보다는 우리의 말로 건강관리 제공자에게 전하기를 원한다. 또한 예를 들어 정상적인 통증 완화보다는 다른 목적으로 약을 원한다면 주관적 정의가 조작하기 훨씬 쉽다는 것을 충분히 인식하고 있다. 통증에 대한 예는 이런 복잡한 문제와 관련하여 주관과 객관적 지식에서 "이것 또는 저것/또는"이 가지는 문제를 명백히 보여준다. 만약 해석적 기술이 목적에 따른 진실을 밝히고자 한다면 면담의 제한점을 고려한 이러한 복잡성을 인식해야만 한다.

우리는 주관적 지식이라고 하는 자료에 접근하기 위해 좀 더 나은, 좀 더 접근 가능한 기전을 취한다. 동시에, 우리는 인간의 많은 주관적 경험이 모호하여 그 말들을 효과적으로 전달할 수 없다는 것을 안다. 더 나아가 우리는 "무엇을" 말하고 "어떻게" 말하는 가가 사회적으로 구성된다는 것을 잘 알고 있다. 예를 들어, "환경"은 항상 존재하지만, 환경이 요구하는 담론(discourse)은 모두가 접근 가능한 개념화를 반영하는 용어를 공유한다. 아주 어린 아이도 우리의 증조부 세대에서의 "환경"에 대해 권위적으로 이야기할 수 있으며 인간과 자연과의 관계를 개념을 통해 서술하는 것은 좀 더 많은 도전을 갖게 한다. 현대적 의미에서, 우리는 새로운 것을 구성하려고 하기보다는 우리에게 친숙한 개념화를 참조하려고 한다. 이는 우리가 면담을 통해 사람들의 복잡한 경험을 충분히 표현하게하기 보다는 그들이 생각하는 것을 이해하려는 우리의 관심에 따른다는 것을 의미한다. "가족 역기능" 또는 "공동의존"을 말할 때, 그들은 상호관계망에 대해 표현하지 않았지만, 오래전부터 가지고 있었던 혼란된 생각과 느낌에 대해 이해하고 표현하기 시작하는 개인의 개념화를 수용하게 된다. 우리가 말할 수 있다는 것은 우리가 생각한 것에 대해 무엇인가를 형성하기 시작한다는 의미이다.

담론(discourse)은 인간의 사회적 경험의 역동을 한데 엮는 것이므로 건강 연구를 하는 질적 면담자에게는 그 결과를 파악하기가 매우 쉬워 실제로 인간 경험에 대한 좀 더 심오한 실제적인 것을 반영하기 보다는 그 시기의 일반적인 생각을 반영할 뿐이다. 담론(discourse)으로 부터 수집될 수 있는 일시적이며 맥락적인 이해를 기술하는 것은 꽤 유용하지만(우리는 젊음이 그들의 소외를 문자적으로 얼마나 언급할 수 있는 가에 대해 정보를 줄 수도 있다), 인간 경험에 기초를 두고 맥락과 무관하다고 생각되는 "주관적 진실"의 다른 형태와 혼돈하지 않은 것이 중요하다. 그러므로 면담에 심하게 의존하는 질적 연구자들은 그들이 밝히고자 하는 것이 무엇인가에 대해 겸손함을 가지고 있어야 하며, 그들의 결과가 반영되는 장소와 시간과의 관계를 반영할 책임이 있다. 그리고 이것은 연구를 하는데 있어서 그리고 결과의 함축적 의미를 보고하는데 있어서 일반화의 제약을 위한 중요한 이유가 된다.

질 증진 만약 우리가 그러한 면담들이 시행된 좀 더 넓은 사회적 관념적 맥락에 대해 충분히 인지하고, 면담을 한 의도와 조건에 근거하여 우리에게 말한 것이 무엇인가에 대해 충분한 의식을 갖고 면담에 참여한다면, 우리는 임상적용을 위한 중요성과 관계를 가지는 일련의 주관적 지식을 확실히 얻을 수 있을 것이다.

그러나 일반적으로, 질 높은 자료는 반응을 기술하고 제기되는 질문의 결과는 아닐 것이다. 그보다는 라포를 형성하기 위해(친교 또는 치료의 경계를 넘지는 않으면서), 이야기를 분명히 하고 깊이를 만들기 위해, 정교함을 위해, 그리고 당신의 초기 이해와 해석을 교정하기 위해 계획된 준거, 태도 및 의사소통 양상의 틀로부터 도출될 것이다. 이는 당신 자신의 성격과 열정이 예측가능한 방향에서의 상호작용대로 되지 않는다는 것을 확인하기 위해 겸손과 반영이 요구된다. 본질적으로 당신은 면담자를 격려하는 중립적인 촉진자이므로 개개인은 충분히 자신을 설명할 수 있다. 당신은 문헌을 검토하는데 보낸 시간과 임상 전문가로서 보낸 시간속에서도, 면담과정에서 배울 수 있다는 호기심 많은 학습자의 신념을 가지고 면담을 한다. 연구 과정으로서, 당신은 학습 과정에서의 이야기와 좀 더 큰 맥락 안에서 사고들 간의 개념적 연계에 면담이 자연스럽고 적절하다는 것을 발견할 것이다. 그러나 당신이 추구하는 핵심은 그 개인의 상황, 방법 및 시기와 개인에 의해 표현될 수 있는 것이 무엇이냐 하는 것이다.

질 높은 면담과 관련된 어떤 실제적 문제를 언급할 가치가 있다. 당신이 미리 녹음장비를 점검하고 면담을 쉽게 진행하는데 충분히 편안한가를 점검하는 것은 말할 필요가 없다. 특히 개인의 가정에서 면담이 시행될 때, 면담은 방해를 받기 쉽고 기대하지 않은 상황에 직면하므로 존경과 예의를 가지고 할 수 있도록 준비되어야 한다. 많은 사람들은 초기에 그들의 이야기를 단순히 시작하며, 당신은 좀 더 초점을 맞춘 탐구를 시행하기 전에 구분이 되는 도입부와 배경적인 정보가 있다는 것을 발견할 것이다. 이런 것에 대해 조급해하지 않고 듣다 보면 시간이 지나면서 그 현상을 좀 더 깊이 이해하게 됨으로써 당신에게 부가적인 가치를 제공할 것이다. 그것을 나타내기 위한 시간을 가졌다는 것은 면담을 할 수 있는 충분한 시간을 가졌다는 것을 보장하는 것이다. 만약 필요하다면, 당신이 돌아가기를 원하는 중요한 부분이 잊으면 메모를 하듯이 모든 방법으로 노트를 해야 한다. 그러나 첫 번째 초점은 당신의 참여자의 이야기를 집중하여 들으면서 그들이 제공하는 것을 전문가적 입장에서 당신의 호기심과 흥미를 표현하는데 있다. 면담이 끝날 때가 되면, 들었던 내용 중 주요 개념(ideas)을 요약하여 제시하고, 당신이 듣고 반영한 것에 대해 참여자와 공유한다. 만약 가능하다면, 다시 면담할 계획을 세우고, 그럼으로써 좀 더 깊이 있는 명확한 질문을 통해 정보가 얻어지고 당신의 해석은 전개되어 나간다.

해석적 기술을 목적으로 하는 면담은 당신이 의도한 연구목적과 관계가 없는 배경적 정보에 대한 면담이 시행되기도 한다. 당신이 생각하지도 않았던 특별한 상황적 부분이 당신이 좀 더 분석할 때까지는 실제로는 관련이 되는 것을 인식하지 못하기 때문에 건강의 상황 측면을 파악하는 것이 요령이다. 동시에, 자료와 상황을 혼동하지 않는 것이 중요하다. 예를 들어, 유방암 치료 경험에 대한 연구에서 환자들은 진단 경험에 대한 이야기를 시작해야만 한다는 것을 의미하는 것이 아니라, 당신이 상황을 이해하고자 한다는 것을 공통적으로 느끼고 있다고 인식해야 한다.

우리가 제4장에서 논의한 바와 같이, 그들의 실무과정에서 면담을 하는 건강전문인들은 연구-면담 양상으로 전환하는 것이 어렵다. 그들은 자신을 어색하고 방해물로서 느낄 수 있으며, 이는 질적 연구 면담 능력을 개발시킬 기회이며 실무를 갖는 것이다. 또 다른 공통적 경험은 면담을 통해 당신이 듣기를 기대했던 풍부하고, 명료하고, 강력한 이야기가 부족하다는 것이다. 경험을 가졌던 모든 사람들은 그것에 대해 이상적인 포장을 하는데 관심을 가지는 것은 아니며, 때때로 인간의 표현이 세속적으로 보일 수 있다. 면담 참여자가 당신에게 "좋은 자료"를 주지 않기 때문에 좌절하기 보다는, 이 사람이 누구이며 왜 이 사람이 들은 것을 당신에게 말하는지에 대한 호기심에 초점을 갖는 것이 현명하다. 때때로 당신이 기대하지 않았던 곳에서 중요한 새로운 통찰력이 나온다.

포커스 그룹

포커스 그룹은 개인적 면담을 효과적으로 시행하기 위한 편리한 방법으로 생각되지 않지만, 행위에 내재되어 있는 신념과 태도와 같은 사회적 지식을 생산하기 위한 그룹과정에 이용되는 방법이다(Brown, 1999; Carey, 1994; Krueger, 1988; Morgan, 1988; Stewart & Shamdasani, 1988). 그들이 의미를 두고 산출한 가능성이 있는 것을 이해함으로써, 당신은 일차적 또는 부차적인 방법으로서 언제 그리고 어떻게 포커스 그룹 자료가 연구를 증진시킬 수 있는지를 판단할 수 있을 것이다.

강점과 약점 이해 개인적 면담 시 당신은 독특한 이야기를 심오한 의미로 만들기 때문에, 공통점을 요약하려고 할 때 마치 그것들을 잘못 표현하고 있다고 느낄 수 있다. 포커스 그룹에서 당신은 한 현상에 대해 어떤 경험적 지식을 가지고 독특한 개인을 만날 수 있는 기회를 가지며 그들이 서로 상호작용할 때 발생하는 것을 볼 기회도 가진다. 포커스 그룹의 사회적 역동은 당신이 만들고자 하는 요소이므로, 당신의 질문이 최선으로 작용하는 방법은 각 개인이 기여할 수 있는 사회적 차원을 가지는 것이다. 예를 들어, 만약 당신이 어

TEXT BOX 7.2

노화 전조(Foreshadowing aging)

자료 수집을 안내하기 위해 해석적 기술과 포커스 그룹을 사용하여, Giddings와 동료들은 만성질환을 가진 "노년기에 가까운" 여성(약 50~65세)의 경험을 조사하였다. 그들은 이 그룹의 여성들이 노화과정에서 변화하는 것을 이해하고 노화경로(aging trajectory)에서의 공통적 경로를 기술하는데 관심이 있었다. 그들이 발견한 것은 만성질환을 가지고 산다는 것은 이 여성들에게 노화과정을 준비하는 것이라는 것이다. 질병에 잘 대처해 가며 자원을 이용하는 것은 그들의 세계에서 신체변화가 그들의 삶에 친숙하게 되어가게 만든다. 그들에게 노화는 무서운 삶의 사건이라기보다는 "사실의 문제(matter of fact)"로 보인다. 그럼에도 불구하고, 앞으로의 신체변화에 대한 그들의 예측은 그들의 취약성에 대해, 그리고 앞으로 그들의 안녕이 의존적이 될 것이라는 것에 대해 의식하게 한다. 저자는 가까운 시기에 이 여성들을 지지할 수 있는 효과적인 관계를 형성하는 건강관리전문가들에게 이런 통찰력이 유용하다고 본다.

Giddings, L. S., Roy, D. E., & Predeger, E. (2007). woman's experiences of aging with a chronic condition, *Journal of Advanced Nursing, 58*(6), 557-565.

떤 지지 서비스 모델이 특별한 상태에 처한 환자가족 돌봄 제공자에 의해 최선으로 받아들여지고 있는지에 관심이 있다면, 당신은 그들의 경험을 분석하고, 그 선택과 관련된 장점에 대해 논의하는 것을 관찰하고, 당신의 그룹이 선호도에 대한 의견수렴을 하는지 안하는지를 확인하는 포커스 그룹을 구성해야 한다. 당신이 도출한 자료가 강요된 특허는 아니지만, 반대 견해인가 아닌가에 대한 이해는 어떤 사람에게는 모델 이용 가능성에 따라 불이익이 될 수도 있다. 따라서 포커스 그룹 방법론은 개인적 기여가 제시할 수 있는 "평균" 이상의 것, 그리고 견해들 간의 잠재력, 창조적 상호작용을 개발하는 것 이상을 할 수 있다. 포커스 그룹의 단점은 우세하지 않은 견해를 쉽게 모호하게 하고, 강제적인 자료 수집이 되게 한다. 그들은 본질적으로 사회적이기 때문에 사람들이 사회적 영역을 표현하는데 좀 더 편안하게 느끼는 경향이 있고 실제적으로 사적인, "정치적으로 부정확한", 또는 다양한 자료들이 피상적일 것 같지 않은 자료에 권한을 가지고 있다. 소수의 건강전문 연구자들은 오직 관련된 것만이 우세한 공적반응이라고 생각하고 질문을 제기하기 때문에, 포커스 그룹 자료는 주의를 기울여야만 한다. 많은 건강전문연구자들은 실무에서 한 현상의 공통 측면을 끌어낸 연구계획서를 제시하지만, 또한 명확하게 끌어내며 타당한 개인적 차이를 인식한다. 따라서 포커스 그룹은 그것 내에서 다른 사람에 대한 정보를 주는 것이며, 그룹에 대한 이해를 도출하고자 자료가 되는 좀 더 넓은 근거를 이용한다.

질 증진 포커스 그룹은 만약 그룹이 크지 않고(6~8명이 상한선으로 여겨짐) 잘 조직되어 있다면, 가장 잘 연구될 수 있다. 신뢰와 존경이 확보되어야 하며, 연구자/촉진자는 모든 구성원을 보호하기 위해 드러나는 것을 통제해야 한다. 광범위하면서도 훌륭한 그리고 좀 더 목표지향적인 질문은 "포커스(focus)"하는 그룹의 능력을 증진시키며, 숙련된 그룹 촉진자는 그룹 구성원들이 연구자에 대해 연속적으로 말하게 하는 대신 서로 진지하게 이야기 하도록 하는 환경을 만들 수 있다. 효과적인 리더는 좀 과묵한 사람을 끌어내고 말이 많은 사람은 잘 조절하여 제한된 시간에 합리적인 조화를 이뤄야 할 것이다. 녹음 되어진 목소리를 구별하기가 어려우므로, 많은 연구자들은 누가 무슨 말을 했는가를 확인하고 대화를 관찰자/노트를 사용하여 추적한다. 그런 현장 노트지지는 촉진자로 하여금 생산적인 결론으로 대화를 고취시키도록 한다.

만약 포커스 그룹이 일차적 자료 근원이 된다면, 그들의 본질이나 구성을 주의 깊게 반영하는 것이 특히 중요하며 이러한 것을 충분히 설명하는 것은 신뢰성 있는 근거의 주요 요소가 될 것이다. 특히, 다양한 방법으로 개인구성원의 사고가 형성되는 사회적 그룹의 역동에서 사려 깊은 태도가 중요하며, 당신의 분석에 근거하여 도출되는 결과는 그 반응에 충실하다는 것을 확립하는 것이 중요하다.

참여관찰

주관적 경험과 언어적 단서에 밀접한 관련성을 갖는 면담과, 주관성을 표현하며 사회적 구조를 밝히려는 포커스 그룹과 달리, 관찰은 행동과 맥락을 반영하는 근거를 제공한다(Bogdevic, 1999; Patton, 2002). 이와 같이 관찰은 잘 이해해야 하는 차원들이 너무 많아 해석적 기술 자료로서 신뢰할 수 있는 자원이 되어야 한다(Alder & Alder, 1994; Mays & Pope, 1995; Mulhall, 2003).

강점과 약점 이해 관찰은 강력한 언어적 효과와 사회적 영향 이외에도 많은 장점을 제공한다. 어느 누구도 다른 사람이 우리를 보는 것 처럼 우리 자신을 정확하게 볼 수 없듯이 솔직한 주관적 표현은 의미 있는 세계에서 당연히 받아들여지는 요소를 불분명하게 이해하게 한다. 따라서 개인이 그들의 실재를 형성하는 자아의식으로 되돌아가 보면, 연구자는 사람들이 무엇을 생각하고 무엇을 말하는가 보다는 그들이 무엇을 하고 있는 것 같이 보이는 가에 대한 일련의 다른 질문을 제기할 수 있게 한다. 주관적이며 사회적인 경험이 실재하는 세계에 대한 상황적 이해를 얻기 위한 한 전략으로서, 관찰 그 자체는 당신의 연구 또는 자료수집 전략을 접목하는 것이 될 수 있다.

관찰의 주요 약점은 그 상황의 측면이 당연하게 받아들여진 만큼 그 상황에서 그 행위자인가를 알 수 없다는 것이다. 따라서 당신이 관찰하거나 또는 관찰하지 않은 것이 무엇인지 왜 그런지를 분류하는 것은 도전이 될 수 있다. 만약 당신이 현재 지각할 수 있는 다른 형태의 자료를 얻을 수 없다면, 관찰은 단지 무엇이 행해지고 있고, 왜 그 방법으로 행해지지 않았는지 만을 나타낸다. 전통적인 민족지학자들의 관찰에 대한 이해는 그것이 적용되는 분석수준에 대해 어떤 명확함을 줄 수 있다는 것이다. 따라서 가장 포괄적인 관찰 연구는 소규모, 중간, 대규모 활동수준간의 상호관련성과 차이 간을 명확하게 인식하는 것이다.

TEXT BOX 7.3

의료지배적인 상황

Kenny와 Duckett은 중요한 정책 개정의 시기에 호주 지방병원의 의료실무 상황을 좀 더 잘 이해하기 위해 해석적 기술을 사용하였다. 20개 지방병원의 의사와 병원 행정가를 주요 정보제공자로 면담을 하였고, 그들은 관료적 구조, 의료결함, 의료 기업 및 대체 서비스 설비를 형성하는 의료관계의 방법을 보여 줄 수 있었다. 그것을 시행하면서, 그들은 그들이 의존하는 의사와 지방 병원 간에 존재하는 도전적인 관계와 적절한 서비스를 유지하고자 하는 지방병원의 지속적인 노력을 묘사하였다. 이러한 결과는 특별한 상황에서의 사회적 상호작용이 어떻게 의료지배를 영속시키는데 기여할 수 있고, 관리 전달 체계의 새로운 모델로서 통제될 수 있는가에 대한 우리의 이해를 확장시킨다.

Kenny, A., & Duckett, S. (2004). A question of place: Medical power in rural Australia. *Social Science & Medicine, 58,* 1059-1073.

질 증진 관찰시 잘 알려진 문제는 그것의 반응이다. 당신은 관찰을 함으로써 전에는 접근할 수 없었던 그 내부에 있는 사람들에게 관심을 가질 수 있다. 더 나아가 연구자는 그들이 원래 상황 내에서 일차 행위가 아니며, 연구 시행시 그들 자신의 주관적 경험이 일차 행위자의 그것과 같지 않다는 것을 때때로 잊어버린다. 따라서 관찰자가 그들의 연구에 처음부터 끝까지 참여해야 하는 경우 역할과 위치의 불분명한 다양한 형태가 나타난다. 당신은 연구의 경계와 범위에 대한 명확한 이해가 필요하고, 당신이 그 상황에 가지고 있는 영향에 대해 끊임없는 피드백 과정이 필요할 것이다. 당신은 몰입과 거리두기의 기간이 그 상황에 대한 균형을 유지하고 분석을 하는데 필요하다는 것을 발견할 것이다. 신중한 기록과 기술이 필수적이며, 관찰 연구는 당신의 관심 영역에서 만들어 내는 논리 전개를 추적하기 위해 반성적 현장 노트에 과도하게 의존하는 경향이 있다.

이런 매우 간단한 논평이 명백한 것과 같이, 모든 자료 자원 및 자료 수집 방법은 장점과 단점이 있으며, 연구자는 그 연구의 논리가 처음부터 마지막 결론까지 완전히 남아 있다는 것을 확립하기 위해 이러한 것들을 잘 알아야 한다. 이것을 인식하면서, 많은 연구자들은 해석적 기술 연구에서 실행 가능한 선택으로 다양한 자료수집 방법인 삼각측량법(triangulation)을 고려한다. 참여 관찰과 덧붙여, 당신이 초점을 두고 있는 것은 단지 주관적인 것이라기보다는 그 문제에 대해 다양한 관점이 있다는 것을 기억하는 것이 도움이 된다. 의미와 맥락(상황)의 요소들을 위해 약간의 주요정보제공자와 면담하는 것은 당신이 관찰에서 본 것을 잘못 해석할 수 있는 가능성을 감소시키는데 도움이 될 수 있다. 당신이 포커스그룹과 함께 공통점과 차이점에 대한 그들의 해석을 자극하기 위해 일련의 개별 면담을 하는 것은 당신이 연구하고 있는 현상을 더 잘 파악하도록 하게 한다. 어떤 경우에, 당신은 일차자료 자원을 고려할 수 있고 다른 사람은 좀 더 부차적인 것을 고려할 수 있다. 다른 경우에 당신은 다른 자료수집 전략으로 아주 다른 각도에 초점을 두고 처음부터 연구를 설계할 수도 있다.

자료수집 방법과 상관없이, 해석적 기술에 대한 이해는, 당신이 접근하는 심층적인 자료수집 자원에서 도출되는 원칙을 어떻게 적용하고 연구해야 하는 가에 대한 지침을 제공할 것이다. 당신의 지침은 당신이 추구하는 것이 무엇이고 그것을 어떻게 발견하는가에 대한 결정과 관련된 복잡성과 무엇이 의미 있는 자료가 되는가에 초점을 맞추도록 당신을 도울 것이다. 자료 현장 내에서 당신의 위치는 기술(가능한 깊이 있고 풍부하게)의 하나이며 해석(이런 자료가 무엇을 의미하는가에 대한 계속적인 반영의 의미에서)이다. 그런 방법론적인 지침은 당신이 예측 또는 계획하지 못하도록 할 것이고, 비약하여 조기에 결론을 내리거나 이론을 도출하는 "설명(explaining)"을 하지 못하게 할 것이다. 그 보다는 당신의 원래의 연구 질문의 한도 내에서 임상영역의 필요성에 대한 당신의 이해는 당신이 구성한 자료의 통합성을 확립하는 결정을 하도록 하고 그것에 근거하여 만든 결론에 대한 신뢰성을 갖도록 할 것이다.

자료 수집 처리

자료수집 방법에 관계없이, 당신이 어떻게 자료를 처리할 것인지에 대한 명확한 계획이 필요할 것이다(Easton, McComish, & Greenberg, 2000). 자료처리는 당신이 현장에서 가져올 것을 추적하고, 조직화하고 분류하는 것이며, 자료 수집과 분석과정 내내 사용할 수 있는 자료의 형태를 만드는 것을 확립하는 것이다.

자료 보호

비록 자료 관리의 원칙이 비디오테이프, 사진, 또는 기록물과 같은 부수적 자원과 비슷하게 적용된다 할지라도 현장노트와 녹음한 자료의 필사는 해석적 기술의 주요한 것이다. 우선 당신은 신원확인과 비밀보장과 같은 문제에 관하여 당신의 윤리위원회 요구에 신중하게 주의를 기울여야 한다. 정보를 확인하는 것은 이름과 접촉한 정보를 포함하지만, 어떤 연구에서는 희귀한 질병을 가지고 있는 사람과 같은 특이한 상황을 확인할 수 있는 다른 자료를 포함하기도 한다. 더 나아가 자료는 다른 확인 가능한 자료(그 시술을 한 의사의 이름, 간호를 제공한 기관의 이름)를 포함한다는 점에서 장황할 수 있으며, 현장노트와 필사의 자료를 초기에 지우고 "의사"나 "진료소"와 같은 일반적인 확인 표시로 그것을 대체하는 것이 유용하다. 이런 표시를 가지고 있는 원래의 노트와 테이프는 안전한 장소에 잘 보관되어야 하며, 당신이 계속적인 근거와 분석을 위해 사용할 기밀자료가 삭제된 복사본과는 분리해야 한다.

이런 기본적인 보호 이외에, 비밀을 유지하기 위한(서명된 동의서 같은) 원래 자료에 접근할 수 있는 사무원을 확보하며 연구팀 구성원이나 연구 감독자 간에 공유된 자료에서 잘못 사용되거나 잘못된 자료는 노출하지 않는다. 패스워드나 다른 방법으로 파일에 접근하는 것을 차단하도록 고려해 볼 수 있으며, 복사본이 인터넷에서 유출되지 않도록 한다.

분류와 조직화

질적 자료는 숫자적으로 늘어나는 경향이 있으며, 많은 연구자들은 매우 빠르게 정보의 양이 늘어나 압도되고 만다. 따라서 어떻게 자료를 처리하고 조직화 하는지, 어떻게 당신의 필사를 추적할 것인지, 정리와 코딩을 할 것인지, 어떻게 비밀과 재연을 확보할 것인지를 계획하는 것이 중요한다. 어떤 연구자는 분석하고, 요약하고 매우 빨리 합성하고자 하는 경향을 느끼며, 지속적인 분석을 유지하기 위한 전체 맥락을 확보하기 위한 조언 장치가 필요할 수도 있다. 만약 당신이 관련된 것으로 생각되는 주요 요소를 너무 빨리 추출한다면, 당신이 처음 시작한 곳을 벗어날 수 없을 것이다. 다른 연구자들은 반대의 것을 발견할 것이다. 전체의 통합성을 유지하면서, 분류와 조직화를 할 수 없는 것을 발견할 것이다. 이런 환경에서 당신이 보기에 어떤 종류의 사람을 찾아내고, 이런 측면에서 잠재적 제한점을 극복하기 위한 명확한 계획을 세우는 것이 최선이라 보인다.

자료 처리과정에 대해서는 이용 가능한 질적 연구 소프트웨어가 있다. 그런 프로그램은 자료를 조직하고 분류하는 형태로, 그리고 바람직하게 당신의 분석적 통찰이 뚜렷하게 되는 것에 따라 재 조직화하고 재분류할 수 있는 다양한 과정을 만들어 낸다. 그러나 제조사들의 열정적인 주장에도 불구하고, 그런 시스템은 귀납적 분석을 할 수 없다는 것을 기억해야 한다. 그들에게 유용한 것은 당신의 귀납적 분석적 과정을 촉진할 수 있는 분류화 되고 양식화된 자료에 접근하게 할 수 있으며, 관습적인 수작업의 분류와 조직화와 관련된 “불만스런 작업(grunt work)”을 제거할 분류와 구조로 자료를 모으는 것이다. 자료의 양이 광범위해지고, 코딩을 하는데 많은 주의가 요구되기 때문에 많은 신입연구자들은 세부적인 것에서 수렁에 빠져들기 쉽고, 그래서 그들은 실제적으로 분석하기가 어려울 수 있다. 어떤 자료 처리 시스템을 가지고 작업하는 데 있어서 주요한 원칙은 그것을 위한 대체가 아니라, 분석과정을 지지하는 것이라는 것이다. 만약 자료에 대해 생각할 수 없고 되돌아갈 수 없는 구조이며 너무 복잡하여 시간이 많이 소모된다면, 당신의 과정에 손해가 될 수도 있다. 당신이 자신의 특별한 분석적, 개념적 스타일과 소프트웨어 프로그램과의 상호작용에 친숙해 질 때까지 조심할 필요가 있다.

소프트웨어의 의존이 빠르게 규범화되어 간다 할지라도, 특히 만약 당신이 소규모 연구를 시행하는 새로운 연구자라면 기본적인 워드_프로세스 프로그램에 내재해 있는 가능성을 고려해야 한다. 다른 사람들이 그들의 사고에 있어서 좀 더 직선적이고 부수적인 특성이 있는 것과 같이, 연구자는 매력적인 어떤 것이 전개되고 있을 때 어떤 분석적 선호도를 가지는지를 발견할 것이다. 당신이 자신의 스타일을 알 때까지, 그것과 소프트웨어 프로세스 시스템의 능력을 효과적으로 부합시킬 수 있으며, 지필시험, 화면 강조, 서류정리 기술, 괘도 그래픽 등은 당신의 귀납적 사유능력이 각 소프트웨어 프로그램에 의해 압도당하지 않고 자료구성과 분석을 통제하도록 하는데 도움이 될 수 있다.

추적구조

비록 우리가 다음 장의 자료 분석에서 좀 더 깊이 있게 참여할 기회가 있지만, 해석 기술 방법은 현재 어느 정도 자료가 구성되어 그것에 참여하고 있고, 분석은 당신의 지속적인 자료구성에 유용한 것이라는 것을 의미한다. 이 때문에 당신의 자료를 처리하는데 있어서 중요한 요소는 자료를 수집하고 생각하는 것에 대해 주의 깊게 기록하는 것이고 시간이 지나면서 당신의 관점 내에서 각각 전개되어 가는 것을 추적하는 방법을 찾는 것이다. 어떤 연구자는 당신 연구결과의 신뢰성에 필요한 연구결과 보고의 한 형태로서 "감사추적(audit trail)"을 말한다. 이것은 그들이 하는 방법 안에 자료가 존재하고 그것의 결과적인 형태를 취하는 분석적 과정에 의해 논리를 다시 재현할 수 있게 하기 위해 당신이 만든 방법을 따라 결정과정에 대해 충분히 정보를 주어 독자에게 제공한다는 것을 뜻한다.

자료 분석의 어려운 작업은 당신이 모은 자료들 간의 가능한 관계를 보고 이러한 관계들이 좀 더 넓은 자료모음으로 전개되어 가는지(또는 아닌지) 방법을 고려하는 것과 관련된 지적 작업에 따른다. 이것은 수동적인 활동이 아니며, 패턴 또는 주제가 존재하고 관련이 있다는 것을 결론내리기 위해 좀 더 많은 예로서 변이와 대조를 요구한다. 그러나 우리가 이런 종류의 귀납적 사유 과정에 활발하게 참여할 때, 우리는 그것에 대해 과도하게 훈련시키지는 못한다. 우리의 대부분은 너무 빨리 가정(assumption)으로 도약하고 그것에 빠져 들게 되거나 또는 그 반대가 되며, 우리가 완전한 자료모음을 갖고 있지 않을 때 어떤 연계를 만드는 것에 대한 약간의 불안을 가지고 있다. 전자는 그들의 결정 순간에 천천히 반영하고 기록하는 것을 배울 필요가 있다. 후자는 그들의 개념화를 위한 안전한 공간을 만들기 위해 그들의 반영적 기록을 사용할 필요가 있다. 각각의 경우에, 주의 깊게 일지나 노트를 하는 것은 후에 "내가 이해한 것은 어떤 것인가"에 대해 당신 스스로에게 물어볼 수 있도록 하기 위해 그리고 합리적이고 방어적인 답변을 만들기 위해 필수적인 것이 될 것이다. 당신이 전개해 나가는 것에 대한 통찰력에 대한 자아인식은 결과를 쓸 때 그리고 결론을 기술할 때 당신이 한 미묘한 언어선택을 반영하게 될 것이다. 따라서 당신의 사유를 위한 감사추적은 연구의 필수요소가 된다.

자료를 가지고 참여함으로써, 당신은 발견과 창조과정으로 들어가며 그것의 결과는 거의 결론에 도달할 때까지는 어느 정도 임시적으로 남아있게 된다. 당신은 흥미를 가지고 있는 현상에 대한 어떤 종류의 정보에 따라 접근함으로써 알아내려고 한다. 그리고 탐구하고, 물어보고, 찾고, 일시적으로 해석하고자 하는 일련의 단계와 활동을 만든다. 당신이 관심 있는 것에 대한 현상과 관련된 자료를 가지고 참여하는 것이 잘 계획되고 실행될 때 강력하고 충분히 만족할 만한 경험이 될 수 있다. 많은 사람들에게 임상 실무 세계를 쉽게 허락하지 않는다는 것은 즐거운 것이 된다. 그리고 만약 당신이 너무 빨리 그것을 진행시키지 않고 그 결과에 당신의 눈을 고정시킨다면 이런 참여로, 당신은 임상적으로 의미 있는 새로운 지식을 위한 기초를 만드는 것이다.

제 8 장

자료 이해하기

자료 분석 작업

당신이 수행하고 있는 연구의 자료에서 새로운 해석을 만들어낸다는 것은 분명히 가장 고통스러울 정도로 어려운 일이지만, 신뢰할 수 있는 해석적인 기술 연구를 구성하는 가장 핵심적인 부분이기도 하다. 근본적으로 결함이 있는 논리나 전반적으로 피상적인 분석이 되게 하는 것이 무엇인지를 열거하는 것은 상대적으로 쉽다. 하지만, 훌륭하고 설득력 있는 분석과 그렇지 못한 분석의 차이가 무엇인가를 정확히 짚어내는 것은 그보다 훨씬 더 어렵다. 탁월한 분석과 평범한 분석의 차이는 어느 정도는 결국 독자의 주관적 반응으로 알 수 있겠지만, 전문 연구자란 단순히 연구결과의 신뢰성을 독자의 기분에 의해 판단되도록 미루는 것이 아니라, 처음부터 분명히 독자를 사로잡을 수 있도록 자료를 의미 있게 만드는 방법을 아는 사람일 것이다. 지금까지 필자는 인간의 심리가, 특히 훌륭한 자료에 의해 자극받았을 때, 놀라운 연결과 연합을 형성한다고 말하였다. 연구자는 창의적인 지적 작업이 만들어낸 "아하"라는 다양한 즐거운 경험을 구분해내는 방법을 알고 있어서, 연구자는 새로운 해석에 대한 전략적 통합을 반영하는 연구물을 만들어낼 수 있다. 다른 말로 하면, 독자는 당신이 그런 아이디어에 어떻게 접근하게 되었는지에 대해서는 관심이 적고, 오히려 당신이 말하고자 하는 것이 무엇인지에 더 관심이 있다. 연구자가 자신이 말하고자 하는 내용을 의미 있고 관련성 있게 표현했을 때,

그 내용은 중요한 통찰력으로 받아들여질 것이다.

질적 연구 접근에서 우리의 뇌가 본능적으로 자료를 대하는 것과 자료가 어떻게 분석되고 보고되어야 하는지를 구분하는 것은 자료 분석을 제대로 하는데 있어서 중요한 부분이다. 여기서 우리는 질적 연구 문헌에서 활용할 수 있는 일종의 요리책 같은 자료 분석 접근을 언급할 것이고, 어떻게 그런 서술들이 우리의 생각을 알려주거나 그것을 다른 사람에게 서술하는 데 유용할 수 있는지를 검토하고, 그리고 인간이 할 수 있는 분석 능력을 개발하는 데 사용될 수 있는 생각의 복잡함에 대하여 어느 정도 고려할 수 있는 단계적인 지침을 넘어서고자 한다. 해석적인 기술은 부분으로 나누었다가 다시 합치는 분석적 형태를 필요로 한다. 우리가 알고 있다고 생각하고 있는 것을 명백하고 엄격하게 검증하고, 우리가 잠재적인 의미와 결국 결과물에서 제시하고자 하는 비전의 영향을 어느 정도 받고 있음을 알고 있다는 것을 배울 필요가 있다.

본 장에서는 자료를 분석하면서 활용하게 될 다양한 실제적인 방법들과 핵심적인 지적 과정들을 고려하면서 자료 분석에 관하여 좀 더 자세히 알아보고자 한다. 자료를 신뢰할만한 의미 있는 결과물로 만들기 위하여 공식적인 절차를 넘어서 당신의 타고난 분석 능력과 개념화 능력을 온전히 연습하도록 할 것이다. 일시적으로 과정을 부분, 부분으로 나눠서, 당신의 독특한 연구 분야의 목적, 주제, 분석 성향에 부합하는 접근을 선택할 수 있도록 하나의 구조를 만들고자 한다. 우리는 당신의 분석을 실패하게 하고, 연구의 질을 손상시키는 전형적인 문제점을 찾고, 의미 있고, 엄격하고, 만족스러운 일련의 결과물인 성공적인 해석적 기술 결과물을 얻을 수 있는 지적 과정으로 안내할 것이다.

각각의 자료에서 패턴으로

자료를 수집하기 시작하면서, 우리는 주의하도록 요구하는 수많은 정보들에 직면하게 된다. 가능한 한 열린 마음으로 우리는 이미 의미 있는 정보를 매우 선택적으로 조직화하고 분류되어 있는 하드웨어임을 기억하는 것이 중요하다. 우리가 면담하고 있는 사람이 "분노"라고 말했을 때, 우리는 즉각적으로 감정의 한 개념적 범주와 연결 짓고 부정적인 것이라고 판단한다. 종종 우리는 더 나아가 "정당하다"거나 "건설적이다"라거나 그렇지 않다는 등의 그것과 관련된 가치 판단을 하기도 한다. 우리의 안테나는 거의 본능적으로 다른 사람의 감정적 신호를 감지하도록 되어 있다. 대부분의 경우에서, 우리의 계속적인 면담 방식은 우리의 안테나가 감지하리라고 예상하는 것과 우리의 잠재의식에서 형성된 드러난 패턴에 의해서 만들어진다.

우리 각자가 이처럼 빠른 속도로 정보를 처리하고 분류하는 것의 토대는 우리의 특정한 편향과 호기심뿐만 아니라 학문적 성향을 포함한 우리의 인격과 경험의 조합이다. 우리는 전자를 이해하기 위한 다양한 방법을 가지고 있는 반면에, 후자는 우리의 의식적 통제를 거부하는 신비적인 "요술쟁이"의 형태를 취한다. 따라서 질적 자료 분석가로서의 경험과 전문성을 개발하는 과정은 기법을 배우고, 진정한 통찰력을 개발하고, 그러한 요술쟁이를 우리 안에 안전하게 가둔 채 즐기는 것이라고 할 수 있다. 자료 안에서 우리가 보고 있는 것과 결과적으로 의미 있게 해석해야 하는 부분을 어느 정도 감독하기 위해서는 우리가 누구인지에 관한 많은 양의 지식이 필요하다.

자료 분석의 첫 단계는 우리의 주의를 끌면서 자신의 삶을 드러내고 있는 것처럼 보이는 초기의 자료 각각에 반응하기 위해 많은 시간이 필요하다. 면담동안 오고가는 수많은 구절 중에서 몇 개의 단어나 구절은 우리의 마음에 와 닿아 주의를 끌고, 생각하게 만든다. 왜 이런 일이 일어났는가를 생각해보는 것은 유용하다. 첫째, 관찰을 하거나 면담을 할 때, 우리의 마음은 당연히 우리가 발견하고자 하는 기대로 가득 채워져 있다. 가장 기억에 남는 것은 우리의 기대에 딱 부합하는 전형적인 사례이거나 아니면 완전히 반대되는 사례일 것이다. 마음은 기대하지 않았던 것에 매우 민감하게 반응하고, 반대되는 사례는 강력한 호기심과 기쁨을 불러일으키며, 좀 더 깊이 있게, 그리고 상세하게 탐구하고 싶어질 것이며, 그리고 그것이 왜 일어났는지 이론화할 것이다. 그때 우리는 전형적인 사례나 반대 사례 두 가지에 맞는 패턴에 민감해진다. 왜냐하면, 우리는 그런 것들을 찾고 싶어 했고, 그래서 우리의 민감성은 그것들을 알아채기 위해서 자극을 받았기 때문이다. 역으로, 우리가 반대되는 사례들을 무시하거나 모른 채 하는 것도 또한 가능하다. 왜냐하면, 우리는 그것들을 듣고 싶지 않고, 보고 싶지 않기 때문이다. 우리는 이미 우리의 주의에 초점을 맞추고, 온전히 열린 마음을 가지고 어떤 분야를 조사하고자 할 때, 우리가 찾고자 하는 자극이 아닌 것에 대해서는 선택적으로 무시하고 싶어 하기 때문이다. 자료 분석 과정의 초기 단계에서는 정확한 기록을 하고, 그 기록에 파묻혀서 시간을 보내고, 그 기록이 무엇인지, 그리고 담고 있는 내용이 무엇인지에 대해서 즉각적인 생각을 넘어서 전체적으로 파악하는 능력을 개발해야 한다.

지금은 전문적으로 필사해주는 사람을 고용하는 것이 보편적이지만, 우리의 주의를 천천히 뉘앙스나 단어, 문구, 쉼표에 기울이면서, 그 언어나 말하고자 하는 내용이 무엇인지를 좀 더 깊게 들을 수 있는 기회를 포기함으로써 무언가를 잃어버린다고 필자는 생각한다. 그래서 작은 규모의 연구를 시작하는 초보 연구자들에게, 필자는 필사 과정에 직접 참여하라고 권유한다. 필사 과정은 연구자적인 독해와 생각을 보여주는 부분에 주의를 기울이는 것을 강화해주는 수단이 될 수 있다. 단순히 줄거리에 집중하는 것보다 단어와 음성과 침묵한 부분에 초점을 맞출 때 당신이 듣게 될 내용은 놀라운 것일 수 있다.

코딩의 전통 자료 수집의 초기 과정에서부터, 많은 전문가들이 자료를 패턴으로 분류하고, 관련성에 대해서 이들 패턴을 검증하고, 그리고 그러한 관련성들을 개념화하여 결과물을 만들기 위해서 자료 하나하나를 코딩하는 것과 관련된 과정에 관한 분석 지침을 강조한다(Crabtree & Miller, 1999b; Priest, Roberts, & Woods, 2002). 면담 필사자료나 현장 노트의 자료에 '코드'를 붙이려는 생각은 우리가 어떤 요소가 수반되어 있는지, 유사한 것은 무엇인지, 서로 구별되어야 하는 것은 무엇인지를 알고 있다는 가정에서 기인한다. 본질적으로, 코딩은 예를 들어, 세탁물을 검은 옷, 밝은 옷, 다양한 색깔 옷으로 분류

해 놓은 첫 바구니와 같다. 하지만, 두 가지 구별되는 세탁물을 하나의 친밀한 관계로 묶는 것을 경험해 본 사람이라면 단순히 색깔로 구분하는 것보다 주관적인 판단이 더 많이 요구된다는 사실을 알게 될 것이다. 세탁물에 대한 다양한 사람들의 의견은 천연 소재와 합성 소재를 구분하고, 물이 빠지는 않는 옷과 개별적으로 주의해야 하는 옷을 구분하고, 물빨래해도 되는 옷과 처음부터 세탁물 바구니에 넣지 말았어야 할 옷을 구분해야 한다는 것이다. 세탁의 경우에서, 가족 중 누군가 해놓은 초기 분류를 세탁 경험이 많은 다른 식구가 바구니를 보고서 뒤바꿔놓을 수 있다. 하지만, 이미 세탁이 시작되었다면, 당신의 의견을 내는데 한계가 있을 것이다. 자료 분석에서도, 초기 분류가 완전히 잘못되었다면, 자료가 너무나 방대해서 피해를 없애는 것이 불가능하고, 다시 처음으로 돌아가서 시작하는 것도 매우 힘들 수 있다. 이것은 이전 장에서 자료 관리 소프트웨어에 대해 지나치게 열광하는 것을 경고한 내용 중 하나로 설명된 바 있다. 모든 훌륭한 전자 게임처럼, 이들 프로그램은 강력한 특징을 가지고 있어서, 당신은 그러한 특징이 분석 과정에서 당신의 이성, 지식, 귀납적 사고 활용을 방해하지 않는다는 것을 보장받기를 원할 것이다. 미숙한 코딩과 분류는 분석에 심각한 위협을 주며, 연구자가 그들의 책무를 다하지 못하게 한다.

정보를 다룰 수 있는 형태로 분류하고 조직하기 위해선 거의 불가피하게 일부 코딩이 필요할 수 있다. 다른 형태의 질적 연구와의 연계 속에서 만들어진 형식적인 코딩 장치를 일부 고려하는 것과 일부의 경우에서 그들로부터(직접적인 전문가가 아니라면) 영감을 얻는 것은 유익할 수 있다. 특히, 가장 진보된 형태의 코딩 방법은 근거이론의 방법론적 전통에서 유래한 것으로, 세 가지 형태의 코딩이 광범위하게 적용되고 있다(Glaser & Strauss, 1967; Strauss, 1987; Strauss & Corbin, 1998). 개방 코딩은 자료를 해체하는 것으로 자료를 "나누고" 그들이 드러내고 있는 유사점과 차이점에 따라 분류하는 것이다. 이 과정은 자료에서 기본적인 개념적 단위를 구분하고, 그들을 특징짓는 속성을 서술하고, 범주로 조직화하는 데 도움이 된다. 축 코딩은 범주화된 개념화된 자료를 가지고 시작하고, 개념화된 자료가 발생하는 조건이나 전형적으로 나타나는 상황과 같은 속성을 확인하면서 드러나는 개념화된 자료들간의 상호작용을 통해서 구조를 만든다. 코딩 과정에서는 개념간의 상호작용을 고려하면서, 현재 있는 자료와 계속적인 자료 수집을 하면서 제안된 관련성이 사실인지를 검증하기 위해서 공식적인 검증 절차가 필요하다. 마지막으로 축 코딩이 다른 모든 하위 범주와 관련되고 새로운 근거 이론을 만들어주는 개념적 틀을 만들어 주는 핵심 범주를 보여줄 때, 선택 코딩이 일어난다. 세 가지 코딩 형태를 생각할 때 뚜렷해지는 것은 그들은 분명하게 초기 분석과정과 현상 내에서 다양함을 설명해주는 일관성 있는 이론적 위치를 만드는 작업의 더 큰 사회적 목적을 연결해준다는 것이다(Strauss, 1995).

이러한 복잡한 일련의 지적 작업은 왜 잘된 근거 이론이 방대한 명제를 담고 있는지, 그리고 선택적으로 일부의 코딩 작업만을 적용한 것은 만족스럽지 않은 분석 접근을 보여주는지를 설명해준다(Stern, 1994).

좋은 코딩 방법은 각각의 자료들을 유사한 속성에 따라 묶어주고, 다른 속성들로 묶인 것들과 대비하여 생각하도록 한다. 해석적 기술에서, 목적은 단어나 표현을 미세한 수준으로 묘사하는데 있다기보다는, 훨씬 더 빈번하게 주제들이나 아이디어를 서술하는데 있다. 한 예로, 질환 경험에 관한 서술을 읽으면서 "우울하다"란 표현을 보게 되었을 때, 초기 코딩은 "좌절된다", "가라앉는다", "슬프다" 심지어 "기쁘지 않다"를 포함하는 것으로 충분히 광범위하게 할 필요가 있다. 광범위한 코드 내에서 당신은 이런 표현들이 질병 자체를 언급하고자 한 것인지, 질병에 따른 생활 사건을 언급한 것인지, 질병의 초기 상태를 말하는 것인지, 아니면 질병의 전체적 경과를 말하는 것인지, 또는 중심적 주제나 정말로 하고 싶은 이야기의 맥락적 배경이 되는 심오한 정서를 드러내는 것인지를 생각하게 된다. 그래서 이 예에서, 초기 코드는, 개념들간의 관계가 보여지는 것에 대해서, 진행되는 자료 구축 과정일 뿐만 아니라 주제별로 관련된 자료를 묶어주어 무언가를 얻을 수 있도록 하는 방법을 만드는 것이다.

TEXT BOX 8.1

암에 대해 말하기

Lundgren과 동료들은 자궁경부암 검사실에 방문한 여성과 국립 암 진단 검사의 하나로 이 여성들의 자궁경부암 검사를 수행하는 조산사를 대상으로 그들이 암을 이해하는데 있어서 난해한 패턴을 탐색하고자 해석적 기술로 알려진 복잡한 주제 분석 접근을 이용하였다. 연구결과, 조산사들은 암에 관한 지식이 부족하다고 느끼고 있었지만, 자신들의 역할은 환자에게 암에 대해서 교육하고 정보를 주는 것으로 알고 있었다. 자궁경부암 검사를 받으러 온 여성들은 면담에서 "암"이란 용어를 자발적으로 자주 사용한 반면에, 조산사들은 그 용어를 기피하는 경향을 보였고, "세포의 변화"라는 간접적인 표현을 더 선호하고 있음을 관찰할 수 있었다. 연구결과는 조산사들이 자신의 특정 역할에 대한 전문적인 지침이 부족하기 때문에 암과 관련된 문제에 대해서 개인적인 지식에 주로 의지하고 있었다. 저자들은 병리적인 것보다는 안녕에 초점을 두는 조산사의 특징이 일반 간호사보다 정기검진에서의 역할 적응을 더 어렵게 만든다고 결론지었다. 저자들은 국가의 검진 프로그램이 소기의 목적을 달성하기 위해 이러한 측면에 대한 모니터링이 필요하다고 제언하였다.

Lundgren, E.-L., Tishelman, C., Widmark, C., Forss, A., Sachs, L., Törnberg, S. (2000). Midwives' descriptions of their familiarity with cancer: A qualitative study of midwives working with polulation-based cervical cancer screening in urban Sweden. *Cancer Nursing, 23*(5), 392-400.

"의미 단위"가 들어있는 수많은 면담 이야기가 있는 당신의 연구에서 초기 단계를 생각하면서, 코딩 예를 좀 더 들어보자. 당신이 어떤 자료에 "우울하다"라고 코드를 붙이고, 상당히 광범위한 의미를 담는 것으로 그 코드를 예비적으로 정의하면서도, 다른 자료와는 구분되게 놓아두고, 중요한 근본적인 주제가 다른 자료나 서술어들에서 좀 더 의미 있게 나타나서 분명해질 때까지는 "우울하다"라는 주제를 그냥 그대로 놓아둔다. 당신이 "우울하다"라고 이름 붙인 바구니 안에 들어있는 모든 자료 하나 하나에 신중하게 다양한 이름과 가중치를 부여하느라고 굉장히 많은 시간과 에너지를 투자한다면, 자연스럽게 그 코드를 온전히 버리기 어렵게 되고, 당신의 마음은 당신과 타협해서 그것을 보유하고, 단순히 그 용어를 그냥 사용하게 될 것이다. 이러한 종류의 타협은 분석 수준이 꽤 깊어져서 점점 명백하고 조정되지 않은 코딩 민감성을 적용하는 것을 분명하게 볼 수 있을 때까지 가급적 넓은 의미를 사용하고, 일반적인 명칭으로 코딩하는 것은 권장되지 않는다(Thorne, Reimer Kirkham, & O'Flynn-Magee, 2004).

연역적인 연구 전통에서 적용되는 것처럼 정해진 형식으로 코딩하는 것과는 달리, 귀납적 연구에서의 코딩은 자료를 전체적으로 조망해보고, 자료를 어떻게 범주화하고 다루며 패턴을 만들지에 대해서 다양한 방법 하나하나를 다 적용하며 시도해 볼 수 있는 능동적 과정이다. 만약 코딩이 위와 같은 목적을 제공하지 않는다면, 그리고 특히 맘대로 고용인을 혹사하는 주인처럼 행세하게 된다면, 근본적으로 좋은 연구결과를 만들어 내는 과정에 역효과를 내는 것이다. 미숙한 코딩에 근거해서 만들어진 연구보고서는 새로운 것을 보여주지 못하거나 초기 관찰한 내용과 다른 게 없고, 의미를 정교하게 만들어내는 수단으로서의 구조를 사용할 수 있는 기회를 상실한다는 점에서 "열정 없는 결과물"과 같다. 따라서 코딩은 주의깊게 사용되어져야 하는 도구이며, 분석의 매 단계마다 비판적으로 평가받아야 하며, 눈에 보이는 혼돈상태 속에 숨겨져 있는 의미를 찾아내는 인간의 타고난 경이로운 능력을 그대로 보여줄 수 있어야 한다.

코딩에 대한 대안 현장 노트와 필사 내용에 대한 몰입은 명백하게 나타난 주제의 유사성을 보여주기 위해서 노트 가장자리에 메모를 적거나 색깔로 표시하는 것과 같은 행위에 의해서 향상될 수 있다. 그리고 이러한 방법들은 좀 더 형식적인 코딩 체계보다는 일반적으로 해석적 기술에 대한 향상된 분석적 사고와 더욱 일관성이 있다. "코딩"은 각각의 자료에 적용되거나 적용되지 않는 어떤 용어나 기호를 뜻한다. 일단 특정한 하나하나에 대한 모든 경우를 얻고 싶은 자신감이 있다면, 그것은 전략이 되며, 당신은 범주에 무엇이 들어맞고 들어맞지 않는지를 구분할 수 있을 것이다. 확실함을 갖기 전에, 오랜 시간이 흐르면, 다양한 이유로 당신은 어떤 자료에 강력하게 의미 있다고 표시를 하고 싶을 것이다. 그것은 마지막 개념화에서 중요하다고 생각하는 것의

모델 사례이거나 다른 것들과 전혀 다른 모순 사례일 수 있고, 어떤 것에 대해 특정하게 가슴 아프거나 대표적인 예를 보여주거나 간과하지 않았다는 것을 보여주고 싶어 하는 것으로 다른 경우에서 이전에 전혀 본 적이 없는 부분을 보여주는 것일지도 모른다. 많은 경우에, 약간이라도 관심을 끄는 자료가 있다면, 이러한 자료들이 상실되지 않았다는 것을 보여주기에 충분하다–당신은 다음에 자료를 볼 때 관심 있게 보기 위하여 자료 여백이나 파일의 전자 표시에 별표를 해둘지도 모르겠다. 또는 중요하게 보이는 방대한 자료를 오려 붙여서 각각의 파일을 만들어 다음에 좀 더 진전된 질문에 그들이 의미하는 것에 대해 스스로 질문해 볼 때 참고할 수 있을 것이다.

당신이 깨닫기 전에, 당신은 코드들을 고정된 구조로 구체화 할 수 있는 것으로, 코드들을 조직화된 구조들로 생각하기보다는 자료 분석 초기 단계에서 유사한 것과 다른 것으로 구성 요소들을 비교하고 함께 묶어서 생각할 수 있도록 해주는 다양한 그룹 표기법이나 용어 사용을 고려해봐야 할지 모른다. 때로는 "범주 A 자료"라고 의미를 담지 않고 표기하는 것이, 분석 과정을 좀 더 진행시켜 나갈 때까지, 어느 범주에 이름 붙이는 것을 연기할 수 있다는 점에서 도움이 된다. 유사하게, 형식적인 코딩과정에서 중요한 의미로 다가오지 않았던 것에 대해서 잠재적으로 유사한 주제들을 하나의 구조로 묶는 전략은 최종 분석에서 이 자료들이 무엇을 의미하고, 어떻게 넣을 것인가를 결정하기 전에, 다시 읽어보고, 생각해보고 가설을 세워볼 수 있도록 해주는 전체 자료의 한 부분자료가 될 수 있다. 워드프로세스 기능은 이런 목적에 도움이 된다. 미숙하게 의미를 만들지 않고서도 자료의 내용을 서술해주는 제목으로 전자 파일 상태에서 자료를 오리고 붙여서 저장해 놓을 수 있다. 이런 기능을 이용할 때, 파일명에 연구참여자 번호나 필사본의 페이지 번호를 기록해 두거나 좀 더 서술적 정보(폐질환을 가진 40대 기혼남)를 같이 기록해두면, 전체 자료를 다 열어보지 않고도 어떤 자료인지 생각할 수 있다.

질적 연구에서 우리로 하여금 미숙한 코딩을 하도록 만드는 요인은 자료가 실제로 의미하는 바가 무엇인지를 알기도 전에, 우리의 자료에서 접하게 되는 훌륭한 "인용할만한 인용문"을 놓쳐서는 안된다는 이해가능한 욕구이다. 종종 우리는 특별히 가슴 저미는 이야기를 듣게 되고, 그리고 그 이야기를 확인해보고 싶은 충동이 일어나는, 마지막 결과물에 포함시켜야 될, 중요한 통찰력의 씨앗을 담고 있다는 것을 알게 된다. 내가 권고하는 것은 자료 분석 과정에서 초기에 그러한 특별히 강력한 자료들에 표시를 하고 처리하라는 것이다. 아마도 "인용할만한 인용문" 파일을 만들면서 말이다. 이 전략은 우리에게 좋은 자료를 놓치지 않았다는 것을 재확인시켜 주고, 앞으로 계속 진행되는 분석적 구조에 지나칠 정도로 우리의 관심을 빼앗길 위험을 줄여준다. 인간 존재(그리고 질적 연구에 감각을 가진 존재)로서, 우리는 모두 생생한 개인적 진술을 너무 좋아한다. 그래서 생생한 개인적 진술이 어떻게 강력하게 우리의 메시지와 소통하는지를 안다. 그리고 과학적 신뢰성을 손상시키지 않고, 계속 발전시켜 나가려면, 얼마나 주의 깊게 생생한 개인적 진술들을 다루어야 하는지를 또한 안다. 생생한 개인적 진술들을 처음부터 잘 다루어야 한다. 생생한 개인적 진술들이 구조에 상관없이 마지막 보고서에 나타날 수 있도록 해야 한다. 그리고 생생한 개인적 진술들이 내는 각각의 목소리는 결코 전체의 분석적 가능성의 화합에서 불일치하지 않는다는 것을 발견하게 될 것이다.

패턴으로부터 관련성으로

각각의 자료들을 다양한 그룹으로 조직화하는 것을 넘어서, 분석 작업은 각각의 그룹들이 서로 간에 연결되어있는 것에 대한 의미를 만들어야 하고, 다양한 방식으로 이해하기 위해서는 반복적인 추론 과정으로부터 귀납적으로 일관성 있는 어떤 전체적인 것을 만들어야 한다(Miles & Huberman, 1994). 만약 패턴에서 막히거나 어떤 특정한 코딩 틀에 지나치게 많은 투자를 했다면, 우리는 초기 범주화한 구조를 나누어서 관계성을 고려하는 우리의 지적 능력을 충분히 활용하지 못할 것이다. 예를 들어, "대처 전략"과 같은 훌륭한 자료 더미를 가지고 있다면, 한 걸음 뒤로 물러서서 우리가 결과적으로 조직하고 싶어 하는 틀로 묶는 것을 포기하는 것이 어렵고, 또한 그렇게 묶는 것이 현상 내에서 우리가 묘사하고 싶어하는 전반적인 경험의 전체성을 잘못 보여주는 것일 수도 있다고 생각하는 것도 어렵다는 것을 알게 될 것이다. 우리가 대처 전략으로 개념화하자마자, 우리는 여기에는 대처전략에 대해 공유하고 있는 어떤 것이 있고, 그것에 대한 반응에 응할 의사가 있으며, 그리고 여기에는 "대처가 아닌 것"을 보여주는 것은 없다는 것을 나타내는 것이다. 따라서 우리가 대처 전략을 생각하는 것은 우리가 영향을 미칠 수 있을 것 같은 복잡한 삶의 경험으로부터 추출해내기 위한 우리 분야의 간단한 전달수단일 수 있음을 인식할 기회를 놓치는 것일 수 있다. 그렇게 함으로써, 사람들은 특정한 방식으로 우리의 도움을 필요로 한다는 초기 우리 분야의 가정들을 결과물로 다시 만들어낼 수도 있다.

자료를 알기 자료 안에서 그룹으로 묶은 것과 패턴을 연결 짓는 것에 대해 자명하고 피상적인 수준을 넘어서려면, 당신은 개별 사례에서 전체적인 자료로, 그리고 어떤 사례들 내에서 유사성으로 묶은 것에서 다른 사례들내에서 차이를 다양하게 보여주는 것으로 관심을 이동시키는 다양한 작업을 의식적으로 시도해야 한다. 그렇게 함으로써, 당신은 점차적으로 자료에서 사례들간에 어떤 관계성이 존재하는지에 대한 명료한 이해 수준을 달성하기 시작할 것이다. 몇몇 경우에, 처음에는 관련성 없이 이질적으로 보였던 자료들이 점차 맥락적인 의미를 적용해볼 때 서로 연결되어 있을 것이다. 다른 경우에는, 좀 더 나은 이해를 위해서 처음에 분류했던 것을 다시 해체할 수도 있다. 내가 암을 가진 가족들을 면담할 때, 처음 시작은 정원을 산책하자고 하고, 먼 친척이 만들어준 고가구를 보자고 하고, 기념일 사진을 담은 앨범을 들춰보면서 시작하였다. 내가 분석을 진행하면서 가족의 입장에서는 이것들이 매우 중요한 진술을 차지하고 있음을 이해하게 되었을 때("우리가 한 가족이란 게 어떤 의미라는 것을 이해할 때까지는 암이 우리 가족에게 어떤 짓을 했는지 이해할 수 없을 거예요."란 문장에서처럼), 그때 필자는 이것이 면담에서 어떤 역할

을 하는지 더 잘 이해하게 되고, 이들 가족과의 계속되는 면담에서 그것들의 관련성을 생각하게 된다. 수백 장의 사진을 봐야한다는 것에 대해서 짜증나기 보다는(그리고 진짜 자료 수집을 하고 싶다고 생각하기 보다는), 암 경험의 전반적인 측면은 가족이 삶에 대해 스스로 규정한 이해에 의해서 알 수 있다는 통찰력을 가지고, 면담과 동시 분석 과정을 더욱 깊이 있게 할 수 있었다.

자료들을 전반적으로 분류하고 패턴으로 조직화하면서, 패턴 인식에서 관련성을 이해하는 것으로 확장해나가는 과정은 분석과정에서 능동적이고 사려 깊은 몰두를 요구한다. 일단 당신이 각 분석 단계에서 달성하고자 노력했던 것이 무엇이었는지를 이해하고 나면, 문헌에서 권장했던 다양한 전략과 서술들의 중요성을 좀 더 잘 평가하게 될 것이다. 관심 가는 자료를 보여주는 작업을 하는 것은 당신만의 정신적 성향과 자료 배열을 위한 당신의 시/공간적 선호도에 스스로 익숙해질 때까지 이루어지는 점진적인 과정이 될 것이다. 당신의 박사 학위논문 지도교수가 사용하는 서술이 당신에게는 전혀 효과가 없을 수도 있고, 질적 자료 분석 문헌에서 제시한 형식적인 지침을 엄격히 준수하는 것은 창조적이고 영감적이라기 보다는 공허하게 느껴질 수 있고 형식적이 될 수 있다. 당신이 목표로 하는 것은 자료를 상세하게 알려주는, 다양한 사례에서 다양한 측면에 대한 유사성과 차이점을 생각하게 하는, 자료에서 패턴과 주제라고 타당하게 고려하게 되는 다양한 측면을 보여주는 개별 사례와 관련해서 논리적인 물음을 따라가게 하는 일련의 서술적인 그리고/또는 지적 작업일 것이다.

기법 빌리기 다양한 질적 접근에 관한 참고 문헌들은 패턴 및 관계가 관찰될 수 있도록 자료를 활용하게끔 약간의 가치 있는 단계적인 선택의 여지를 제공한다. 근거 이론은 자료 중에서 모든 가능한 관계들을 이론화하기 위해서 개별 자료(면담, 진술, 논문)를 비슷하거나 다른 모든 나머지 것들과 비교하는 접근법이라 할 수 있는 "지속적인 비교 분석방법"에 기여해 왔다(Glaser & Strauss, 1967). 이러한 분석적 접근법들은 그 목적이 인간 경험 중에 공통 사

TEXT BOX 8.2

호르몬 대체 치료의 도전 과제

Reece는 많은 여성들이 건강상의 유익에 대한 확실한 증거들을 알고 있으면서도 처방받은 호르몬 대체 치료를 중단하는 이유를 보다 잘 이해하기 위해 해석적인 기술 방법을 사용했다. 이런 점에서 다양한 선택을 한 여성들의 면담 자료를 분석하면서, Reece는 호르몬 대체치료에 관한 여성들의 경험들이 흔히 신체적이며 감정적인 호르몬 효과의 영향과 그러한 효과에 대한 우려, 그리고 여성들이 전문 의료진에게 걱정을 표현할 때 귀 기울여지지 않는 것까지를 포함한다는 것을 배웠다. 호르몬 치료를 중단하는 사람들은 그들의 결정에 대해 지속적인 번거롭고 귀찮은 상황과 비교해 상대적 가치와 관련된 증거에 관한 정보에 근거한 날카로운 분석과 연관된 폭넓은 범위의 신체적이고 심리적인 경험의 탓으로 돌린다. 대부분의 면에서, Reece가 발견한 것은 호르몬을 사용하는 여성이나 중단한 여성들의 인식이 상당히 비슷하다는 것이며, 그것은 균형을 흔들려는 부작용의 불쾌감이라는 것이다. 이러한 발견에 근거하여, Reece는 의료 시스템의 둔감함이 치료의 불만족과 중단을 야기할 수 있는 다양한 방법들을 확인할 수 있었다.

Reece, S. M. (2002). Weighing the cons and pros: Women's reasons for discontinuing hormone replacement therapy. *Health Care for Women International, 23,* 19-32.

항과 패턴을 밝히려는 연구에 가장 적합하다(Thorne, 2000a). 이러한 근거 이론의 전통 안에서, 지속적인 비교 분석을 수행하기 위한 상당히 규범적인 기법의 사례들이 존재한다(예, Strauss & Corbin, 1998). 이와 같은 방법들이 관리할 수 있는 일련의 작업들에 대해 착각을 만든다는 점에서 초보 연구자들에게 위안이 된다고 증명할 수도 있는 반면, 그것에 대해 판단력 없는 의존은 최고 수준의 분석과 일치되지 않는 경향이 있다.

현상학은 다소 다른 분석 전략을 제공하는데, 그것의 목적이 현상의 근원적인 구조 및 본질을 발견하는 것이기 때문이다(Colaizzi, 1978; Giorgi, 1985; Ray, 1994; Van Kaam, 1969). 이 접근법은 전형적으로 연구자들로 하여금 전적으로 새로운 개념화가 특정한 경우들에 대한 깊은 연구들로부터 귀납적으로 도출될 수 있도록 선입관을 제쳐두라고 요구한다. 비록 그것이 해석이 받아들일 수 있는 요소의 범위 안에서 변화할지라도, 모든 현상학적인 접근법들은 인간 경험의 깊고 본질적인 구조를 설명하는 풍부한 묘사를 위해 노력한다.

민족지 방법은 그 안에서 새로운 자료가 분석되고 해석되는 체계화된 일련의 패턴을 제공하는 경향이 있다. 이러한 패턴들은 인간 사회 구조(종교 시스템, 친족 패턴, 자원을 배분하는 방법 등)에 관한 인류학과 사회학에서 수용된 근본적인 가정들로부터 도출된다(Gubrium, 1988). 그 다음에, 분석 과정은 분류된 관찰들 중의 하나에서 이러한 미리 결정된 일반 범주가 된다. 그 과정에서 모순과 반박거리를 찾고 무엇이 왜 일어나는지에 관한 점차 통합된 결론을 낳는다.

내러티브 담론 분석 역시 구별된 자료 분석 과정들을 요구한다. 두 가지 모두 인간 경험의 언어적인 표현에 관심을 두는 반면, 의미의 출처로서 그 표현의 다른 측면들에 의지한다. 내러티브 접근법은 인간이 그것을 전할 수 있는 형태로 분명히 말할 때 인지적으로 비구조적인 생의 경험에 제공하는 질서와 조직을 제창한다(Muller, 1999; Sandelowski, 1994b). 담론 분석은 말을 다양한 사회적 영향력에 근거하여 고안되었으며 우리 인간들로 하여금 사람들이 생각을 전달하는 다양한 방법상에 나타나는 것들을 이해하고자 하는 명백한 언어적 도구로서 인지한다(Boutain, 1999).

이러한 명확한 질적 방법론적 전통을 넘어서, 우리는 역시 특정 종류의 질문을 설명하기 위해 양산된 많은 다른 구체적인 해석 기법들로부터 분석적 영감을 도출할 수 있다. Feldman (1995)이 설명하듯, 민족지학방법론자들은 그것으로 사람들이 살아가는 시설들과 그들 안에서 자신들이 갖고 있는 상호 작용들을 이해하는 과정을 추구한다. 그리고 기호학자들은 피상적인 표현들과 그들이 의미를 표시하는 근원적인 구조를 찾는다. 또한, 해체론자들은 사건, 대화, 또는 문서 안에 내포된 복수의 의미들을 찾는다. 이러한 개별적인 명백한 목적들에 관하여, 흥미로운 분석 방법들이 세분화된 주제를 연구하기 위해 해석적인 묘사를 하는 연구자들을 위해 적용할 수도 있다는 것이 분명하게 설명된다.

이러한 방법적이고 분석적인 전통을 가진 개별 문헌 안에서, 독자는 해석적 기술의 전후 관계에서 분석을 향상시키는 분석적 지침의 뛰어난 예시들을 발견할 수 있다. 정말로, 견고하고 성숙된 해석적 기술 연구 프로그램은 궁극적으로 폭넓은 이런 종류의 접근 방법들에서 고안된 기법들로부터 영감을 도출할 수도 있다. 하지만, 해석적 기술을 두드러지게 하는 것은, 이러한 접근법들이 무비판적으로 빌려지거나 원래의 전통들에 대해 전적으로 충실한 태도로 사용되지 않는다는 점이다. 그 대신에, 해석적 기술 접근법을 이용하는 연구자는 기법과 그것이 도출된 지식을 구성하데 있어서 기초가 되는 접근법 사이의 관계를 설명하기 위해서 그/그녀의 의무감에 주의를 기울인다. 이것은 기법에 대한 주의가 분석 과정을 새로운 지식 창출을 위한 유용함을 제한할 비어 있는 범주들의 집합으로 낮추지 않는다는 것을 보여준다(Silverman, 1993).

분석적 사고를 기록하기 당신은 자료 세트가 포함하는 것에 대해 친숙해지는 수단으로서, 시각적이고 구문론적인 참고 사항을 사용하는 것을 넘어서, 필자는 당신으로 하여금 지속적으로 그것 모두가 의미할 수도 있는 것에 관한 복잡한 문제를 질문하도록 유도할 일련의 분석 기록지를 만들 것을 추천한다. 비록, 분석적인 메모의 기록들이 많은 형식을 가지고 있을지라도, 필자는 개인적으로 당신이 오래된 논문 목록을 기재하거나, 사례들 중에서 질문거리들을 제기하고, 당신이 밝히고자 하는 새로 떠오른 패턴들을 적어놓을 수 있는 여백의 비어 있는 노트를 선호한다. 여백이 있는 면의 장점은 그것이 당신으로 하여금 당신이 무언가를 적는 매 순간마다 새로운 형식으로 그것에 관여하도록 이끈다는 점이다. 오늘의 기입 사항들은 "~방식의" 또는 "~종류의" 서술과 같아 보일지도 모른다. 반면, 내일의 기입 사항은 "나는 ~인지가 궁금하다" 또는 "전에 ~와 같은 다른 경우들을 본 적이 있는가?"와 같이 진행 중인 추론과정을 위한 유인적인 질문처럼 보일지도 모른다. 우리들 중 일부는 언어 목록의 분류법 안에서 생각한다. 다른 이들은 시각적인 "말풍선과 화살표" 안에서 생각한다. 그리고 여백의 비어 있는 노트는 당신이 생각과 질문을 발전시킬 수 있도록 폭넓은 표현들에 대해 실험할 수 있도록 해준다. 규칙적인

브레인스토밍 기간 동안에는, 당신 생각에 당신이 보고 있을지도 모르는 모든 주요 핵심 사항들을 남김없이 적어 놓는 것이 현명하다. 당신이 이제까지 적어 놓은 것들을 검토하고 해석적인 정신으로 하여금 반복적으로 질문하도록 하면서, 당신의 생각이 모아지고 연결되며 지금보다 더 체계적이지 않던 초기의 기입 사항들을 명료하게 하는 방향으로 가게 된다. 임의로 작은 부분들로 시작된 것들로부터, 당신은 점차 시간이 지남에 따라 모양을 갖춘 질서와 조직이 시작되는 것을 볼 수 있게 된다. 그것은 어떤 마법과 같은 과정을 통해서가 아니라, 당신의 훈련된 비평적 반성과 지속적인 해석적 노력에 의한 것이다. 충분히 정형화된 분석적 결론에 가까워짐에 따라 당신의 생각이 발전하는 복잡한 단계들을 기록할 때, 당신은 발견이 견지하고 당신의 연구가 그 과정의 확실한 결과가 되는 궁극적인 구조에 대한 실질적인 소유감(주인의식)을 느끼기 시작한다.

시간이 지남에 따라, 이와 같이 집중적인 분석적 메모 과정을 사용하는 것은 당신의 지속적인 자료 수집 과정에서, 이러한 생각들 중 하나가 대화에서 종종 언급될 때 확장과 명료함을 좀 더 탐구하기 위하여 그리고 당신이 실제 세계에서 더 많은 사례들을 직면할 때 반대 사례나 상이한 사례들을 찾기 위하여, 당신으로 하여금 민감하게 하면서, 점진적으로 더욱 중요한 역할을 하게 되는 일련의 생각들을 점차 정련시키는 경향이 있다. 한편으로 당신은 중요한 관찰이나 혹은 자료 조각들 사이에서 새로 만들어진 관계들을 구성할 지도 모르는 것에 관해 극적으로 다른 생각들로 시작하고 있다는 것을 발견할 수도 있는 반면, 시간이 지남에 따라 당신은 이러한 것에 대한 어떤 특정한 사고방식이 더욱 강제적이며 발견할 단순히 얘기되어야 하는 그러한 요소들을 반영하게 된다는 것을 발견할 수 있을 것이다. 진정 당신이 발견한 것에 가장 도움이 될 최종의 분석적인 구조에 전념하게 되는 것은, 당신이 충분히 그것의 예상되는 결과들에 감사하며 그리고 당신이 다양한 자료 요소들을 공개하고자 고려했을지도 모르는 다른 조직 구조들에 대한 그것의 장점들을 명백하게 확인하기를 요구한다. 그리하여, 조직하고 개념화하고, 자세히 쓰고, 그리고 단계를 제시하는 것 등에 걸쳐서, 당신은 기억으로부터 그것을 해체하려고 하기보다 서류상으로 이러한 내부 대화를 행하는 것을 감사해야 할 것이다.

있는 그대로의 자료 분석

비록 자료 분석이 고통스러울 만큼 힘든 작업으로써 타당하게 묘사될지라도, 당신은 경이로운 지적 모험을 즐기기를 잊게 되는 지독한 고난에 사로잡히지 않는 것이 중요하다. 임상 문제를 설명하고 전문적인 훈련의 중심인 현상에 대해 더 배우기 위해 해석적 기술을 채택하는 연구자들에게, 당신이 여러 달 문헌을 검토하고, 연구 주제를 발전시키고, 그 분야에 입문하여 자료를 수집하면서 시간을 보낸 후에, 당신에게 첫째로 질문을 불러일으켰던 열정과 호기심에 대한 주의를 잃지 않는 것이 꼭 필요하다. 자료 분석 단계로 이끄는데 필요한 거대한 노력은 자료 분석을 매우 어렵게 만드는 부분이다. 그리고 당신이 소진되어 압도당하고 연구 과제를 서둘러 마치려고 지나치게 열중하는 느낌을 확실하게 피해야 하는 것이 중요하다. 뛰어난 연구 성과와 그저 그렇거나 최악인 것의 차이점은 열정의 불꽃을 재점화하고 당신 앞에 놓인 당신이 가진 힘들게 얻은 자료를 이해하는데 충분히 몰입하는 수용 능력에 달려 있다고 볼 수 있다. 이러한 이유로, 자료 분석 단계에서 상당한 시간의 투자를 계획하고 당신의 에너지를 오랜 동안 유지하기 위해 자신의 배터리를 충전하는 방법들을 확실히 발견하는 것이 필수적이다.

자료 분석 "작업"에 대한 상기의 논의에서, 필자는 조기의 혹은 과도한 부호화에 반대하여 매우 강력한 논쟁을 하였다. 그 이유는 부호들을 초월해 이해하는 능력에 영향을 미치는 어떤 효과 그리고 당신이 생각하고 있는 분석적인 문제들을 더 잘 조명해 줄지도 모르는 대안적인 시각을 고려하기 위해 끌어모을 수 있는 열정 때문이다. 필자의 동기는 당신이 애초의 시스템을 버리는 것을 꺼리게 되는 부호화 작업에 그렇게 많은 시간을 투자했었던 부담을 피하도록 돕는 것이다. 그리고 역시, 분석 과정의 주요 원천으로써 귀납적인 분석 능력에 대한 당신의 관심을 계속 끄는 것이다. 당신이 어떤 논문 보고서에서 읽었을지도 모르는 주장에도 불구하고, 결과물은 결코 "갑자기 도출되는" 것이 아니다. 당신 자신만의 자료들로부터, 그리고 만약 그것들이 결국 어떤 가치 있는 것이라면, 인간의 이성이 활발한 분석 업무에서 전략적이고 구조적으로 연관되기 때문에 그것들은 항상 실현된다. 당신이 단조롭고 고된 일을 초월하고 정신을 활발하면서도 동시에 억제되도록 유지하는 것을 확실시 하는 한 가지 길은 그 과정에서 즐거움을 얻고, 타고난 호기심을 유발하고, 그리고 많은 귀납적인 과정들이 설명하는 매력적인 질문거리들을 좇아가는 방법들을 발견하는 것이다. 당신이 얻고자 하는 것은 May (1994)가 "마법"을 위해 획득한 태도라고 언급한 것이다. 여기에서, 경로를 따라가며 속기 쉬운 모험을 피하는 다양한 서술을 사용하면서 그리고 목적을 향한 여세를 유지하면서, 우리는 분석 과정을 통해 당신의 이성을 활발하게 할 만한 두 가지 방법을 고려할 것이다.

위험요소 피하기

모든 질적 방법들에서의 경우가 마찬가지로, 해석적 기술에서의 자료 분석은 숙련되지 않았고 의심이 없는 연구자가 빠지기 쉬운 잠재적인 함정들로 가득하다. 종종 관찰되어 왔듯이(Morse, 1994b; Priest et al., 2002; Wolcott, 1994)–최소한 어리석지 않는 태도로–해야 할 것을 충분히 얘기하는 것 보다 하지 말아야 할 것을 설명하는 것이 일반적으로 훨씬 쉽다. 대부분의 경험 많은 질적 연구자들은 실수–때때로 상당한 비용을 내고 힘들게 얻은 통찰력–를 바탕으로 하여 그들의 해석적인 본능을 발전시켜왔다. 이러한 실수의 패턴에 관심을 갖고 분석 과정에서 결정적인 순간마다 심사숙고함을 강화시키는 그러한 자각을 이용하는 것은 당신이 혼자 힘으로 그리고 연구의 질에 대한 잠재적 비용문제로 그것들을 배우지 못하도록 할 수 있다. 여기에서 우리는 귀납 분석에 내재된 주요 지뢰의 어떤 부분을 보게 된다(Thorne & Darbyshire, 2005). 그러면, 운 좋게도, 당신은 지뢰를 밟는 것을 전략적으로 피할 수 있게 되어 안전하게 목적지에 도달할 수 있다.

조기 종결 아마도, 분석이란 망령이 초보 연구자들의 마음에 이처럼 걱정거리를 만들기 때문에, 의미있는 발견들에 대한 주요 위협은 처음의 주요 '아하'라는 감탄사에서 멈추게 된다. 일단, 그러한 종류의 주요한 경험적인 통찰력이 분석 과정에서 일어나면, 이것이 모두 거기에 존재하고 있으며 의미있는 동시에 중요하다고 생각하고 싶을 수 있다. 다음 단계의 모든 해석을 위한 기초로써, 잠시 살펴본 순간에 이해한 것을 이용하는 것은, 자료에 존재할지도 모르는 것에 관한 조기 종결을 가져올 수 있으며, 당신으로 하여금 가장 복잡하고 개념적으로 연결된 가능한 해석을 발전시킬 수 있는 것을 충분히 이용하는 것을 방해할 수 있다.

당신이 자료 안에서 본 것에 관한 조기 종결을 향한 두 번째 길은, "패턴에 대한 과잉 결정"이라는 용어로 지칭될 수 있는 것에서 나온다. 이것은 연구자의 마음이 자료 조각들과 패턴들 속에서 인위적인 연결성을 만들어낼 때 일어날 수 있는데, 이것은 종종 그러한 연결성은 현상 안에서 상대적으로 피상적인 요소들에 근거를 둔다. 만약에 자료가 지나치게 빨리 들어맞아 보인다면, 가장 있음직한 것은, 서로 들어맞는 이슈들이 처음에 연구의 영역에 가져온 문헌과 경험 지식에 의한 당신의 견해에서 최상으로 단련된 것일 것이다(Kearney, 2001).

빈도 자료를 잘못해석하기 또 한 종류의 해석상의 실수는, 만약 실수가 자료세트 안에서 자주 발생한다면, 그것은 반드시 더 관련성이 있거나 중요한 것일 것이다. 많은 사람들의 대화에서, 우리는 사회적으로 구성된 틀과 규범체계의 문맥 안에서 의미 있는 소통의 틀을 짠다. 그리고 매개체를 메시지와 구별할 수 있게 되는 것은 자료를 결과물로 전환하는데 있어서 필수적인 요소

이다. 이전의 사례에서 살펴보면, "안녕, 안녕하세요"와 같은 인사말에 대한 대답으로, 만약에 당신의 연구 참여자들 대부분은 "좋아요. 고맙네요"라고 대답한다면, 그러한 대답의 획일성은 그들의 실제적인 건강 상태에 대해서보다는 사회적 기대치에 관한 것을 더 많이 당신에게 말해주는 것이다.

반대 패턴의 해석상의 실수는, 어떤 일에 대한 특별히 시각적인 예시를 접하게 될 때, 당신이 비록 실제로 견본 안에서 어떤 다른 경우들을 보지 않았으면서도 그것이 아마도 종종 일어난다고 추측한다는 것이다. 이러한 "마음의 속임수"는 당신의 결과물이 이전에 보고되었던 것을 넘어서서 확대되었으며, 진짜로 최초이고 새롭다는 것을 확실시하려는 무의식적인 시도를 반영한 것일 수도 있다. 자료 중 놀라울만한 부분은 가치가 있으면서 주의 깊은 관심사이며, 분석적으로 일하는 것이 당신을 자료 안에서의 관계들에 관해 새로운 사고방식으로 이끌 수도 있는 반면에, 언제나 중요한 것은, 단순히 관찰한 것을 '결과물' 상태의 어떤 가치 있는 것으로 확장할 수 있도록 하기 위해, 해야 하고 봐야 하고 배워야 할 것에 관해 당신 자신에게 정직하게 질문하는 것이다.

하지만, 빈도수 문제에 관한 또 다른 변수는 당신이 보지 않았기 때문에 존재하지 않는다는 가정이다. 당신이 패턴 및 관계를 위해 자료를 이용하게 되면, 당신은 자료 세트가 그러기를 희망하는 모든 가능한 변수들을 포함하지 않는다는 것, 그리고, 자료를 더 잘 이해할수록 변수의 문제가 더 복잡해진다는 것을 고통스럽게 알게 되기 시작한다.

자신을 지나치게 드러내기 제3장에서 논의되었듯이, 연구자인 당신이 자료와 "일체가 되려고"하는 것에 대해 조심하지 않을 경우에 많은 분석적 문제들이 발생될 수 있다. 연구 참여자들에 대한 당신의 개입은 훌륭한 자료가 나타날 수 있는 정도로 전후맥락을 확실히 만든다. 반면, 숙련된 면담을 행하는 정도, 듣게 되는 내용에 대한 연구 참여자들의 안도감, 혹은 그 사람들과 당신의 소통에 있어서 어떤 다른 차원 등은 분별하기 어려울 수 있다. 당신이 놀라운 삶들에 대한 상세한 세부 사항들을 배울 수도 있기 때문에, 당신이 연구 참

여자들과 형성해 온 특별한 관계 덕택에 특별히 풍부한 자료로 신뢰받고 있다고 생각하고 싶어할 수 있다. 그래서 결과적으로, 당신은 이야기의 중요한 부분이 된다.

비록 인간의 상호작용이 자료가 얻어지는 환경을 규정할지라도, 명백한 자기몰두(Sandelowski와 Barroso (2002)는 "과다 자아 반영성"이라고 칭함)는 결과물에 대한 신뢰와 영향력을 극적으로 떨어뜨릴 것이다. 그렇기에, 만약에 당신이 지나치게 심각하게 자신에게 몰두하기 시작하려 한다는 것을 발견한다면, 스스로에게 조금의 즐거움을 주는 것 그리고 자신을 당신 연구물의 방해물이 되는 것으로부터 지키기 위해 안전하고 사용하기 편한 자기 반영 전략들을 찾는 것은 좋은 생각이다.

각각의 이러한 위험요소들은 믿을 수 있고 의미 있는 결과물에 도달하는 당신의 능력을 심각하고 복잡하게 할 수 있는 의미로서 잘못된 설명으로 이끌 수 있다. 따라서 분석 단계에 도달하면, 당신 자신에게 때때로 한 발짝 물러서는 시간을 주고, 과정으로부터 약간의 거리를 만들어 주고, 당신이 만들기 시작하려는 지적인 연결 작업에 도전할 수 있는 모든 기회를 이용하는 것이 특별히 중요해진다. 당신은 연구자들이 빠지곤 하는 전형적인 분석적 함정에 대해 읽거나(Baker, 2006; Miller & Crabtree, 1999c; Silverman, 1993; Thorne & Darbyshire, 2005) 분석 과정에 대한 경험적인 지식을 지닌 다른 사람들과 함께 기록 사항을 비교하는 것이 유용하다는 것을 알 수 있다. 당신이 시도하고자 하는 것은 당신을 정직하게 유지하고, 분석에 가속도를 붙여서 진행시키는 일이다.

목적에 접근하기

비록 당신을 더 큰 목적으로부터 이탈될지도 모르는 피할 수 있는 모험에 참여하는 것이 엄청나게 중요할지라도, 작업의 방대함과 도전의 복잡함에 의해 고착화되지 않는 것도 마찬가지로 중요하다. 이와 같이 자료 분석 과정에 대한 결론적인 언급에서, 우리는 연관되고 방어적이며 자료에 기초한 당신이 연구를 시작한 현상의 기술적 해석이라는 목적을 향해 당신 자신을 체계적으로 이동시킬 어떤 기법과 전략에 집중할 것이다.

해석적 기술 연구 분야에서 자료 분석 과정을 추진하면서, 무엇보다 중요한 지적인 작업은 어떤 생각이 당신이 연구하는 현상에 중요한지 그리고 무엇이 맥락으로써 더 유용하게 이해되는지를 아는 것이다. 즉, 질문을 제기했던 현상에 대한 이해에 기초가 되며, 흔하면서 훨씬 중요할지도 모르는 그러나 필연적으로 다른 이야기나 질문의 부분이 되는 생각을 분류하고자 당신은 시도하게 된다. 달리 말하자면, 당신은 이러한 두 가지 선택 사항 사이의 경계를 이론적으로 설명하는 방법을 찾게 될 것이다.

기초 다지기 당신의 생각이 자료로부터 패턴으로, 그리고 패턴으로부터 관계로 움직임에 따라, 당신은 생각이 자료 안에서의 각각의 자료와 부분들 사이에서 연결고리를 만들게 되는 기초를 확신하고 그것에 도전하는 방법들을 지속적으로 발견할 필요가 있다. “내가 무엇을 보는가?” 혹은 “왜 내가 그것을 보는가?”와 같은 질문을 스스로에게 던지기 위해 자료로부터 한 발짝 물러나는 것은 당신으로 하여금 보여지는 다른 많은 것이 있다는 것과 또 다른 대안적 렌즈가 발견되었던 것에 관해 다소 혹은 훨씬 실질적으로 다른 관점을 제기했을지도 모른다는 것을 인정하도록 촉구한다. 효과적인 자료 분석 과정에서, 일반적으로 인식하는 것은 당신이 그 안에서 해석하면서 최고의 자신감을 갖는 기간과 그리고 총체적인 혼란 속에서 의미있는 어떤 것을 발견할 수 있는 심오한 의문을 가진 다른 기간 사이에서 당신이 왔다 갔다 할 것이라는 점이다. 절망하지 말기를 바란다. 왜냐하면, 자료 분석에 대한 이러한 주관적인 경험은 당신의 비판적인 생각이 결코 당신을 실패하게 하지 않는다는 긍정적인 신호이다. 그리고 해석적인 기술의 결과물이 쉽게 나오지 않는다는 유용한 신호이다.

당신이 특정한 자료를 그룹으로 만드는 과정에서 굳건한 자신감의 기초를 다질 때까지 당신의 코딩 과정이 시험적으로 유지되도록 용인했던 것과 마찬가지로, 당신은 자료 안에서 패턴과 관계를 확인하기 시작하는 추론의 기초를 다지는 다양한 기제를 스스로에게 허락하기를 원할 것이다. 비록 "타당화"라는 용어가 진리 측정에 대한 생각을 언급하는 문헌들에서 종종 사용되곤 하지만, 진리를 구성하는 것은(대부분의 질적 연구들과 마찬가지로), 해석적 기술에서는 다소 도전적인 제안이다. 이것은 당신이 자료 분석 중 일 때 특히 그러하다. 몇몇 질적 연구자들이 옹호하는 한 가지 기법은 "참여자 점검하기"이다(Erlandson, Harris, Skipper, & Allen, 1993). 그럼으로써, 당신은 그들이 말했다고 생각하고 있는 것을 그들이 말했는지 여부를 확실히 확인하기 위해 연구 참여자들에게 돌아가게 된다. 일반적으로, 필자인 나는 이런 방법을 추천하지 않는 편이다. 왜냐하면, 만약 그들이 당신이 생각했던 것을 확인할 경우에는 그릇된 자신감에 이르게 하는 것은 물론이고, 잠재적으로 만약 그들이 그렇지 않을 경우에는 당신이 훌륭한 분석적 해석에 도달하는데 방해가 된다(Lincoln & Guba, 1985; Throne & Darbyshire, 2005). 해석적인 기술에 있어서, 연구자는 단순히 연구 참여자들이 말하는 매개체가 아니라, 만약 오로지 모든 단일 사례에 익숙할 경우에, 당신이 정상적으로는 얻을 수 없는 통찰력을 발견한 사례들 중에서 이해를 할 수 있는 해석적인 도구이다. 따라서 비록 연구의 성격에 의지하면서 사실들을 분명하게 하는 것을 확실시하는 것이 매우 중요할지라도, 연구 참여자들 스스로가 그들이 제공했었던 설명에 기초하여 당신이 내린 해석에 동의하는가를 사정하는 것은 적절할 수도, 그렇지 않을 수도 있다.

관련성 확장하기 전통적인 "참여자 점검하기"가 유용성을 제한할 수도 있는 반면에, 필자는 체계적이든 선택적이든지 간에 자료의 출처로 돌아가는 것이 자료를 결과물로 변환시키는데 있어서 종종 매우 중요한 단계라고 믿는다. 당신이 그것에 기초해서 행한 관찰과 초기의 시험적인 해석을 당신의 통찰력이 도출된 근원이었던 해당 연구 참여자들에게 가져올 때, 당신은 그들과 함

께 단순히 그들 자신만이 기여한 바를 반복하고 있는 것이 아니라, 수많은 만남들로부터 배운 다소 총체적인 것을 나누게 된다. 그리고 참여자들에게 그것이 그들의 경험에 진실로 연결되어 있는지 아닌지의 정도를 되돌아볼 수 있는 기회를 제공하게 된다. 당신이 전체 자료 세트 안에서 의심하기 시작하는 필수적인 관계들에 대해 확신, 명료함, 정교함 등을 위한 기제로써 반복적인 면담를 이용하는 것은 당신이 연관된 사람들에게 자기확신적인 듯한 것(그러나 가끔 정리되지 않은)을 명료하게 하도록 돕기 위한, 그들이 자신의 상황에 대해 했던 것을 철학적으로 해석하는 것을 표면화하기 위한, 그리고, 아이디어에 어떤 형태를 제공하는 것이 그들의 이해와 경험에 주는 영향력을 시험하기 위한 강력한 도구이다. 연구 참여자들에게 진행되고 있는 분석에 대해 알려주면서 초창기의 만남들과 매우 다르게 면담 전략을 계획할 때, 새로운 사례들을 위한 전략적이고 목적이 있는 표본으로 유사한 효과에 도달할 수 있다. 이상적으로, 자료 수집과 분석 사이의 이러한 변증법은 결론을 결과물로 이끌 강력한 기초를 형성할 때까지 일어난다.

참여자 점검하기와 관련하여, 만약 모든 사람이 당신이 들었다고 말한 것에 동의할 경우에, 당신은 옳은 일을 행했다고 느끼는 경향이 있다. 더욱 생산적으로 정보 출처로 되돌아가면서, 당신은 자신의 생각을 자극하는 것이 사실상 당신을 더 멀리 밀어내고, 스스로에게 더 많은 질문을 던지도록 한다는 것을 알게 된다. 이러한 도전이 바로 당신으로 하여금 멈추는 것을 피하도록, 당신이 알고 있다고 생각한 것을 질문하도록, 그리고 진정한 의미와 유용함을 지닌 결과물을 산출하기 위해 충분히 탐색하도록 한다.

관계성 검증하기 분석을 진행함에 따라, 당신은 스스로에게 "만약에 그것이 연구의 질문을 잘 나타내는 것이라면, 어떤 생각이 필자의 최종 분석에서 확인될 정도의 형태를 갖추기 시작하고 있는가?"라고 질문하고 싶어 할 것이다. 이런 종류의 질문은, 당신이 연구에 가져온 가정과 기대를 포함하면서, 최초의 연구 질문을 지지하는 발판으로 당신을 인도한다. 당신이 이러한 배

경에 반하여 그것에 대해 점차 자신감을 느끼는 자료 중에서 관계들을 조사할 때, 당신은 자료에 포함된 긴박성으로부터 물러서게 된다. 그리고 당신 자신이 연구를 더 큰 목적이라는 맥락 안에서 행해지고 있는 분석을 이해하도록 스스로를 용인해야 할 것이다. 이런 방식으로, 당신은 "시험하기"나 좀 더 도전을 요구하는 새로 나타난 관계 속에 있는 요소들을 확인하기 더 쉽도록 만든다. 이와 같이 반영 단계는 효과적으로 최종 결과물의 기초를 쌓기 위해서, 그 시험 과정에서 어떻게 연관되는지에 관해서 결정하는 순간에 매우 도움이 된다.

당신이 만든 생각들이 실제로 형태를 갖추고 패턴을 만들어 내기 시작할 때가 매우 신난다. 곧바로 "결정적인 것으로 못 박기"를 시도하는 것에 마음이 끌리는 반면, 당신이 분석의 과정을 잘 따라 갈 때까지 미결정의 상태로 계속 유지하는 동안에, 당신의 기록 노트를 만드는 습관은 미래에 참고하기 위해 그것을 기록하는 것을 허용할 것이다. 이 단계에서, 당신 스스로 "내가 무슨 퍼즐 조각을 보기 시작하고 있는가?"와 "그들이 퍼즐에 대해 대체로 무엇을 말하는가?"라는 질문을 던질 것이다. 당신의 생각을 부분과 전체 사이에서 이리저리 왔다 갔다 하도록 허용함으로써, 더욱 약한 관계를 탐지하는 가능성을 증대시킬 것이다. 그 과정에서 그들에 대해 무엇을 해야 할 지를 확인하며, 그들은 당신이 만들고 있는 최종적인 전체 모습의 뚜렷한 일부가 되기 전에 어떻게 그것을 가지고 작업할지를 결정하게 된다.

연구자료 이외의 자료를 이용하기 분석 과정이 전개되면서 생길 수 있는 또 하나의 질문에 포함되는 것은 "내가 보지 못하게 된 것은 무엇인가?"이다. 만약 당신이 모든 가능한 관련성 있는 변화를 파악하지 못했다고 한다면, 당신의 생각은 "이외에 무엇이 있을 것인가, 그리고 어떻게 내가 그것을 알 것인가?"와 같은 질문들을 하게 된다. 비록 우리는 보통 연구 표본들 안에서 전적으로 최대의 변화를 추구하려고 하지만, 우리가 전체의 관련 변수들이 포함되는 해당 연구에 완전히 빠져들 때까지는 진짜로 알 수는 없다. 우리가 최초에

가진 목적적 표본 전략은 전형적으로 우리의 경험 내에서 변화를 이끌 수 있다는 문헌들에서 예측할 수 있는 인구학적인 혹은 조건적인 변수들이 포함된다. 하지만, 우리가 자료 속에서 관계들에 관한 견해를 만드는 것을 시작해야 비로소 우리는 확실히 보다 더 관련된 잠재적인 개념적 변수들을 구별해낼 수 있다(Boychuk Duychscher & Morgan, 2004; Glaser, 2002). 어떤 사례에서는, 일단 우리가 어떤 조건을 충족시키는 사례를 알아야만 한다는 것을 인지했다면, 우리는 그 사례를 발견할 수 있고, 우리의 자료 수집을 확대시켰을 수도 있다. 또 다른 사례에서 우리는 유일하게 이러한 조건에 맞는 사례들이 존재할 수도 있다는 것을 이론화할 수가 있다.

연구에 포함되지 않은 사례들로부터 발견되었던 아이디어가 해석적 기술 연구의 분석 과정을 형성한다는 것을 확실히 하는 것이 중요하다고 생각한다. (어디에나 존재하며 그리고 누구든 모든 관련된 인간의 변화를 제창하는 다소 오만한 가정이 될 수 있는) "포화"를 요구하기 보다는(Caelli, Ray & Mill, 2003), 필자는 외부에 있는 것들을 이론화시키고, 그들이 공헌했을지도 모르는 것들을 조명하는 상상 연습에 참여하기를 독려한다(McPherson & Throne, 2006). 어떤 경우에, 당신은 출판된 문헌들의 보고서 혹은 실무에서 희귀 사례를 접한 개업한 임상의들을 포함한 "전문가의 증언"을 재구성한 것 등을 통해 외부에 놓여있는 사례들에 가치 있게 접근할 수 있다. 당신은 진행 중인 분석에 이론적으로 공헌했을지도 모른다는 것을 단순히 생각할 때, 외부에 존재하는 것이 유용하든 아니든, 종종 당신이 예측 가능할 뿐 아니라 드물게 존재하는 그러나 관련된 변화들을 무시하지 않는 방식으로 결과물의 틀을 짠다는 것을 충분히 확신할 수 있다.

비평하기 우리들 중 일부는 심지어 그것에 충분히 몰입되었을 때라도 스스로의 분석을 강력하게 비평할 수 있는 충분히 훈련된 이성의 습관을 가지고 있다. 다른 사람들은 해석적인 기술의 측면이 매우 어렵다는 것을 발견할 지도 모른다. 그리고 상당한 열정을 자기비평을 피하거나 자신의 의견을 방어하

는데 쏟을지도 모른다. 그러나 만약 우리가 진행 중인 분석에 대해 비평을 빗나가게 한다면, 비록 그것이 시험적일지라도, 결과물을 비평적으로 조사하고 그것의 적용을 고려하는 것으로 이루어진 더 최근의 요소들뿐만 아니라 개념화와 결과물 작성하기를 통해 사람들이 실제로 분석에 의지한, 다져진 자신감을 발전시키는 길이 내내 어려워질 것이다. 귀납 분석이 공식적으로 '분석하기'보다는 생성된다고 느끼는 생각에 의지하기 때문에, 빈틈없으며 성실한 분석자들은 그들이 "지어낸 얘기"라고 걱정하고 있는 자신을 쉽게 발견할 수 있다. 반대로, 오로지 한 가지 이야기만이 존재한다고 지나치게 확신하는 연구자들은 이야기하기에서 그의/그녀의 역할을 인식하지 않았을지도 모른다.

비록 자료들 중 확연한 관계 안에서 당신이 만든 결과물을 통제하는데 머물러 있는 것과 진술의 모든 측면이 상당히 특수화된 태도로 완전하게 세워진 것이라는 것을 확실히 하는 것이 중요할지라도, 당신은 이 과정 안에서 당신에게 유리하도록 외부의 비평가를 고용할 수 있다. 다른 사람들이 동일한 자료를 읽을 수 있는 방식으로부터 발생한 긴장감을 이용함으로써, 다른 견해를 이해하고 설명하도록 스스로에게 허용함으로써, 역설적으로 당신의 자신감을 키우게 된다. 때때로, 자료가 변화를 이용하는 기제로써 노출되는 것에 관한 반대적인 관점들 사이에서 실제적인 '대화'를 설정하는 것은 유용하다. 당신이 시도할 수 있는 또 하나의 기법은 문헌을 찾아보고, "새로운 통찰력"이 실제로 모든 새로운 것인지의 여부를 점검하고, 자신으로 하여금 어떻게 다른 저자들이나 전문가들이 자료 안에서 요소들을 상당히 다르게 보았는지에 대해 도전하게 하는 것 등이다. 특정 전문가가 당신이 자료 안에서 보고 있는 패턴들에 대해 말했었을 지도 모르는 것이 무엇인가를 물어보는 것은, 당신이 특정한 시각에 의지하여 아마도 다른 것들을 모호하게 하는 정도를 분류하도록 도울 것이다. 이때, 당신은 연구 질문에 가장 잘 맞는 이해를 명확히 하게 되고, 가능한 자료를 이용하고, 그리고 해석적인 기술 방법의 궁극적인 목적을 달성하게 된다.

자료 분석이 복잡하고 어려운 일이지만, 전적으로 관리할 수 있으며, 무난

하고 잘 진행되도록 하기 위해 당신이 이용할 수 있는 셀 수 없는 전략들이 존재한다고 스스로에게 상기시키는 것은 중요하다. 당신이 얻고자 하는 것이 무엇인지 그리고 폭넓은 범위의 가능한 분석 기법에 관한 훌륭한 독서 지식들에 관해서 기초부터 이해하는 것은 그 과정에 기본적인 토대가 된다. 심지어, 분석적인 상태에 있다는 것을 스스로에게 익숙하게 할 준비가 되기 전에, 당신의 마음은 각각의 자료들 사이에서 연관짓기를 시작하고 그 분야에서 듣고 관찰한 것에 관해 이론적인 명제를 끼워넣기 시작할 것이다. 여기에서 조심스럽게 참여함으로써 그리고 생각을 대체하기보다 촉진시키는 기법을 사용할 것을 확실히 함으로써, 당신은 정신이 탁월한 귀납적 추론과 개념화를 위한 최종 위치에 있다는 것을 발견할 것이다. 반복적인 듣기, 관찰, 쓰기, 생각하기, 듣기, 쓰기, 생각하기, 그리고 다시 쓰기를 통해서, 당신은 바로 자료가 모양, 패턴, 관계의 형식을 갖추기 시작한다는 것과 의미있고 근거가 되는 개념화의 가능성이 보다 더 가까워진다는 것을 알게 될 것이다. 당신의 정신을 개입시킴으로써 그리고 해석적인 기술 분석 과정을 즐김으로써, 당신은 목적을 실재로 만들게 된다.

제 9 장

연구결과를 개념화하기

자료를 변환하기

어떤 자료들이 중요한지를 확인하고, 그것을 각각의 특정 패턴별로 모으고 분류하며, 그 자료들과 그 패턴들 사이의 관계를 고려하는 것은, 연구결과를 구성할 수 있는 것에 좀 더 다가갈 수 있는 복잡한 귀납적 추론 과정의 양상이다. 해석적인 서술의 관점에서, 우리가 "결과물"로 고려하는 것은 분류 과정에서 나타나는 가장 신뢰할만한 패턴 세트를 단순히 보고하는 것에 그치는 것이 아니다. 오히려, 결과물은 각각의 자료들이 개별적으로 또는 서로 관련지어 의미할 수 있는 것과 다양한 과정, 구조나 틀이 이들 관계를 조명하는 것, 그리고 당신의 연구 이전에는 알 수 없었던 앎의 종류를 최후의 독자로 하여금 알도록 가장 효과적으로 이끌어 줄 수 있는 보고 순서와 배열방법에 대해 당신이 생각하는 해석적인 수단을 반영한다. 사실상, 해석이 현상을 구조화시키고 배열하는 방식에 의하여 당신은 독자로 하여금 새로운 것을 알도록 할 수 있다.

Wolcott에 따르면, "해석이란, 본질적으로 숙고의 과정이자 산물"(1994, p. 287)이다.

> 기술을 강조할 때, 당신은 독자가 당신이 본 것을 보기를 원한다. 분석을 강조할 때는 독자가 당신이 아는 것을 알기를 원하는 것이다. 해석을 강조

> 할 때는, 당신은 생각하기에 당신이 이해한 것을 독자가 이해하기를 원하는 것이다. 다양한 정도로, 상이한 목적 때문에 우리는 이 모든 세 가지를 달성하려고 시도한다(Wolcott, 1994, 412).

당신이 바라는 것에 관한 결정과 그 목표를 성취하고자 하는 근거들은 당신의 분석 과정이 최종 서면 보고서를 쓸 수 있도록 자료를 변형시키는 방식에 대한 토대를 형성한다.

개념단계를 구상하기

Sandelowski와 Barroso (2003a)의 질적 결과물에 관한 분류체계는 귀납법을 이용하여 가능한 결과들을 고려하는데 있어서 유용한 방법을 제공해준다. 실행 가능한 질적 결과물의 연속선 상의 가장 실제적인 끝 지점에서, 그들은 "주제별 조사"를 연구자들의 질문에 반응하는 참여자들이 다룰 수 있는 주제 목록으로 묘사한다. 반면에, "주제별 요약"은 주제별 조사보다 연구 보고서가 초기의 분류와 패턴들에 관한 논리 정연한 진술을 한다는 점에서, 변형과 추상의 정도가 약간 더 크다. 그러나 이런 종류의 연구 보고서는 미리 정해진 주제를 사용하여 단순한 서술적 내용 분석의 기초 위에서 생성될 수도 있다. 따라서 연구 보고서가 흥미로운 자료를 보고하는 것이라 할지라도, 그것은 질적 분석이 기여할 수 있는 충분한 가능성을 가진 예시로 고려되지는 못한다. 더 높은 추상단계에서, Sandelowski와 Barroso는 그들이 설명하는 연구를 "개념적 혹은 주제별 기술"로 묘사하고 있다. 이러한 종류의 보고서에서, 외부적 요인에 의해 제기됐거나 자료 자체에서 발전된 주제적 개념은 해석적 분석 과정을 적용하여 자료 내에서 발견된 잠재적 패턴을 드러낸다. 결국, 질적인 분석적 산물들 중 가장 완전한 통합은 이 저자들이 "해석적 설명"이라고 일컬은 것을 산출하게 된다. 이러한 결과들은 그들이 새롭게 표현한 방식으로 현상 내부의 주제적 관련성을 명료하고 명확하게 밝혀준다. 이러한 새로운 묘사는 단순히 이전부터 이해되어 왔던 것의 대안적인 언어적이고 맥락적인 변화가 아니라, 특정한 방식으로 그 분야를 발전시키는 의미 있는 대안적인 주장의 형태로 나타난다.

이러한 분류체계를 일련의 질적인 결과물을 설명해주는 지침으로 사용할 때, 해석적 기술의 목적은 일반적으로 주제별 요약 혹은 개념적 서술이 될 것이다. 단지 주제별 조사만을 반영하는 보고서는 보고서의 의도를 다 표현하지 못할 것이기 때문에, 오히려 보고서는 표준적인 내용-분석 접근법을 사용하여 만들어져야만 할 것이다. 이러한 연속선의 반대 극단에서, 단독의 특히 더 작은 범위의 해석적 기술 연구는 완전히 구체적인 설명을 제시하지는 못할 것이다. 이것은 하나의 현상에 대해 전적으로 새로운 개념적 시각의 통합과 일관성이 분석적 과정 그 자체 내에서 발전된 이론 검증에 대한 매우 엄격하고 복잡한 접근방식에 의존하고 있기 때문이다. 이러한 연구의 산물들이 해석적 기술 연구에서 보다 더 일반적인 산물들과 어떻게 다른가 하는 것을 이해함으로써, 당신은 해석적 기술이 허용하는 한도 내에서 당신의 기대감을 충족시킬 수 있을 것이고, 분석적 과정으로 인해 당신이 나타낼 수 있는 결과물들을 과장하거나 축소하는 것을 피할 수 있을 것이다. 그러므로 현상들과 관련이 있을지도 모르는 모든 주제에 관하여 철저한 목록을 만들려 하거나, 그 현상들을 언급하기 위해 완전히 새로운 비유적인 방법으로 설명하려하는 것 대신에, 새로운 개념적 혹은 이론적 체계가 없다면, 당신은 서로 관련된 그 현상의 주요 요소들을 보여주는 주제별 구조 위에서 형성된 통찰력을 유지할 수 있을 것이다.

개념적으로 자료를 연구하기

최종 결과물을 구체화시키기 위한 형식을 구상할 때, 당신은 그 결과에 관한 분석을 진척시키기 위하여 정신적이고 서술적 작업을 위한 고도의 정련된 세트를 개발할 수 있다. 비록 자료를 처리하는 데 있어서 지름길은 없으나, 의미형성의 복잡한 과정은 초기부터 시작할 수 있고, 자료 수집과 분석 하는 기간 내내 계속될 수도 있다. 이것은 일반적 자료 분석의 마지막 단계에 들어가기 전에 숙련된 연구자가 이미 자료들을 처리하는데 있어서 몇 가지의 개념적 접근방법을 고려했을 수 있고, 아니면 그것을 버렸거나 수정했을 수도 있다. 개념화하는 과정에서, 자료 세트 내의 중요한 요소들과 보고서가 그 연구에 충실할 경우에 최종 결과물에서 반드시 독자에게 전달해줘야만 하는 메타 메시지, 그리고 최종 보고서 제출 시에 포함되어야만 할 연구의 결점들을 당신은 정확하게 인지할 수 있게 된다. 따라서 당신이 목표하는 것은 구성하고자 하는 아이디어를 제시하는 일종의 개념적 구조이며, 이상적으로는 말하도록 요구된 이야기의 핵심 요소를 설명하는 것이다.

자료 분석의 인지적 과정 Morse (1994b)는 해석적 기술이 요구하는 개념화에 대한 효시라 할 수 있는 유용한 네 가지 연속적인 인지적 과정을 설명하였다. 첫 번째는 *이해하기(comprehending)*인데, 연구자가 연구 참여자들의 경험이나 배경에 관하여 아는 것이다. Morse는 이 과정이 판단을 보류하고, 연구 상황과 관련된 모든 것을 받아들이는 것에 집중하는 능력을 필요로 한다고 믿는다. 그녀의 관점에서 볼 때, 이 과정은 자료 수집과 함께 시작되고, 코딩과 기록이 어떤 현상의 심층적인 이해를 밝혀주는 무수한 질문을 생성하는데 사용될 때 자료 분석과정 전반에 걸쳐서 계속된다.

그녀가 명명한 두 번째 인지적 과정은 *종합하기(synthesizing)*이다. 이 과정에서는, 자료 내에서 전형적인 또는 합성된 패턴들을 서술하기 위해 다양한 예들 또는 사건들을 종합하는 일이 발생한다. 그녀는 이 과정을 면밀하게 조사하는 과정으로 보았는데, 여기서는 중요한 것들과 사소한 것들을 구별하고, 그 패턴들 안에 있는 변화들을 설명한다. 그녀가 말했듯이, 이 종합하기 과정이 발전함에 따라 다양한 요소들은 자료 세트로 분류되게 된다. 종합을 통하여, 연구자는 과정 속의 각각의 예들로부터 과정을 분리시키고, 그럼으로써 공통적인 특질을 뽑아낸다. Morse는 종합의 행위를, 결론을 생성하고 조작하며, 그리고 이 안에서 요소들의 진실과 거짓을 입증하며, 가능성을 선택하고 수정하고 버리는 것으로써 서술하고 있다.

세 번째 인지적 과정은 *이론화하기(theorizing)*이다. 이 과정은 설명에 대한 "최상의 추측"을 발달시킨다. 이 과정 내에서는, 추가적인 질문들이 자료에 관해 제시될 수 있고 다른 이론적 또는 경험적 원천에서 나온 통찰력의 기초 위에서 고려될 수 있다.

Morse의 마지막 과정은 *재맥락화(recontextualization)*인데, 이 단계에서 연구자는 종합되어 온 것을 다른 배경이나 맥락에 적용될 수 있는 형태로 조절한다. 이 과정은 완전히 이론적인 것을 실제적인 것으로 바꾸고, 새롭게 생성된 지식의 적용에 관하여 완전히 이해하도록 해준다.

Morse의 인지작용 분류체계는 최종 결과물을 형성하는 개념 작업과 관련이 있음을 이해하는데 도움이 된다. 그녀의 설명은 해석 과정을 이끄는 것은 어떠한 비법이 아니라 연구자 자신이라는 것을 분명하게 강조한다. 이러한 분류체계에 드러난 인지작용의 광범위한 연속적 속성에도 불구하고, 해석적 기술에 대한 실제적 경험은 단계적이기보다는 훨씬 더 반복적으로 느껴지는 경향이 있다. 그러나 Morse가 제안했듯이, 체계라는 것은 분석 과정이 초기 탐구에서 일관적인 개념적 구조로 나아갈 때, 복잡한 인지적 작용을 동원하고 있다는 사실을 보여주는 방법이다. 이것은 "다음 단계"에 관한 구체적 지침으로써는 도움이 되지는 않을지 모르지만, 분석과정 내에 당신이 다양한 요인에 투자하는 시간과 에너지를 관리해주는데 도움이 될 것이다. 일반적으로, 초보 연구자들은 이해하는 과정에 힘들어하거나(사람은 결코 모든 것을 완전히 알 수는 없다) 혹은 그들의 이해가 완전하다는 가정 하에 너무나 빨리 종합하려든다. Morse가 제안한 정신적 자세는 우리 자신들이 목표에서 벗어나있다는 것을 발견할 때 다시 그 과정 속으로 되돌리는데 유용하다.

개념적 분석을 발전시키는 기전 당신이 개별 자료와 부분들을 패턴과 관계 속에서 고찰하고, 좀 더 통합적인 개념적 주장과 해석을 위해 연구할 때, 특

정한 자료 세트를 기반으로 어떤 분석적 방법이 가능한지를 발견하기 위한 전략의 가치를 인식하기 시작한다. 여러 가지 면에서, 이것은 거대 개념 세트를 가지고 있는 것과 같으며, 다양한 방식으로 그것들의 형태와 구조를 실험하는 것이 가능하기도 하고 제약을 받기도 한다.

확실히 유의해야할 중요한 시각은 당신의 전체적인 설계와 연구 접근법이 귀납적 지식 발달의 가치 측면에서 예측되어져야 한다는 것이다. 당신이 피해야 하는 것은 분석 과정에서 너무나 빨리 사건이나 과정 같은 주요 범주로 이동해버리는 것이며, 그런 후 현재 진행 중인 자료 수집의 일부분을 채우려고 시도하는 것이다. 이러한 지적 과정은 당신의 논리를 연역적인 접근으로 환원시키며, 과정의 연역적 접근으로는 추론의 형태를 정당화시키는 연구를 설계할 수 없기 때문에, 그 과정은 우회적이고 패배를 자초하게 할 것이다. 그러므로 당신이 프로젝트의 완수를 바랄지라도 항상 조기 종결했었던 악령에 대항하면서, 가공하지 않은 자료를 읽어내고, 분석적 사고 과정을 시작할 수 있도록 격려해줄 수 있는 장치로서 당신의 공책의 "빈 페이지"에 새로운 사고방식을 써내려가는 작업으로 반복해서 되돌아가는 것이 중요하다.

만약 당신의 처음 시도들이 비슷한 패턴들을 만들어냈다면, 아마도 그것은 구조를 묘사하는 대안적인 방법들을 완전히 연구하기로 당신이 마음먹지 않았기 때문일 것이다. 생각해보면, 당신은 아마도 주제에 대한 이전의 개념이나 이전의 생각을 버리기가 어렵다는 것을 알 것이다. 주의해야할 것은, 이러한 것들이 질병의 오명을 연구한 Goffman (1968)과 같은 영향력 있는 사상가에 의해서 그 분야가 지배되거나, 혹은 당신 연구의 지도교수가 주제를 개념화할 때 특정한 방식에 대한 권리를 주장할 경우 특히 문제가 될 수 있다. 솔직하게 만약 당신이 기존의 이론을 뛰어넘는 대안을 가지고 있지 않다면, 당신은 기존의 이론을 발전시키기 위한 명백한 메커니즘으로 연구를 이용할 것이며 당신의 결과물이 원래의 귀납적 분석방법으로부터 도출되었다고는 하지 못할 것이다. 반면 한 가지 운동이 다양한 것을 격렬하게 반복하도록 하는 것처럼, 당신은 "다른 구조로는 밝힐 수 없지만 이 구조로 밝힐 수 있는 것은 무엇인가?" 또는 "특정요소들이 다른 체계보다 이러한 체계에서 더욱 탁월하다는 것은 무슨 의미인가?"라는 질문을 던지면서 서로에게 질문하는 훌륭한 토대를 가지게 된다. 이 단계는 가능성들을 비교하고 대조하는 것이 새로운 통찰로 이끄는 한, 당신이 두 가지 또는 모든 가능성을 유지하도록 해줄 것이다.

당신이 더 작은 범주를 설정하기 이전에 주요 범주들을 가지고 시작하기보다는 다양한 요소들을 연결하고 정보를 기입하는 것으로부터 시작하면서, 자료의 세트 안에 머물러 있는 것이 더 낫다. 단지 초기의 형식적인 관계만을 찾지 말고, 요소들 사이에서의 가능한 관련성을 조절하면서 시작하는 것이 자연스럽다는 것을 알게 될 것이다. 당신이 제안하는 각각의 새로운 관계들은 자료 세트에 내재되어있는 가능성에 대한 인식을 높이는 문제를 제기할 수 있도록 도와줄 것이다. 그러한 자료들이 당신의 마음속에서 자라고 전반적인 개념 구조 내에서 필수 요소로 좀 더 확고해졌을 때, 공식적인 명명하기를 과감히 할 수 있게 될 것이다. 그러나 미성숙한 코딩과 마찬가지로 각각의 유사한 생각이나 주제 세트에 지정된 명칭은 단지 생각을 조직화하는 장치이며 고정된 현실이 될 수 없다는 것을 스스로 인식하는 것이 유용할 것이다. 명칭은 우리가 정보를 분류하고 검색할 수 있도록 하는 정신적 장치이며, 만약 온전히 그대로 받아들일 경우, 그것이 잘못된 길로 이끌 수 있음을 기억해야 한다. 분석단계에서 상당히 늦게까지, 총체적인 수수께끼의 부분에 대해 최종 명명을 하는 것을 기꺼이 유보하는 것은 그 과정 속에서 나타나는 해석의 새로운 관점을 탐구할 수 있도록 해 줄 것이다.

당신의 해석적 기술로부터 전체적인 개념이 점점 쌓이게 될수록, 다양한 자료를 일관성 있는 분류와 목록들로 조직하기 위해 선택할 방법을 이해하는 것이 중요하게 된다. 이 단계에서는, 조직적인 선택방법들의 범위를 "시험해" 보는 것이 중요한데, 이것은 기사나, 최종 결과의 형태, 예전에 조작되었던 밝혀진 결과들을 가지고 무엇을 할 수 있는가에 대한 각각의 영향력을 이해하는 것이다. 당신은 아마도 스스로에게 "다른 방법이 아닌 이 방법으로 얻은 것들을 분류한다면 어떻게 될까?" 혹은 "이러한 분류는 어떤 면에서 다른가, 그리고 왜 문제가 되는가?"하는 질문을 던질 수도 있을 것이다. 당신이 여기서 찾고 있는 것은 특정한 시작점과 종료시점에 이르기까지 결과물에 대한 보고서의 구조화를 이끌어 줄 수 있는 논리적 모델에 관한 이해이다. 이야기의 내용과 그것의 보고 순서는 어디서 시작을 하고 어떻게 결론을 지어야하는지를 아는 능력에 달려있다. 당신은 자료 내에서 피상적인 것에서 심층적인 방향으로, 단순한 것에서 복잡한 것으로, 명백한 것에서부터 내재적인 것으로, 과거에서 현재로, 필연적인 것에서 주요한 것으로 이동하는 것과 같이 다양한 선택방법들을 고려해 볼 수 있을 것이다. 대개, 당신이 고려하고자 하는 자료에 관한 전체적인 구조는 개념화의 중요한 요소가 되며, 결국 성공적인 보고서를 쓰는데 근본적인 필요조건이 될 것이다.

개념화의 예술과 과학

잘 통합된 해석적 기술은 단지 임상 현상에서의 흔한 요소들을 설명하고 연결하는 일관성 있는 보고서를 제출하게 해 줄 뿐만 아니라, 실무자에게 표적 청중에 대한 새로운 이해를 가능케 하는 정신적 탐구심을 생성해낸다 (Thorne & Reimer Kirkham et al., 2004). 열정적이고 사려 깊은 실무전문가들의 임상적 지혜를 가시적이고 이해하기 쉬운 연구보고서로서 서술하는 것이 이상적일 수 있다. 이러한 유사한 이해는 광범위한 패턴에 관한 인식과 성찰적 실무 관찰을 통해 습득될 수 있다. 이론이 이러한 탐구심을 일으키는데 어느 정도 도움이 될 수 있지만, 궁극적 목적은 이론화하는 것이 아니라, 오히려 통찰력을 계발하는 것이다. 그러므로 당신이 얻고자 애쓰는 개념적 주장은 매우 추상적이고, 독창적이면서 은유적일 수는 없지만, 적용된 상황 안에서 기억되고, 인식되고, 이해되는 방식으로 임상 현상 내의 중요한 요소를 파악하는 데 도움이 될 것이다. 그러한 개념화가 당신의 특정 연구 내에서 성취 가능

TEXT BOX 9.1

만성 질환에 적응하기

Rayman과 Ellison은 2유형 당뇨병을 관리하기 위한 집중적 통제를 받는 여성들의 일상생활을 더 잘 이해하기 위하여 해석적 기술을 사용하였다. 질병 적응의 기간이 무질서와 혼돈의 시기로 서술되어 왔기 때문에, 그들은 긍정적으로 질병관리에 영향을 줄 수 있고 궁극적인 결과를 향상시킬 수 있는 중재만 하기로 하였다. 실험에 참가한 여성들에 대하여, 그들은 세 가지 눈에 띠는 반응의 형태를 기록했다. 몇몇의 여성들은 질병관리에 개입하여 적응하였고, 몇몇은 개입하였으나 악전고투하고 있었으며, 다른 몇몇은 "개입 이전"으로 분류된 상태였다. 연구자들이 기록했던 노력들은 자신, 음식, 그리고 관계들을 망라하였으며, 이러한 분석은 그 연구자들이 사회적 맥락의 복잡성과 이 여성들이 내재하고 있는 다층적 경험을 고려하도록 했다. 연구자들은 여성들이 이러한 초기 적응 과정을 통해 경험한 역동성의 패턴들을 추적할 수 있었다. 그들의 결과는 새롭게 당뇨를 진단받은 개인들이 그들의 선호, 습관, 역할, 생활양식에 있어서 완전한 변화를 해야 한다는 것과 당뇨를 이해하는 건강관리자들로부터의 과도기적 도움을 받는 것이 얼마나 중요한 일인지를 확신하게 한다.

Raymans, K. M., & Ellison, G. C. (2004). Home alone: The experience of women with type 2 diabetes who are new to internsive control. *Health Care for Women International, 25,* 900-915.

한 것인지는 분석 과정을 통하여 연구할 때까지는 예측하기 어렵다. 따라서 당신의 선택방법을 확고히 할 때 까지는 당신의 결과물의 최종 형태를 결정하는데 어느 정도 여지를 갖는 것이 현명하다. 예를 들어, 개념적 기술이 당신의 능력 이상의 것이라면, 당신이 합리적으로 정당화할 수 없는 일관성을 제시하며 신뢰를 왜곡하기 보다는 주제별 요약의 형태로 당신의 결과물을 제시하는 것이 더 나을 것이다.

개념의 본질

개념이란 아이디어를 조직하는 정신적 장치인데, 그것을 통하여 우리는 서로 소통할 수 있고 지식의 복잡한 구조를 만들어 낸다. 개념은 인간 조직의 기초적인 구성요소이며, 매우 복잡한 경험과 생각을 통제 가능한 것으로 변형시켜 우리가 이 세상에서 관리할 수 있도록 해 준다. 개념화할 수 있는 능력은 인간을 구별시켜주는 요소로 설명되어 왔으며, 또한 우리가 행한 방식으로 지식을 다룰 수 있도록 해 주었다. 우리는 개념들로 둘러싸여 있으며, 개념들은 추론할 수 있는 능력과 마찬가지로 우리가 경험한 것의 대부분을 형성한다. 우리는 개념들이 유동적이며, 사회적으로 구조화되어 있다는 것을 알지만, 그럼에도 개념은 중요한 인간의 목적에 들어맞는 것처럼 보일 때 눈에 띌 정도로 안정적이며 지속적이다.

비록 우리가 지속적으로 개념을 인간의 공유된 경험으로서 받아들이지만, 개념을 지식개발의 목적으로 다룰 때 우리는 실제로 어려움을 겪게 된다. 우리는 공유된 개념적 지식에 의존하지 않고서는 생각들을 소통할 수 있는 메커니즘을 거의 갖고 있지 못하며, 여전히 우리의 개념에 대한 의존은 개념적 형태로 표현되어 있는 것을 우리가 "아는" 것으로 생각 하도록 잘 못 이끌 수 있다는 것이다. 이러한 이유 때문에, 질적 연구자들을 포함한 많은 학자들이 새로운 지식을 발달시킬 수 있는 구조로서 이전의 것들과 경쟁할 수 있는 새로운 개념을 창조해내려고 노력하고 있다.

건강 분야의 한 예는 그 예시가 될 수 있다. 수십 년 동안 "불이행"은 특정 환자들이 담당 의사의 의학적 치료나 건강 권고를 따르지 않는 것을 가리키는데 주로 사용되어 왔다. 그러한 개념은 의사들이 정확한 판단을 내리면 환자들은 그저 수동적으로 그 지시를 따르는 것으로 이해되었기 때문에 많은 건강과학자들과 임상의들은 대안적 개념인 "고수"를 지지하기 시작했다. 이것은 선의를 표방한 운동이었지만, 용어에 담긴 가치를 논하지 않은 채 단순히 어휘를 변경하는 것으로는 본질적 문제에 영향을 끼치지 못하였으며 이러한 두 어휘의 상대적인 이점들을 논의하여 문제를 해결하려는 쪽으로 관심을 돌리게 만들었다. 이 예시에서, 개념의 명칭을 바꾸는 것이 개념 자체를 바꾸지는 못하며, 드러난 현상에 대한 완전히 새로운 사고방식이 고유의 어휘를 만들어낼 때까지 내재되어 있는 구조적 문제로 남아 있다. 만성적 질병 치료의 세계

TEXT BOX 9.2

괴로운 어린 시절을 치료하기

Henderson과 Jackson은 취약한 젊은 여성들을 대상으로 삶의 어려운 상황이 그들의 현재 건강 상태와 복지에 어느 정도 영향을 미치는지를 연구하기 위해 해석적 기술 접근법을 이용하였다. 포커스 그룹에 참여한 "위험상태"에 있는 여자들은 문제 있는 어린 시절을 보냈으며, 많은 사람들이 약물남용이나 폭력을 경험하였다. 비록 대다수가 법정과 건강관리 체계 안에 있었지만, 그들의 복잡한 배경이 전통적 서비스 환경에서 도움이나 지원을 받기 어렵게 만들었다. 이러한 여성들의 이야기에서 나온 주제들을 비교하면서 Henderson과 Jackson은 삶에 복잡성을 적용하여, 그들의 경험을 특징지었던 분노, 좌절, 절망 등을 문외한도 이해할 수 있도록 해주었다. 건강관리 시스템이 제공하는 것과 이 여성들이 필요했던 것 사이의 분절에 관한 이러한 경험적 관점은 그 여성들이 가장 최고의 지원이라고 느꼈던 것이 체포되거나 감옥에 가는 것이라고 생각한다는 것을 이해할 수 있게 해주었다. 이러한 결과는 복잡한 사회 범죄 문제에 대한 인도적인 접근법으로서 최근 유명하게 된 회복적 정의에 필적하는 회복적 건강의 개념을 지지하는 연구자들의 토대를 형성하였다.

Henderson, A. D., & Jackson, M. (2004). Restorative health: Lessening the impact of previous abuse and violence in the lives of vulnerable girls. *Heath Care for Women International, 25,* 794-812.

에서, "자가간호 의사결정"이라는 개념은 서비스에 대해 생각하고 제공하는 혁명적인 새로운 접근법으로서 논리 정연한 것일 뿐만 아니라 정치적으로 발전된 것이다. 이 예가 말하는 것은 단순히 어떤 생각에 대하여 포장하는 일 자체가 지식 개발에서의 의미 있는 결과를 만들어내는데 충분치 않다는 것이다. 오히려 이전 문제를 다시 사고할 수 있도록 해주는 본래의 개념적 접근법이 훨씬 좋을 것이다.

의학계에서는, 많은 개념들이 그것의 창시자의 이름(콜레 골절, 하임리히 치료법, 알츠하이머 병)으로 알려져 있다. 사회적 및 건강 간호 맥락에서, 유의미한 것으로 받아들여지고 이해되는 개념들은 새로운 것을 명확히 소통하기 위해서 "일반적"인 언어로 받아들여지게 되었다. 그러므로 "환자의 권리", "소비자 옹호", "사전 동의"는 개념적 근거로 발전된 생각들인데, 우리로 하여금 이것들을 대화 속에 포함시킬 수 있도록 허용해주고, 개념에 대해 형성되어진 주장들을 분별하게 해주며, 그것과 다른 개념들 사이에 제안된 관계에 비추어 무엇이 제시되고 있는지를 이해하도록 한다. 해석적 기술은 새로운 개념화를 생성하거나, 이전에 존재하는 개념의 관계 속에서 우리가 이해하는 속성 및 조작적 요소를 정련시킬 수 있는 잠재력을 지닌다. 동료와 함께 한 이전 작업에서 우리는 다행히 만성적으로 아픈 사람들과 그들의 전문적 건강관리자들이 함께 그들 스스로가 형성할 수 있는 신뢰의 재구조화는 되었지만 조심스러운 형태를 의미하는 "신중한 동맹"이라는 개념을 이끌어 내기에 충분할 만큼 운이 좋았다(Thorn & Robinson, 1989). 우리가 접근법으로서 "해석적 기술"을 언급하기 이전에 교육적 연구를 수행했다고 할지라도, 이것은 해석적 기술이 산출하고자 했던 개념에의 기여에 속하는 명확한 예가 되었다. 한 가지 예로써, 의사를 불신하는 만성적인 환자들이 예측 가능한 경험에 대하여 자신을 보호하고 그들 자신의 건강에 대한 책임을 갖는다는 것을 의사들이 이해하는데 도움을 주었다. 이러한 생각을 가지고 있다면, 당신은 환자에 대한 검진에 스트레스를 덜 받게 될 것이고, 환자들의 능동적 역할을 격려해줄 수 있는 방법을 찾을 수 있을 것이다.

개념이 가진 문제점은 우리가 실제로 그것을 제어하지 못한다는 것이 아니라, 개념이 특정한 목적을 위해 의미있거나 유용한 것으로 받아들여지거나 그렇지 못하거나 한다는 것이며, 또한 개념이 그들 자신의 삶에 영향을 줄 수 있다는 것이다. 사람들이 새로운 생각에 대하여 수용적일 때, 그 생각은 사회 구조 내에 삽시간에 퍼지게 될 것이다. 예를 들어, "환경 유지가능성"에 대해 최근 열광하는 것을 생각해보자. 항상 존재해왔던 중요한 아이디어가 이제 정치적인 생활이나 대중의 담화에서 가장 중요한 것처럼 보인다. 이 개념이 가지는 현재의 높은 위치는 아마도 다양한 영향력 있는 사람과 사건들에 의해 촉진되었을 테지만, 이러한 경향은 대체적으로 두드러지게 수용적인 사회에서 더욱 더 그러하다.

개념에 대한 소유권 즉, 개념을 정의할 권리와 그것의 특성과 속성을 밝힐 권리는 매우 경쟁적인 문제이다. 개념은 우리의 공동체적 삶을 형성하는데 있어 중요한 필수품이기 때문에, 개념 내에 포함된 것과 그렇지 않은 것을 구별하고, 어떤 개념적 관계가 허용될 수 있는지를 다룸으로써 유익을 얻을 수가 있다. 비록 학자들이 개념을 통제하는 것에 지적인 노력을 쏟아 부었지만, 그 영향력을 결정할 수 있게 된 것은 학자가 아니라 오히려 대중 반응의 산물들이다. 그러므로 개념의 본질적인 것과 개념적 지식의 관계에 대한 이해는 개념을 정의하려하는 불합리에 빠지는 것을 막아주고, 대신에 어떤 개념적 지식이 유도되었는가 하는 더 큰 목적에 집중할 수 있도록 도와준다. 일반적으로 우리는 어떤 내용이 반드시 이해되어야만 하고 종전과 다르게 다뤄져야만 한다고 믿기에 연구를 수행한다. 현상에 대한 본래의 개념적 명칭의 고안이 그러한 변화에 영향을 줄 수 있을지 없을지 여부는, 우리의 해석적인 서술의 열망 전부가 개념적 해결책을 향하기 이전부터, 우리 모두가 생각했어야만 한다.

주제별 서술을 통한 개념화하기

개념적으로 통합되어진 결과물을 생성하는 것 뿐만 아니라, 이미 개발되어진 결과를 가지고 뭔가를 하는 것에 내재된 복잡성에 대해 상당한 존경심을 갖추었다면, 당신은 인위적으로 행해진 주제별 요약의 유용성을 좀 더 잘 인식하게 될 것이다. 물론, 해석적 기술의 적절한 산물로써, 주제별 요약은 지식에 대한 당신이 한 공헌의 취지와 독창성에 대하여 자신을 기만하는 위험 없이 개념적 서술의 모든 이점을 제공할 수 있다.

자체적으로 제시한 조직화된 구조가 새로운 개념화의 일부가 된다는 점 때문에, 좋은 주제별 기술은 주제별 요약과는 구별된다. 새로운 개념을 창조하자는 주장 없이도, 주제별 요약은 사람들에게 더 큰 현상 내에 있는 요소들이 다른 방식으로 표현하는데 어려움을 겪었던 양상을 제시하기 위해 어떻게 정리되고 조직되어야만 하는지를 보여줄 수 있다. 그러므로 연구의 산물이 제시한 조직화된 구조는 기존의 개념을 무너뜨리거나 새로운 것들을 창조해내지 않고 밝혀진 개념화의 결과이다.

개념화하기의 핵심적 성분은 아이디어들이고, 우리가 아이디어를 다루는 메커니즘은 바로 단어들과 표식들이다. 따라서 분석 과정이 진전됨에 따라, 우리는 자료 내에서의 유사성과 차이를 반영하는 근본적인 분류로부터(예를 들어, "범주 A" 자료) 최종 독자들이 이러한 아이디어에 대한 접근가능성을 형성하는 잠재력을 지닌 개념적 명칭으로 나아가게 된다. 우리가 자료 세트 내의 패턴들과 관계를 다루고 범주화하는데 사용하는 명칭들이 개념적 의미의 전달자라는 것을 인지하는 것은 중요하다. 그러므로 주제별로 조직화된 구조의 구문을 통한 더 큰 이해를 추구하는 것은 지식을 발달시키는 중요한 방법이 된다. 이런 과정을 단순히 시적이거나 혹은 흥미를 유발하는 구절과 주제별 작은 표제들의 세트가 아닌 개념적 과정으로 인지함으로써, 우리는 주제별 요약을 좀 더 의미있고 일관성 있는 위치로 격상시킬 수 있다.

장기 보호 주거 시설의 구강 건강관리에 대한 연구에서, 실례를 논증하기 위하여 우리는 그러한 서비스가 어떻게 이루어지는지에 대한 지식을 발달시키고자 면담하고 참여관찰을 실시하였다. 보고서에서, 우리는 접근의 효과성 대 비효과성 혹은 서비스 내의 특정한 요소(치아 관리나 일상 위생 관리)로만 우리의 결과를 작성하지는 않기로 하였다. 대신에, 효과적인 각각의 요소를 형성해 줄 수 있는 중요한 개념적 구조를 밝혔다(Thorne, Kazanjian, & MacEntee, 2001). 또한 "프로그램의 전략"과 "조직 문화"를 상호 관련된 변인으로서 사용하는 주제적 관찰과 해석을 조직하는 것은, 우리로 하여금 구강 건강관리와 같은 변인이 우리에게 구강 건강 서비스 전달의 실제적 메커니즘이 비교적 중요하지 않았다는 사실을 맥락적으로 그리고 관계적으로 내포하고 있는 개념을 이해하도록 하였다. 만약 우리가 이러한 발견을 새로운 개념 명칭이나 은유적인 표현의 형태로 전달하려고 시도했다면, 아마도 우리는 독자들을 잃게 됐을 수도 있다. 대신에, 우리의 결과물은 관리 목적이 구강 건강에 명시적으로 관련이 되어있든 아니든, 다양한 관리 시설이 더 큰 관리 목적을 충족시키기 위한 접근법들을 정당화할 수 있는 토대를 제공하였다.

개념적 접근방식이든 주제적 접근방식이든 간에 해석적 기안에서 당신이 목표하는 것은, 결과물을 나타내고 조직하는 수단이며, 이것은 결국 표면적 의미 이상을 탐구하고 명료화 시켜야만 가능하다. 당신이 고려해왔던 대안적인 설명의 증거를 보여주길 원하며, 당신의 결과물에 제시된 하부 구조로서 나타난 분석 형태나 은유가 단순히 자료를 솜씨 있게 설명할 수 있는 효과성을 위한 것이 아니라 현상에 대한 맥락상 이해를 전달할 수 있는 능력에 기초를 두고 선택되었다는 것을 확증하길 원할 것이다.

TEXT BOX 9.3

방사능이 있는 것

Stajduhar와 그의 동료들은 갑상선 암 환자들이 입원 중에 엄격한 격리를 필요로 하는 고도의 방사능 치료의 결과에 대한 보고를 하기 위해 해석적 기술 접근법을 사용하였다. 이 환자들과 나눈 면담에서, 환자들은 암 진단의 결과에 충격을 받았고 암 치료에 필요한 사회적, 신체적 격리에 극심한 영향을 받았다고 말했다. 환자들은 이러한 치료가 안전한 예방조치라는 것을 알게 되었고, 가능한 그들의 현재 상황을 이해하기 위해 많은 연구들이 진행되었다. 동시에, 사람들은 이러한 치료가 수반하는 예기치 못한 것을 걱정하였으며, 식사 제한이나 방사능에 노출된 물건들을 다루는 것에 대한 일관성 없는 지시를 걱정하였다. 환자의 특정한 집단이 겪는 경험을 공통된 패턴과 주제로 분류하면서, Stajduhar 팀은 이러한 환자들에게 제공할 수 있는 최적의 치료를 보증하기 위하여 몇 가지의 즉각적인 방책을 마련할 수 있게 되었다.

Stajduhar, K. I., Neithercut, J., Chu, E., Pham, P., Rodhe, J., Sicotte, A., & Young, K. (2000). Thyroid cancer: Patients' experiences of receiving iodine-131 therapy. *Oncology Nursing Forum, 27*(8), 1213-1218.

해석적 기술은 항상 의미창조의 행위이며, 임상가와 같은 특정한 대상자들이 문제점을 이해할 수 있는 새롭고 확장된 방식으로 진보하고 있다. 비록 훌륭한 서술 자체만으로도 충분할 때는 꼭 규범적 요소를 포함해야하는 것은 아니지만, 많은 예시에서 나타나듯 해석적 기술의 결과물은 이상적인 미래가 어떨지, 거기서 나온 문제점(경한 통증 문제를 가진 환자, 정서적 혼란이 덜한 신참 진단 환자 등)의 논리적 결과가 어떠할지에 대한 가정을 반영하고 있다. 훌륭한 질을 지니기 위해서는, 과정 전반과 연구의 결과 내에서 방향감각을 유지해야만 하며, 이것은 산출하고자 했던 것과 산출되는 단계들이 일관성을 갖도록 해준다. 해석적 기술은 이전에 존재했던 것을 뛰어넘는 이해를 보이지 못할 때, 내재되어있는 잠재력을 끌어올리는데 실패하고 만다. 새로운 조직 구조나 개념 명칭은 지식을 발전시키는데 관계가 없다(이것은 거의 틀림없이 집단의 혼란을 야기할 수 있다). 조직화된 구조가 주관적인 경험과 개념적 지식 사이에서 새로운 가능성을 나타낼 때, 본질적인 목적을 이룰 수 있게 될 것이다.

분석을 결론으로 이끌기

철저한 과정과 심도 깊은 반복적 분석과 종합을 통하여, 당신은 결국 개념 혹은 주제의 정점에 올라설 수 있게 될 것이다. 운이 좋다면, 모든 다른 가능한 선택사항과 비교하여, 결과를 개념화하는 방식에 당신은 충분히 자신감을 얻게 될 것이고, 결과보고서를 작성 할 수 있게 될 것이다. 당신이 말하고자 하는 것을 이해함으로써, 어느 부분을 혼합하고 배열해야 할지에 대한 명백한 청사진을 얻게 될 것이며, 결국 독자를 당신이 이전에 따랐던 길로 현혹시키는 것이 아니라, 일반적 결론에 도달하도록 할 수 있을 것이다.

경험이 부족한 사람들은 당신이 결과물을 작성할 수 있을 정도로 충분한 분석적 기반을 갖추었는지에 정확하게 판단하기가 어려울 수 있다. 자료를 배열하고, 강조할 부분을 찾고, 개괄적으로 밝힐 것이 무엇인지를 결정하는 방식 내에서 개념적 혹은 주제적 구조를 찾아야 할 것이다. 당신의 조직 구조가 “무엇이 어디에 속하는가?”, “얼마나 많은 세부자료가 필요한가?”, “내가 어떤 양상을 보고하고, 어떻게 하면 효과적으로 표현할 수 있을까?”하는 질문에 당신의 조직 구조가 답이 되어주길 바랄 것이다. 경험에 비추어보자면, 결과물을 설명해줄 수 있는 주제와 표제가 서술하고자 하는 "목차"를 만들고, 왜 자료가 제시된 방식대로 조직되었고 독자가 그 자료를 접하는데 그 제시방식이 도움이 되는지 설명할 수 있는 결과물에 대한 설득력 있는 도입부를 만들어 낼 때 당신의 분석은 적절한 결과에 도달했다고 할 수 있다. 이러한 단계를 효과적으로 성취해 냈을 때, 원래의 자료 중 어느 요소가 적절할지, 또 어디서 어떻게 그리고 무엇을 다뤄야 할지가 명백해 질것이다. 그려내야 할 특징들이 명백하게 잘 나타난 윤곽이 있다면, 당신은 그림을 그릴 준비가 된 것이다.

제10장

결과물 작성하기

단계 설정하기

결과물 작성을 시작한다는 것은 해석적 기술 프로젝트에서 가장 흥미롭고 두려운 일이다. 이것은 처음부터 당신이 상상해 온 단계인데, 이 단계에서 유려한 묘사로 이루어진 본문이 인용되는 것을 상상해보거나, 기가막한 소설이나 끝까지 눈을 뗄 수 없는 결론 속으로 독자가 빠지게 하는 글을 쓰는 것을 상상해 볼 수가 있다. 비록 결과물을 기록하는 것이 문학 작품의 서평을 작성하거나 방법론적 접근법을 서술하는 일의 고통과는 다를지라도, 우리가 상상해왔던 방식으로 쉽게 진행되지 않는다는 것은 두 말할 필요가 없을 것이다. 인내와 훈련을 필요로 하는 글쓰기에는 서술이 있으며 아마도 특정한 연구 프로젝트에 도움이 될 만한 적절한 접근법을 찾아내기 이전에는 몇 차례 잘못 시작할 수가 있다.

준비성 판단하기

글을 쓰기 위한 준비는 초보 연구자들이 해야 하는 어려운 판단이며, 이것은 다른 훈련 과정과 비교하여 인간적 한계 때문에 더욱 어렵다. 9장에서 언급하였듯이, 현상을 개념화할 때 도출되는 조직 구조를 옹호할 수 있을 때 글쓰기를 시작하는 것이 바람직하다. 그러나 많은 사람들은 실제로 글을 쓰기 전까지 자신이 구조의 내용을 완전히 이해하지 못했음을 깨닫지 못한다. 따라서 다른 반복적 과정들과 마찬가지로 글쓰기와 개념화 단계에 대한 숙고는 나중에 좌절감을 겪지 않는데 도움이 될 것이다.

때때로 당신은 글을 쓰기 전에 사람들에게 잠정적인 결과를 발표하는 것을 통해 이점을 얻을 수도 있다. 많은 연구자들은 결론이 완전히 확고해지기 이전에 요약문을 작성하여 학회에 제출하거나 그것의 결과를 사람들과 공유함으로써 스스로에게 한계를 부여하기도 한다. 그리하여, 만약 마음속으로 그려봤던 조직 구조를 검증받을 수 있다면 이것으로 이득을 얻을 수 있으며, 또한 잘 들어맞지 않는 것처럼 보이는 부분에 대해서는 명쾌한 비평을 받을 수도 있을 것이다.

글을 쓰기 위한 준비는 자신의 성격에 의해 강하게 영향을 받는 연구의 요소 중 하나이다. 몇 사람은 결코 모든 답을 찾을 수 없다고 생각하며 머뭇거리는 반면, 다른 몇몇은 모든 것이 잘 들어맞을 것이라고 자신만만하며 앞서서 뛰쳐나간다. 자신의 성격을 알고, 그 성격에 반하지 않는 방식으로 연구하는 것은 연구자로서 성숙해 나가는 데 매우 중요하다. 초보자들에게, 프로젝트를 수행하는데 있어서 최적의 균형을 맞추는 데, 연구 동료와 지도교수는 당신이 어떻게 행동해야 하는지에 대한 최고의 안내자가 되어 줄 수 있다.

구조를 결정하기

해석적 기술 결과물을 제시하는 두 가지 기본적인 방법이 있다. 당신이 택하게 될 방법은 대개 결과를 개념화하는 과정에서 서술과 해석 간의 균형에 달려 있을 것이다. 첫 번째는 중요한 개념적 주장 내에서 결과를 조직하는 것이며, 그러한 요소들이 전체를 이해하기 위해서 꼭 필요한 부분들의 구조를 조직하게 된다. 두 번째는, 결과가 되기 위해서 충분한 효과를 지닌 개념적 논거를 갖지 못할 경우, 연속적인 조직화의 틀을 설정할 필요가 있다는 것을 인지하는 것이다. 이러한 틀은 그 자체가 이야기가 될 수는 없지만 당신이 이야기를 하게 도와 줄 수는 있다. 어떤 보고서를 쓸 것인지 아는 것은 정직하게 글쓰기를 할 수 있는 구체적인 로드맵을 생성하는데 있어 매우 중요하다.

전체적인 구조의 본질을 이해하는 것은 결과물을 삶에 적용시키기 위해서 무엇을 주제로 결정하고 무엇을 소주제로 다룰지를 결정하는데 도움을 준다. 만약 강력한 메시지 전달이 더 큰 개념적인 것이라면, 다양한 제목의 배열과 구문은 반드시 명확하게 그것을 전달할 필요가 있다. 만약 조직의 구조가 진정한 결과물을 보여 줄 수 있는 발판이라면, 주제를 미사여구나 은유적인 표현으로 꾸미는 것은 실수가 될 수 있다. 그러한 부수적인 것들이 중심적인 특징을 흐릴 수 있기 때문이다. Sandelowski가 말했듯이, 조직 구조가 인물, 배경, 구성을 강조해야만 하는지를 이해해야 한다(1998, p. 377). 개인적으로, 필자는 당신의 전체적인 구조의 본질을 이해하는 것이 연구의 제목을 최종적으로 결정하는데 중요하다고 언급했었다. 어떤 매우 훌륭한 연구들도 내부적으로 유지시키지 못한 개념적 추상성의 수준을 확인하는 것을 무시했었다. 그러므로 추구해야할 사항은 결과물의 형식과 제목 안에 함축된 개념 수준을 일치시키는 것이다.

명확하게 정리된 개요 없이 결과물을 해석적 기술로 쓰기 시작해서는 안된다. 개념지도를 잘 이용하는 사람들에게 있어서, 개요의 형태는 거품, 화살표나 동심원 같은 시각적 표현의 한 방법이 될 것이다. 그러나 우리들 대다수에게 있어 내용 요목 목차는 구식이지만 여전히 좋은 구조 체계이다. 한 장을 적절한 순서로 문장을 배열하고, 서론 · 본론 · 결론의 틀을 갖춘 논리적인 문단으로 나누어 써야한다는 것은, 이러한 순차적인 배열을 세심하게 조직한다는 것을 의미한다.

일반적으로, 복잡한 개념을 이해하려는 인간 정신의 한계와 특성으로 인해, 결과물이 주요 범주로 조직되는 경향이 있다. 예를 들어, 반응의 네 가지 방식이라든지, 여섯 가지 경험의 특징, 과정의 다섯 단계, 상호작용의 세 가지 대체적인 패턴으로 분류하는 식이다. 만약 너무 많거나 적은 주요범주를 가진다면, 당신 스스로에게 개념 과정이 끝났는지, 혹은 고려할만한 부가적인 구조적 대안들이 있는지를 자문해야 할 것이다. 많은 초보 연구자들은, "총체적" 경험을 구성 부분들로 나누지 못한다는 것을 입증하기를 원한다. 따라서 구조적 분류를 시도하는 것에 저항하게 된다. 인간의 경험이란 자연 속의 총체라는 생각에 공감할 수 있지만, 이러한 특정한 논증은 연구 보고서 작성 시에 성공하지 못할 것이다. 실제로, 독자들을 이해시키기 위해 순차적인 논증을 구성하기 위해서 전체 중 각 부분들을 정리하고 조직할 필요는 있다. 특정한 현상은 구조적 정의를 설명할 수 없다는 것을 당신이 열정적으로 증명하려 할지라도, 독자는 여전히 당신이 전체로서 결론 내린 것을 받아들이기 위해서는 관련된 부분들을 이해해야할 필요가 있다. 그러므로 발표를 위해서 결과물을 어떻게 구성해야할 것인가를 결정할 때 충분히 심사숙고하는 것은 효과적으로 당신의 새로운 통찰력을 글의 형태로 전달하는데 필수적으로 요구된다.

일련의 적절한 구성 요소들 즉, 결과 작성을 위한 조직 구조를 만드는 주요 주제들을 가지고 있을 때 당신은 그 요소들을 명명할 필요가 있다. 당신이 선택하는 명칭의 형태나 양식이 무엇이든지 간에, 주제들은 서로 관련을 가져야 하며(동일한 문법양식이나, 비슷한 수준의 추상성, 개념화와 유사한 것을 반영시켜야 한다) 논리적인 연결성을 가지고 있어야 한다는 것을 알아 둘 필요가 있다. 첫 번째 영역이 있으면 그 다음은 두 번째, 그 다음은 세 번째가 있기 마련이다. 이러한 배열에 관한 결정은 임의적이어서는 결코 안 된다. 자신을 이야기를 하는 사람으로 여기고, 어떤 부분에서 시작을 해야 할지, 어떻게 진행될지, 그리고 어떻게 끝이 날지 정당화할 수 있는 논리를 찾을 필요가 있다. 글쓰기 청사진 중 내용 목차는 가장 숙련된 작가들에게도 믿을만한 지침서이다. 이것이야말로, 분류를 명확히 드러내고, 표현하고자 했던 명칭을 전달해주며, 글에서 전달될 순서를 잘 파악하도록 해준다. 여기서 어떻게 각각의 섹션들을 써내려가야 할지, 정보 수준을 얼마나 자세히 해야 할지, 마무리를 위해서는 어떤 아이디어가 좋을지를 알기 위한 통찰이 시작된다. 기록된 산물 내의 작은 구성요소들 간의 복잡한 상호 관련성에 대한 이해를 지탱해주는 구조는 목표에 충실치 않은 글과 훌륭한 글을 구분해 줄 것이다.

비록 몇몇의 연구기록 작성이 주요 범주(과도한 소주제 사용을 막는 많은 학술적 글들의 페이지 제한)를 넘어서는 일반적인 구조를 필요로 하지 않는 것처럼 보일지라도, 학위논문이나 전공 논문과 같은 장문의 보고서들은 다층적 구조의 명시적인 조직 구조의 틀을 필요로 한다. 게다가 소주제들이 최종 글에 드러나는지에 관계없이, 계획한 활동을 가능한 구조적인 세부사항으로 연결해나가는 것이 중요하다. 주요 범주들이 전체를 구성하는데 필요한 형식과 순서로 표현될 때, 각각의 범주들은 고유의 내부 구조 내에서 고려되어야만 한다. 각각의 범주는 고유의 구성 부분들을 가질 것이고, 역시 이것들은 적절히 배열되고 명칭이 붙여져야만 한다(만약 소주제들을 사용하려고 하지 않았다면, 표지는 덜 중요하지만 그럼에도 글의 전반적인 계획에 필수적이다).

글의 개요의 효과성을 시험하기에는 글쓰기 이전에 자료로 돌아가 보는 것이 효과적일 수 있다. 텍스트를 검토하고 다시 읽으면서, 스스로에게 앞으로 구성해야할 논증의 중심에 무엇이 올 것인지, 어느 것이 맥락 안에 있는지, 최종 텍스트에 도움이 되지 않을 만큼 지엽적이거나 산만한지에 관해 자문해봐야 할 것이다. 최종 결과물 작성 시에 꼭 필요한 주요 요소들을 발견했을 때, 최고의 효과를 얻기 위해 글 전체 내에서 그것들을 어디에 위치시켜야만 하는지를 재빨리 결정할 수 있겠는가? 이것은 궁극적으로 독자들에게 정보를 제공할 수 있는 능력을 결정해줄 글쓰기의 과정에서 당신이 조직해야 하는 구조적인 틀에 관한 능력이다.

글쓰기 양식을 결정하기

글을 잘 쓰는 것은 모든 질적 연구에서의 기본적인 능력이다(Wolcott, 1990). 우리는 스스로 연구 보고서를 작성할 때까지 엄청난 양의 연구 보고서를 읽고 있으며, 우리 자신의 연구 보고서는 어떠할지에 대해 계속해서 구상해볼 것이다. 아마도 모방하고 싶은 글쓰기 양식을 지닌 저자가 있을 것이고, 표현하고자 하는 자신만의 내면의 방식도 가지고 있을 것이다. 분명하게 의도하지 않았을 때조차 표현하고자 하는 방식을 찾고자하는 경향이 있기 때문에 좋아하는 작가에 대한 선호나 표현 방식에 주의를 기울이는 것은 현명하다고 할 수 있다. 대다수에게 있어서, 글쓰기는 서로 다른 특정한 방식 속에서 지면을 구성하려하는 목소리들의 불협화음의 연속이며, 조화를 이끌 수 있는 지휘자가 필요한 행위이다. 이러한 불협화음에 귀 기울이지 않고 무시한다면, 통제하기 어려운 방식으로 불협화음이 글 전체로 살금살금 퍼져 나갈 것이기 때문에, 결국 자아 인식은 글쓰기 과정에서 중요한 부분이다.

해석적 기술을 작성하는 것은 연구의 제안서가 허용하는 것 이상으로 당신을 창의적인 사람으로 만들어준다. 그러나 여전히 학문과 창조성 사이의 균형을 찾는 것은 안타깝게도 복잡한 일이다. 지나친 수식이나 시적인 표현을 사용하고, 혹은 열정을 고취시키기 위해 창조성에 지나치게 관심을 둘 경우, 창조성을 유지하기 위해 자신이 가진 능력을 손상시킬 것이다. 반면, 결과를 무미건조하고 단순히 서술적으로만 써내려 간다면, 글의 중요성을 충분히 인식할 수 있도록 독자를 흥미롭게 만들기는 어려울 것이다. 대다수의 예에서 알 수 있듯, 연구의 목적은 문제를 해결할 수 있도록 실무 분야의 능력을 확장시키기 위하여 인간의 주관적 경험에 대한 특정한 요소를 밝히는 것이 될 것이기 때문에, 의도된 독자들에게 관심을 불러일으킬 수 있는 접근법을 찾고자 할 것이다. 다만, 어떤 글쓰기 양식도 해석적 기술을 보증하는 모든 다양한 프로젝트를 충족시킬 수는 없다(Sandelowski, 1998).

연구 보고서의 형태는 대개 당신의 자료 세트로부터 나온 내러티브와 범례들의 결합을 포함한다. 어떻게 이것을 다뤄야 할지 생각해내고, 목적에 효과적으로 도움이 될 만한 접근법을 찾아내는 것은 계획을 필요로 한다. 자료가 "스스로 표현"할 수는 없는 노릇이기 때문이다. 우리는 누구나 연구자로서의 역할과 책임감을 다하지 못하고, 대신에 괜찮은 참여자들로부터 인용된 글의 토막만을 보여주는 초보 연구자들의 발표를 들어본 적이 있을 것이다. 만약 자료가 스스로 표현할 수만 있었다면, 연구자들은 필요 없을 것이고, 전달 방법에 대하여 어려움을 겪지 않아도 될 것이다(Thorne & Darbyshire, 2005). 기자가 면담할 사람을 선택하고, 인용할 문구를 빠르게 골라내고, 글을 특정한 맥락에 위치시키는 것처럼, 연구 또한 특정한 사회적 역할, 과정 그리고 예상되는 산물과 상당한 관련이 있다. 수집되고 개념화된 자료들은 특권이 부여된 자료들이며, 자료가 어떻게 사용되어야 하는가에 대한 사회적 신뢰의 바탕과 특정한 학문적 혹은 의료적 공동체라는 맥락 안에서 얻어지게 된다. 논리적인 결론으로 계속해서 이끌어나가고, 실증적 주장으로 만드는데 필요하도록 기존의 자료들을 생각이 깊게 그리고 옹호할 수 있는 형태로 사용하는 것은 당신의 의무이다. 따라서 연구 참여자들에 향한 감상적인 믿음 혹은 애착(모든 질적 연구자들이 그렇게 생각한다)에 관계없이, 결과 보고서는 지식에 공헌할 수 있는 논리적인 산물이 되어야 하고, 공동으로 구성된 자료들에 근거해야 하며, 의도한 독자들에게 표현되어져야만 한다. 당신이 말하려는 요점을 나타내기 위해 자료를 전략적으로 발췌하고, 보고서에 어떤 요점이 포함되어야 하고 왜 그런지를 결정해야 할 사람은 바로 당신이다.

연구 보고서의 구조와 과정에 대한 책임을 질 때, 논리적 추론이 전체적인 설명을 담아내는 논증의 토대가 될 수 있음을 인지하게 된다. 과도기적 단계에 이르거나 완성 단계에 거의 다다르게 되면, 당신이 어느 정도 진척시키고 있는지와 진행하는 이유, 그리고 진행 상황에 관하여 독자들에게 알릴 방법에 대하여 알아야만 할 것이다. 또한, 전체적인 글의 구성요소들을 묶을 수 있고, 글의 인용과 사례들이 꾸며주는 구조를 제공해주는 서술을 만들어 낼 수 있을 것이다. 이러한 이유로, 당신의 보고서에 예시된 요소들로부터 이야기를 분리하는 것(만약 실제로 그렇지 않다면 적어도 이론적으로는)은 필수적이다. 최종 보고서가 연구자의 말과 그 말에 대한 연구참여자들의 다양한 목소리를 반영하지만, 서술을 하고, 후에 예시들을 엮어나가는 것으로 시작하는 것이 일반적인 최선의 방법이다. 이러한 방법은, 최대한의 이득을 얻기 위해 자신의 방식을 찾을 때, 스스로에게 아이디어의 흐름, 단락의 구조, 연결사의 조절과 같은 논리의 흐름을 볼 수 있도록 하며, 이러한 예들을 잘 위치시킬 수 있도록 해 준다. 필자는 종종 대학원생들에게 그들의 자료를 일시적으로 멀리하고 서술을 먼저 하도록 장려한다. 이것은 전체적으로 분명한 발전을 가져올 수 있도록 해주며, 구성했던 논리적 모델을 증명해주며, 보고서가 납득될만한 수준으로 구성될 수 있도록 해준다. 초기로 돌아가서, 포함하고자 한 훌륭한 예들을 분류 및 조직하고, 그 예들을 적절한 연결을 통해 이야기로 전달하는 것이 너무 어려워 보이지는 않는다. 당신은 적당히 수용될 수 있는 예들 이상의 것을 찾으려고 할 것이므로, 무엇이 논증에 가장 도움이 되는지 결정할 필요가 있다.

예들을 수집하고, 사후에 일관된 논리로 정렬하려는 것은 형편없는 생각이다. 대다수의 예에서, 영민한 독자들은 이러한 증거를 찾아낼 수 있으며, 스스로를 Sandelowski와 Barroso (2003a)가 "무 결과물(no findings)" 연구라고 명명했던 위험에 빠뜨리게 될 것이다. 노련한 연구가들은 글의 초안에서 서술을 하는 것과 예를 선택하는 것을 결합시킬 수 있지만, 익숙하지 않은 사람들에게는 각자의 목표를 달성하기 위하여 이 두 가지 지적인 과정을 분리시키는 것이 나을 것이다.

과정에의 참여

집필자의 집필양식 찾기

많은 연구자들이 직면하는 주요 난제는 마침내 글쓰기를 시작하려 할 때, 사용할 "양식(voice)"를 결정하는 것이다. 연구자 자신을 지칭하는 대안적 표현인 일인칭 시점을 선택하는 간단한 결정 이외에도, 당신은 동기를 표현할 수 있는 어조나 형태를 찾고, 결과를 객관적으로 보고, 최종 독자들에게 "전달하려"고 할 것이다. 문장의 구조와 선택한 어휘, 생각을 논리적으로 보여주는 방식은 어떻게 독자들과 소통해야 할 것인지와 읽게 될 글을 전달할 수 있는 방법을 구성하는 모든 요소라 할 수 있다. 따라서 글의 논조는 성공적인 결론으로 프로젝트를 이끈다는 점에서 중요한 역할을 하는 요소가 된다. 너무나 경박하거나 비판적이거나, 무례하거나, 감정적이거나, 혹은 자아도취적인 것은 당신의 최종적인 결과가 효과성을 지니는데 있어서는 재앙이 되고 말 것이다. 따라서 무리하게 프로젝트를 진행하려 하지 말고, 연구자 자신과 과정, 추론이 잘 드러나도록 시도해야만 할 것이다.

비록 연구자들이 지닌 생각이 해석적 기술 연구의 수행에 있어서 필수적인 요소이지만, 서면 보고서 내의 반복되는 암시는 결과물에 대한 독자의 신뢰를 손상시키게 한다. "참여자들이 말하기를"이라며 끊임없이 반복적으로 말하는 것은 보고서를 받아들이기 어렵게 만든다. 그렇기 때문에, 대신에 연구의 도구로서 자신을 사용해야 할 것이다. 서술의 구조와 과정이 논리적으로 제시될 때, 단순히 다른 방식으로는 표현될 수 없는 특정한 맥락적 통찰과 같은 서술의 양상을 위해서 자신의 개성을 어느 정도 배제시켜야만 한다.

효과적인 글쓰기는 구조면에서는 단순하고 쉬우며, 상대적으로 용어를 쉽게 선택하도록 하는 경향이 있다. 이전에 사용했던 것보다 훨씬 더 복잡하고 장황하고 어려워 보일 수 있는 언어와 문장 구조를 사용하는 새로운 학자 공동체에 입문하고자 할 때, 이것은 커다란 유혹이 될 수 있다. 여기에 대해 Sandelowski가 우리에게 다음과 같이 일깨운 바 있다.

> 양적 연구자들은 통계학 상으로는 어렵고 임상적 중요도는 낮지만 통계적으로는 중요도가 높은 용어로 독자를 지루하게 할지도 모르지만, 질적 연구자들은 글과 관련성 없는 코드와 범주들로 이루어진 긴 목록, 의미상의 주어가 제시되어 있지 않은 분사, 여러 하이픈으로 연결된 어지러운 배열, 때로는 언어자체를 파괴하는 집필자의 의도 말고는 아무런 뜻이 없는 신조어들을 과장된 문체를 사용하여 불쾌감을 줄 수 있다(1998, p. 375).

필요 이상으로 복잡하게 말하거나 목적이 불분명하도록 모호한 언어를 사용한다면, 그것이 명석함의 표현이 아니라 관련용어 중독이라고 독자가 의심하게 될 것이다. 연구 보고서 작성의 핵심은 연구의 노력을 충분히 정당화 할 수 있는 현상들에 대하여 독자들의 더 나은 이해를 위해 상상력과 지적 능력을 자극하는 것이다. 따라서 글의 목적에 도움을 주는 글의 양식, 즉 개념적 지식이 결과가 되는 논리와 통찰의 길로 독자를 쉽게 이끌어 줄 수 있는 것은 당신이 추구해야 할 것이다. 당신이 숙달된 스타일과 구조에 대한 기초를 가지고 있다면, 자신만의 고유의 수식을 가지고 글을 치장하는 것이 분명 가능할 것이다. 그러나 결국 창조행위는 좋은 글쓰기의 건실한 기초 위에서 만들어져야 함을 명심해야 한다. "아름다운 기법"의 전형을 보이는 Sandelowski (1994a)를 포함한 최고의 역할 모델들의 글쓰기를 본다면, 그들만의 두드러진 스타일의 근저에는 문법과 작문의 기본적인 수칙을 숙달한데 있음을 알게 될 것이다.

사례에 대한 전략 세우기

해석적 기술의 목적으로 돌아가 생각해본다면, 단순히 인간 경험에 관한 이야기를 드러내는 것이 아니라, 주로 개인적인 변화를 생각하는 동시에 인간의 주관적인 경험 내의 공통성을 포착하는 지식의 종류를 생성해내는 것을 떠올릴 수 있을 것이다. 우리는 보편적인 지식을 발전시켜 왔는데 그 지식이 진리를 전달해서가 아니라 인간의 행동 패턴을 효과적으로 이해하고, 직업적으로 부딪히는 개별 사례에 대한 더 나은 결정을 만들기 때문에 이렇게 해왔다. 이러한 원리는 결과 보고서를 작성할 때 정립해야 할 논증을 설명하고 해석적 기술의 산물이 다른 질적 연구 방법들과는 다르다는 것을 보여주는 예들을 선택하고 밝히는데 있어서 매우 중요하다.

결과 보고서에서 예시를 사용하는 요점은 당신의 주장을 "입증하려" 해서는 안 된다는 것이다. 자료의 예를 신중하게 참고하여 자료에 근거한 주장을 어느 정도 납득시킬 때, 독자는 본질적으로 의심하지 않고 보고서가 전달하고자 하는 것을 받아들일 수 있다. 왜냐하면 연구 과정에서 연구자가 행동하고,

보고, 들었던 모든 것을 평가할 수 있는 수단이 없기 때문이다. 나아가, 비록 특정한 현상에 대한 다양한 예들을 갖추었다고 할지라도, 당신의 표본 전략은 당신으로 하여금 독자가 정당하다고 생각할 만한 방식으로 수량적 자료가 함축하고 있는 주장을 할 수 없게 만든다(Sandelowski, 2001). 마찬가지로, 이것은 특정한 표본 내에서 보편적 패턴을 언급하는 논증을 지지해줄 수는 있지만, "항상" 혹은 "결코"라는 것은 연구의 맥락 내에서 존재하지 않을 것 같다.

그러나, 당신은 자료를 나타내주는 예시들(극단적이거나 아주 전형적인 예일지라도) 사이에서 독자들이 헤매지 않도록 돕기를 원할 것이다. 만약 자료 세트 내에서 관찰한 여러 종류의 변화들의 공통성과 정교함을 밝히는 것이 목적이라고 생각한다면, 예시들의 선택과 표현은 확실히 전체적인 논증의 한 부분 내에 위치할 수 있을 것이다. 수많은 예시에서 볼 수 있듯, 연구자들은 공통 요소를 서술하는 것으로부터 시작하며, 아마도 인용구와 일화 내의 중심 특질을 드러내기 위해 이것들을 선별적으로 끼워 넣을 것이다. 그 다음은, 자료 세트가 나타내는 변화들을 증명하려 할 것이다. 모범적인 예, 대조적인 예, 그리고 "예외"들을 나타내는 방식은 각각의 역할에 대한 인식을 반영하고, 이러한 역할들은 연구 하에 있는 현상들의 묘사를 구성하고, 구조를 통한 이해 가능성과 변화를 통한 복잡성을 제공하고 있다. 따라서 극단적인 변화가 공통적으로 잘못 이해되지 않도록 독자들에게 이 점을 명확하게 할 필요가 있다.

최고의 예들은 일반적으로 핵심을 보여줄 뿐만 아니라 그 핵심이 흥미로운 방식으로 인간에게도 적용될 수 있어야 한다는 것이다. 그러나 과도하게 한명의 특정 참여자에게 기대하지 않도록 조심해야 하는데, 특히 그 참여자가 표현 방식이나 맥락에 의해서 독자들에게 쉽게 노출될 수도 있기 때문이다. 예시들을 그대로 인용하거나 재진술을 통해 표현하는 것은 얼마나 효과적으로 실제 언어와 표현들이 의도한 의미를 지니고 있는지에 달려있다. 사람들은 대개 글로 쉽게 옮겨 쓸 수 있는 것들을 입으로 표현하지 않는다. 당신은 누군가가 "말한" 것을 알고 있을지 몰라도, 아이디어가 깔끔하게 전달된 특정한 문장이나 문단은 없다는 것을 알 것이다. 일반적으로, 묘사하는 자료의 양은 표현하고자 하는 특정한 요점에 부합될 수 있는 만큼만 사용해야 한다. 너무 많은 세부묘사는 독자의 마음속에 질문을 불러일으키게 되고, 독자에게 납득시키고자 했던 특정한 요점을 제대로 전달하지 못하게 할 수 있다. 단어들 자체가 어색하고, 일관성이 없거나 주제에 벗어나 있는 상황이라면, 재진술하는 것이 좀 더 적절할 수 있음을 알게 될 것이다. 만약 수많은 맥락을 토대로 구성하지 못한다면, 독자는 당신과는 달리 연구 참여자의 특성에 애착을 가지지 못할 것이다. 따라서 단지 자료를 수집한 원래의 표본이나 경험을 자유롭게 표현한 것이 아닌, 결과를 가장 잘 보여줄 수 있는 자료와 예를 고를 때에는 냉정할 정도로 객관적이 되어야 한다. 마지막으로, 구어와 문어의 변환 시에는 구두법이나 문장구조를 사용해야할 필요가 있다는 점을 기억해야 할 것이다. 독자는 이해할 수 있는 구조 내에서 이러한 변환을 "들어야"만 하며, 그러한 형태로 만드는 것이 바로 당신의 일이다.

접근가능한 감사 추적법 만들기

훌륭한 귀납적 분석을 하는데 관련되는 절차상의 요소들을 언어적으로 보고서 내에 담아내기가 꽤나 어렵기 때문에, 당신이 서술한 것과 해석한 것을 독자가 구분해 낼 수 있도록 충분한 지침을 제공해야만 한다. 몇몇의 예에서, 해석적 접근을 명확히 하는 것이 좋다는 것을 알 수 있지만, 대다수의 경우에서는 지적인 과정이 개발된 근거가 아닌 단순히 과정 자체에 지나친 관심을 갖게 되는 실수를 저지르게 된다. 이상적으로 염원하는 것은 그 논리의 생성과 발전을 보여주기 위해 자료로부터 나온 충분한 표본을 가지고 효과적으로 설명하여, 논리의 흐름이 격조 높게 표현되는 것이다. 다시 말해서, 당신은 그러한 추적법이 존재한다는 것을 확인시키는데 시간을 받치기 보다는 그러한 추적법을 따르도록 독자를 이끌고 가야한다는 것을 의미한다.

Emden과 동료들은 "출판 시의 정직성과 신중함을 결과 자체만큼이나 중요시하는 연구자들에 대한 도덕적 명령"을 우리에게 상기시켜준 바 있다(Enden, Hancock, Schubert, & Darbyshire, 2001, p. 210). 연구에 근거가 될 수 있는 다양한 자료에 접근하고 글을 잘 쓰기 위해서는 실제로 결과를 표현하기 위한 많은 선택사항을 가지고 있어야 한다. 만약 특정한 은유적 표현이나 개념적 심상을 사용하기로 했다면, 납득될 만한 글쓰기가 되기 위해 대표적인 충분한 예를 들어야 할 것이다. 따라서 노력의 산물이 의도된 방식으로 계속될 수 있고, 당신의 노력 안에서 지속적인 지적 담화 속으로 들어가고, 인간의 문제를 해결하는데 뜻있게 사용되도록, 해석적 기술의 수행과 글쓰기의 두 가지 작업을 하는데 있어서 목적의 진실성을 유지하는 것이 필요하다. 만약 또 다른 목적을 위해 질적 연구 사업을 이용해야 한다고 생각한다면, 그것은 당신 자신과 직업에 해를 입히는 행위가 될 것이다.

해석적 기술이 지금껏 덜 밝혀졌거나 심지어 이전에 알려지지 않았던 인간 경험의 특정한 양상을 보여줄 때, 그 산물의 질을 판단하는 기준은 당신이 한 설계형태와 그 형태를 나타내는 방식, 접근했던 표본들, 그 표본들로부터 추출해낸 자료, 그리고 자료가 말하는 것을 이해하는 독자의 능력에 달려 있을 것이다. 감사 추적을 이해하는 것은 이러한 요소들에 대한 완전한 지식을 필요로 하지는 않는다(혹은 질적 연구가 15페이지 내외의 원고로 배포될 수는 없다는 것이다). 그러나 각각의 요소들 사이에서의 논리적인 연결은 보고서에서 충분히 설득력이 있도록 명백해야만 한다. 질적 연구 산물의 구성요소를 이해하는 독자들은 특정한 방식 내에서 당신이 수집한 자료와, 당신이 핵심 요소를 설명할 수 있는 의미 있는 방식을 밝혀내기 전까지는 그러한 요소들을 체계적으로 반영한 증거를 알아볼 수 있어야만 한다. 결국, 당신은 언어의 선택, 아이디어를 연결하는 방식, 설명의 진정성을 통하여 자료를 전달하려 할 것이다. 독자가 연구의 산물이 잘 구성되어져 있음을 알 수 있을 때, 결과는 어느 정도의 신뢰에 다다를 수 있다. 따라서 당신이 따른 논리적인 방향을 가시화하는 능력은 결과가 분명해질 수 있도록 하는 개념적 구조와 서술의 형태에 달려있다.

예측 가능한 문제점 피하기

글쓰기 과정을 복잡하게 만드는 것은 글쓰기 과정을 전략화할 때 언급할 필요가 있는 피할 수 있는 문제점 때문이다. 당신이 만들어낸 글쓰기의 패턴(예, 간단한 저널 리포트나 좀 더 긴 박사학위 논문)에 따라서, 그 장르와 선택사항을 제한하는 일반적인 기대나 요구 조건 내의 형식에 익숙해지길 원할 것이다. 대다수의 경우에서, 광범위한 제약을 가지고 작업을 해야 한다는 것을 알게 될 것이다. 그러나 가설을 검증해야만 하는 학술지 형식의 글은 실제적인 도전이 될 수도 있다.

은유의 오용

비록 대다수의 해석적 기술이 주요한 목적으로서 현상에 대하여 대단한 은유적 표현을 추구하는 것은 아니지만, 은유의 사용은 의심할 나위 없이, 해석적 자료를 밝히는데 중요한 방법임에 틀림없다. 은유는 한 가지 사항을 다른 말로 설명할 수 있게 해주며, 은유를 사용치 않으면 매우 어려울 수 있는 관계들 속의 요소들을 표현할 수 있도록 해준다. 그러나 만약 은유가 글쓰기에 사용되어야만 한다면, 사려 깊게 그리고 현명하게 다뤄져야만 할 것이다(Sandelowski, 1998). 은유는 특정한 시각과 심지어 대상의 가치에 특혜를 준다(건강 분야의 질적 연구에서는, 패배, 노쇠, 혼란보다는 영웅적 행동이나, 아름다움의 대상, 혹은 자연의 경이를 추론하는데 좀 더 널리 사용되는 것처럼 보인다)(Thorne & Darbyshire, 2005). 은유가 나타내는 편파적인 관점은 내부적으로 복잡한 현상 전체를 부당하게 대할 수 있다. 우리는 예를 들어, 유방암을 은유적으로 영적인 성장 정도로 주장하는 것이 도덕적으로 만족스럽다고 생각할 수 있지만, 여성들에게는 통증, 일상적인 삶의 붕괴, 죽음의 위협들이 여전히 우선되고 있다. 질적 연구 보고서 내에 은유적 표현을 쓰는 것을 두고, Sandelowski는 이렇게 말했다. "은유는 무언가를 일관성 있게 만들어 줄 필요가 있다. 부분을 전체로 이어주기 위해서"(1998, p. 379). 따라서 혼란스럽고 실패한 은유는 일관성 있는 보고서를 손상시킨다. 감당할 수 없는 은유는 우스꽝스럽고, 수준 이하의 은유는 의미 없는 것이 되고 만다. "균형 잡기"가 "일련의 난관"이 될 때, 우리는 마음속으로 키웠던 "지혜를 획득하는" 능력을 잃고 말 것이다.

기술 혹은 분석 과잉

Lofland와 Lofland (1995)는 과도한 서술과 분석(해석)은 질적 연구 보고서의 질을 손상시킨다고 지적하였다. 질적 연구자들은 종종 "심층적 기술"의 고유의 가치를 정당화하기 위해 Clifford Geertz (1973)를 인용하곤 하는데, 심지어 그의 보고서들이 실제로 강력한 해석적 기준을 충족시키는 서술이 아닌 매우 "빈약한" 다량의 다양성을 반영할 때조차도 인용하곤 한다(Denzin, 1989; Sandelowski, 2004a). Wolcott이 언급했던 것처럼, 이것 역시 "산더미같은 자료"(1994, p. 13)의 형태를 받아들이는 것인데, 그것으로부터 독자는 자신만의 결론을 내리려 한다.

다른 쪽의 문제점 역시 분석 절차 자체가 결과로 보고되는 몇몇 질적 연구 보고서의 경우이다. 이 경우, 해석을 뒷받침할 만한 서술이 너무나 적어 자료의 처리가 연구보고서의 주요 초점이 될 수밖에 없다. 존재할 수 있는 그들 사이에서의 어떤 연관성이나 그것들이 어떻게 더 큰 전체에 기여하는지를 보여주지 않은 채, 과정, 주제, 범주, 차원의 목록 위주로 구성된 글은 목적을 충족시키지 못할 뿐만 아니라, 연구자의 생각이 가까이 있는 현상이 아니라 연구 자체에 놓여 있다는 저자의 신념을 반영할 뿐이다(Sandelowski & Barroso, 2002).

개념적 혼동

지금껏, 우리는 아이디어를 문헌에서 결과 보고서로 가져오는 문제는 언급하지 않았다. 이것 역시 기호의 문제인데, 몇몇 학자들은 이용가능한 문헌을 기반으로 결과를 논하기 이전에 결론을 내기도 하며, 다른 사람들은 두 가지 작업을 모두 통합하기도 한다. 이 책의 목적을 위하여, 필자는 각각의 것들이 야기할 수 있는 문제를 언급하기 위해서 개별 장으로 이것을 분리하지 않기로 했다. 결과 보고서를 만들고, 현존하는 지식에 비추어 중심이 되는 주장을 비판적으로 해석하는 것은 꽤나 다른 지적 활동이기 때문에, 초보 연구자들이 그들 자신의 사고 패턴이 그것들을 결합하려는 시도에 의해 어떻게 영향을 받는지 알기 전까지는 이것을 분리해서 생각하는 것을 필자는 권장하고 있다. 대부분의 경우에서, 심지어 최종 보고서가 두 가지 모두를 반영하는 경우에도, 하나의 정신적 활동이 다른 하나를 선행하기 마련이었다.

그러나 문헌이 결과물에 표현되는 경우에, 목표상의 편차를 피하고 개념적 표현을 따라 움직이는 것이 가장 중요하다. 만약 보고서가 개념적 서술이나 주제별 요약으로 구성된 것에 관계없이, 결과의 해석적 종합을 하는 경우에는 개념적 언어를 사용해야 할 것이다. 이렇게 했다면, 아이디어를 나타낼 단어와 구를 선택해야 하며, 결과의 중요한 요소로 존재하는 것이 바로 아이디어라는 것을 명심해야 한다. 그 분야의 "일반적인" 언어로부터 당신이 하는 연구를 구별할 수 있는 용어들을 선택하기 마련이므로, 용어의 변화는 결과 그 자체라고는 할 수 없다. 대신에, 다른 저자들이 특별한 자신만의 용어를 사용하여 이야기하려 하며, 어떤 특정한 중요성을 명백한 유사점 혹은 차이점으로 해석하려 하지 않는다는 점에, 당신은 진지하게 관심을 기울일 의무가 있다. 결과물의 종합 시 핵심 요소를 반영하기 위해 개념적 용어를 이용하려 한다면, 보통의 대화에서 사용되는 것과 똑같은 용어를 더 이상 사용해서는 안 된다. 다시 말해서, 용어에 권위가 부여되었기 때문에, 당신은 의도를 변경하지 않은 채, 그것이 다른 것을 의미하게 할 수는 없다는 것이다.

비록 이것이 피하고 싶은 위험을 총망라한 목록이라 할 수는 없지만, 이러한 문제에 대하여 생각해보는 것은 연구를 하도록 한 목적과, 주제에 대해 가졌던 열정과 의욕을 독자에게 전달하기 위한 당신의 선택권, 그리고 성공적인 보고서에 결과물을 활용하는 기술적 전략을 당신이 알도록 할 것이다. 또한 어떤 사람이 글을 쓰거나 쓰지 않는 것에 대하여 말이 많을 수 있겠지만, 결국 글쓰기 작업을 하는 것은 바로 작가의 태도와 열정적인 몰두임을 잊지 말아야 한다. 글쓰기가 인내와, 연습과 끈기가 필요하다는 것을 기억해야 한다. 질적인 결과를 쓰는 것은 다른 형태의 글쓰기와는 상당히 다르다. 이것은 자신에 대한 진지한 투자, 개념적 정신의 투입, 그리고 당신의 글이 더 넓은 세계에 받아들여지는 방식을 인식하는 당신의 깊숙하게 박힌 관점 밖으로 나아가는 능력을 필요로 한다. 멘토와 안내자, 그리고 편집 비평가들이 그 길에서 가치 있는 지원을 해줄 수 있을지도 모르지만, 궁극적으로 논리를 구성하고, 발견한 것에 대하여 글로 어떻게 가장 잘 전달할지를 결정하는 것은 바로 당신이다.

앞선 장들에서, 우리는 해석적 기술의 행위에 관심을 보였다. 이제, 우리는 이 책의 마지막 장으로 이동하면서, 우리의 분석의 관점을 더 큰 지적인 맥락 내에서 해석적 관점이 무엇을 의미하지에 관한 더 큰 문제로 나아갈 것이다.

제 3 부

맥락에서의 해석적 기술

제11장

결과에 대한 이해

결과물의 서면 보고서를 완성하는 것은(유쾌한 박수갈채를 기대하면서) 5막의 연극에서 막을 내리는 것과 같은 느낌이 들지만 해석적 기술이 완성되기 전에 해야 할 것이 더 있다. 모든 연구에서처럼, 당신은 연구결과를 사물의 더 큰 틀 속에서 "의미하는" 것이 무엇인지 합당하게 보고하기 전에 이 현상에 대해 알려진 것 이외의 다른 맥락 속에서 충분한 검토와 반성, 재해석을 필요로 한다. 이 장에서 우리는 결과물을 작업하는 과정을 생각해 볼 것이다: 다른 문헌의 맥락 속에서 결과물을 "논의하고", 그들을 토대로 결론을 도출하고(만약 함축성이 있다면), 어떤 함축성이 당신이 내릴 수 있는 결론으로부터 당연히 도출되어야 하는가를 고려한다. 이런 각각은 지식 세계의 본질에 대한 이해를 요구하며, 그렇게 함으로써 당신의 결과물이 초기에 영향을 미칠 수 있을 것이라 희망한다. 성취될 수 있는 정도는 당신이 결과물의 한계에 물러나 거리를 두고 바라보고, 또한 보다 넓은 맥락 내에서 평가할 수 있는 능력에 달려 있다.

결과물을 토론하기

일단 당신의 결과물이 글로 말끔하게 제시되었다면, 지식을 증대하기 위해 형태와 구조를 갖춘 이 결과물이 어떤 종류의 공헌을 하게 될지 주의를 갖고 집중을 한다. 결과물의 마무리 단계에 이르게 되면, 보고서의 핵심 요소가 무엇인지, 설명에서 중심적인 결론이 무엇인지 요약할 것이다. 당신은 단순히 관찰한 것과 "발견"한 것 간의 차이를 명백하게 구별할 수 있다. 여기에서 당신은 제시된 맥락에서 어떤 요소를 더 조사해야 할지 결정해야 한다.

중요한 것 확인하기

서면 보고서에 있는 모든 것이 당신에게 중요하고, 모두 없어서는 안 될 요소–당신이 성실하게 기록한 생생한, 깊이 각인되고, 체화된 주관적인 인간 경험–이지만 이들 사고 중의 일부는 객관적으로 다른 것보다 더 "중요"할 수 있다. 어떤 사고가 추가적 논의를 위한 적절하고 중요한 수준인지를 결정하는 것은 연구 질문의 특성, 질문이 나오게 된 지식 집단, 자료의 구축, 그리고 결과물로 변형시키는 해석적 과정에 대한 이해 등을 필요로 한다.

예를 들어, 결과물의 일부분이 중요하다는 것을 발견할 수 있는데 이는 결과물이 문헌이나 실제적으로 기대했던 것과 미묘하게 또는 극적으로 다르기 때문이다. 만약 그렇다면 결과물이 중요한지 아닌지를 판단하기 전에, 이러한 차이가 표본 추출의 한계나 원래 관찰 시기와 출판 시기의 차이로 인한 시간 경과 때문인지를 확인할 필요가 있다. 즉 기대하지 않은 것을 단순히 알리는 것은 그렇게 중요한 것은 아니다. 그러나 명백한 설명을 하지 않는다면, 기대와의 차이로 결과물의 개념적 결론 내에서 중요하지 않았던 것이 포함될 수 있다.

결과물을 대표하는 중심적인 주제나 개념화는 일반적으로 토론할 가치가 있는 중요한 구성요소이다. 당신은 특별한 방식으로 구성한 부분에 대해 조사하기 원하지만 반면에 다른 사람들은 다른 선택을 할 수 있다. 그러나 당신이 표현한 개념화가 추상성이나 은유적 표현을 반영하고 있다면 더 많은 관심을 가질 가치가 있다. 예를 들어, 성인기에 "나비와 같은" 상태라고 학습했던 경험을 개념화한다면, 어떤 사람들은 나방이나 꽃이 피는 것과 관련하여 변형을 하는 것이 중요하지 않을 수 있으며, 오히려 이러한 유사어를 통해 강조하려는 해석자의 핵심적인 속성, 성질, 혹은 요소에 관심을 가질 것이다. 문헌으로 눈을 돌려 보면 저자가 주요한 결과물이라고 주장하는 것이 사람들이 제시하는 접시로 더 적절하게 이해되고 있음을 알 수 있다. 그 접시는 이전에 하찮은 앞 접시로 표현되었던 것이다. 당신은 이런 실수를 하기를 원하지 않으며, 따라서 토론 시간을 통해 당신의 결과물을 다르게 반영하고, 다른 방식으로 이해할 기회를 갖게 되는 것이다. 어느 정도 이러한 이유로 초기 서면 보고서를 쓸 때와 마찬가지로 결과물을 토론하는 것이 왜 어려운지 설명해주며, 대부분의 학자들이 두 가지 지적 과정을 왜 명백하게 분리 하는지 설명해준다.

다음의 내용을 보고 그 의미를 깨닫는 것은 연구에서 정말 중요하다. 특히 앞으로 토론할 가치가 무엇인지 결정할 때 중요한 부분이 될 것이다. 당신은 스스로 질문을 해야 한다:

- 여기에서 주요 메시지는 무엇인가?
- 이 연구를 통해 내가 지금 알고 있는 것은 무엇이며, 이전에 몰랐던 것은 무엇인가?
- 아니면 여전히 내가 모르는 것은 무엇인가?

따라서 결과물은 때때로 심사숙고하여 문서화한 아이디어의 본질을 "설부른 주장"으로 만들 수 있다. 그렇게 많은 노력을 하고도 본질적으로 "핵심적인 내용"을 버리게 되어 당황스러울 수 있지만 논문의 핵심을 단 한 줄의 문장으로 표현하지 못한다면 논문의 핵심을 아직 모르고 있다는 의미이며, 그것을 명심하는 것은 유익하다(Sandelowski, 1994a, p. 376).

이러한 관점을 가지고 자신의 결과물을 돌아보면, 당신은 더 넓은 지식 분야의 관점에서 더 주의를 기울이고 고려할 가치가 있는 몇 가지 소수의 언어(대략 두개에서 다섯 개의 대 주제에 대한 연구자의 용어)를 확인하게 될 것이다. 당신은 이런 방식으로 문제를 설명해 온 토대를 이해해야 하며, 당신의 독자를 명료하게 할 필요가 있다. 또한 당신은 이러한 방식으로 자신과 이론적으로 이를 이해할 독자가 진입하게 될 대화의 무대를 설정한다.

해석 방법 결정하기

당신은 자신의 결과물을 무대 공연으로 올리기 위해 사교계에 소개하고, 어울릴 수 있는 다양한 춤꾼들을 초대하고자 할 때, 누구와 춤을 춰야 하는지 조심스럽게 선택해야 한다. 연구를 시작할 때 참고했던 문헌 검토라는 목적을 위해 이미 모인 준비된 춤꾼이 확실히 존재한다; 그러나 당신은 또한 새로운 춤꾼이나 당신이 없을 때 나타난 흥미롭고도 이국적인 전문가를 찾으려고 할 것이다. 그 전문가는 당신이 예행연습에 몰두하고 있을 때 세간의 주목을 받았던 전문가이기도 하다. 결과물의 토론을 위해 다양한 종류의 문헌을 찾는 것은 중요한 구성요소이며, 자신에게 유효한 해석의 잠재적 범위와 폭을 고려하여 찾아야 한다.

TEXT BOX 11.1

가족과 동거로의 전환

Firbank와 Johnson-Lafleur는 노인 및 그의 가족들이 공동 거주로 이사하고자 결정할 때 전환의 특성에 대해 더 많이 학습하고자 해석적 기술을 이용하였다. 노인과 가족 돌봄제공자 모두와의 면담을 통해 저자는 이러한 전환이 결국 상황이 안정될 때까지 동거를 들락날락하는 이동의 단계화된 과정이라는 특징임을 발견하였다. 상대적인 평온의 시기와 함께 위기의 시기가 산재되어 있으며, 재배치와 관련한 결정이 장기간에 걸쳐서 구체화 된다. Firbank와 Johnson-Lafleur는 프랑스 캐나다 인과 아이티 원주민 가족이 포함된 모집단에서, 가정서비스의 이용 가능성은 재배치를 결정하는데 중요한 역할을 하지 않는 것으로 생각하였다. 대부분의 가족들은 합의에 의해서 이루어지는 결정을 특히 선호하였으며, 재배치를 결정하였을 때, 이는 건강 문제, 상호주의의 믿음, 가족 전통에 의해 일반적으로 정당화되었다. 전환 시기의 불확실성에도 불구하고, 노인과 가족은 동거한다는 정서적이고 실제적인 도전을 위해 준비하고 있었다.

Firbank, O. E., & Johnson-Lafleur, J. (2007). Older persons relocating with a family caregiver: Processes, stages, and motives. *Journal of Applied Gerontology, 26*(2), 182-207.

원문 문헌 "옛 친구들"-먼저 당신의 연구를 정당화함에 있어서 비판하고 도전하게 되는 경험적 지식의 핵심적 부분들-이 당신의 연구 과정을 통해 아니면 적어도 뒤에서 당신과 함께 하였을 것이다. 당신이 관찰한 내용이 그들이 보고한 것과 유사하거나 다를 수 있다는 것을 인정하는 것은 당신이 결과물로 개념화한 것을 드러내는데 중요하다. 일반적으로 우리는 귀로 들은 것이 존재하고 예측되며 관찰된다는 것을 "발견하지" 않는다; 차라리 기대하지 않았지만 해석적으로 분명한 것을 "발견"하며, 보다 깊은 연계성을 갖고, 자명하거나 일반적으로 이해되는 그 이상의 요소들을 "발견"한다. 예를 들어 특정 영역의 연구자들은 유방암을 가진 여성들이 어떻게 성장과 영적 변형을 발견할 수 있게 되었는지를 설명해 준다-이들은 여성성과 수명에 대한 위협이 없었기 때문이 아니라 오히려 매우 강력하게 예기되었기 때문이다. 이와 같이 다른 사람이 내린 결론에 대해 우리가 객관적으로 거리를 두고 관찰을 하면서 동시에 상세한 그 이면을 파고드는 것은 중요하다.

당신이 이와 같이 원문 문헌을 검토해 볼 때, 힘들고도 형식적인 보고라는 의식(儀式)적인 절차를 넘어서 결과물이 다른 사람의 결과물과 "일치"하는지 여부를 알 수 있게 될 것이다. 일반적으로 일치하는 정도를 관찰하는 것은 가치가 있지만 독자들의 경우 당신의 결과물이 다른 결과물을 지지하는지 혹은 다른 결과물에 의해 지지를 받는지 여부에 대한 관심은 거의 없을 것 같다. 해석적 설명을 포함하는 경험적 작업과 같은 분야에서 그런 자료를 다시 소개하는 것은 심층적인 "의미"를 갖기 위한 목적을 갖는다.

원문 문헌으로 돌아가서 처음에 당신이 작업한 동기는 원문 문헌에서 이해했던 것을 다른 각도를 통해 새로운 발견물이 있는지를 보는 것이다. 문헌의 개별적인 부분을 한꺼번에 반영하는 것이 유용하다는 것을 알지만 또한 문헌의 '영향력'을 고려하는 것도 유용한데, 이는 다양한 강조점, 방향, 혹은 관점으로 이끌 수 있기 때문이다. 당신이 이전에 보고된 것과 구별되는 결과물을 보고한다면, 이러한 구별이 적절한지 살펴보아야 한다. 예를 들어 만일 선행 연구에서 제시한 중요한 제한점을 바탕으로 당신이 표본을 전략적으로 선택했다면 선행연구자가 미처 하지 못한 어떤 것을 보는 것은 중요하지 않을 수 있다. 본질적으로 당신이 선행연구자들이 바라보는 각도를 다르게 보는 것에는 동의하지만, 발견된 것이 무엇인가 하는 것은 중요하지 않다.

새로운 문헌 자신의 해석적 기술 과정에 몰두하는 것은 원 문헌의 고찰에 기반하여 전적으로 예상하지 못했던 통찰력과 관찰, 사고를 갖게 된다. 사람들은 실제로 기대했던 것을 발견하면서, 연구를 위한 정당성을 질문한다. 연구 과정에서 발견하지 못한 새로운 각도나 뉘앙스, 혹은 발견을 통해 결과물의 해석이 원래 그렇게 중요하지 않은 것 같은 문헌으로 확대되기를 원한다.

특정한 분야라는 맥락 속에 학문적 참여에 제한되어 왔던 사람들이 그 분야 이외의 글을 고려하게 되는 것은 골치 아픈 일일 수 있다. 다행히 의료 및 다른 응용 분야에 일하는 사람들이 다학제적으로 상호 연구하는 것은 숨을 쉬듯이 기본이 되고 있으며, 학문의 광범위한 분야로부터 지식을 "빌린다는" 생각은 더 이상 낯설거나 두려운 일이 아니다. 그러나 다학제적으로 연구하고 신중하게 여러 분야를 상호 해석을 한다는 것은 아주 별개의 일일 수 있다.

우리 중에 아무도 모든 지식의 역사를 똑같이 아우르는 전문가는 없다; 우리는 또한 모든 학문적 견해를 이상적인 구조로 구현할 수 없다. 그러나 다른 분야의 핵심적인 지식이 우리의 관심 이슈에 잠정적인 관련성을 갖기 때문에 우리는 그러한 지식을 읽으려고 노력을 한다. 예를 들면, 응용 사회 인류학자가 새로운 조직 구조에 적응하려는 노동자에 대한 인지적 구조를 연구하려면 이 학자는 심리학적 이론뿐 아니라 조직 행태적 관리 분야의 응용 지식에 관심을 두어야 할 것이다. 그러나 그가 발견한 것이 이러한 경험에 근거하여 변화된 정체성과 관련이 있다면, 그는 이러한 정체성의 변화가 생활에 미치는 영향에 상당한 주의를 기울이는 간호나 사회복지와 같은 분야에서도 중요한 통찰을 발견할 수 있다. 그러므로 다른 학자들과의 관계가 수평적이며, 이러한 관계로부터 대안적인 통찰이 나올지 모르므로 훌륭한 해석적 설명이 탁월하게 형성될 수 있는 중요한 요소는 바로 상상할 수 있는 능력에 있다. 자신분야의 지식은 유용한 필수품이라는 점을 유념하면서, 불가피하게 맹목적인 부분을 살펴보게 되는 능력은 일반적인 아이디어의 더 넓은 세계를 도전하는 것으로부터 시작한다. 최고의 연구자들은 보다 넓은 세계에서 읽고, 듣고, 이 세계에 참여하는 사람들이다.

당신이 새롭고 잠재적으로 관련된 문헌을 고려하고 능력을 확장시킬 수 방법에는 여러 가지가 있다. 이런 방법을 자신의 목적에 이용하는 습관을 갖는 것은 연구를 효과적으로 만드는 유용한 도구이다. 많은 연구는 대학 내에서 그리고 대학 주변에서 이루어지며, 대학은 아이디어와 영감의 온상이다. 일반적인 아이디어와 출현한 결과물을 타인과 공유하고 아직 당신이 시도하지 못했던 다른 형태의 탐구나 지식에 대해 다른 사람들의 사고를 명백히 요구함으로써 비록 그러한 것이 거칠고 이상하게 보이더라도 당신은 더 넓은 공동체에 대한 열정을 보여주고, 동료들이 그러한 제안에 공유할 가능성을 높인다. 비록 많은 사람들이 연구의 초기단계에서 새로운 문헌을 더 이상 발견하지 않기를 바라지만, 결론 단계에 이르면 동기는 아주 역전이 되어 있으며, 그러한 사실을 염탐해 보는 것은 흥미로운 결과를 산출할 것이다. 당신이 대학원 세미나나 동료 전문가 집단과 같은 곳에서 예비적으로 결과물을 제시할 때 다음과 같은 사고를 요청하는 것을 잊지 말아야 한다.

- 그밖에 이것이 의미하는 무엇인가?
- 연구의 어떤 다른 영역이 연관성이 있는 아이디어와 만나게 될까?
- 나의 결과물 중 기타 어느 것이 사람들을 의아하게 만드는 것일까?

다른 분야에 대한 충분한 독서 지식을 개발하는 것은 연구자들이 편하게 자기 분야의 독서를 엿보게 하는 것을 막지만, 거기에서 초기 "느낌"을 얻기 위한 효과적인 기법이 많이 있다. 당신의 결과물과 특정 분야에서 개발된 지식 간에 가능한 연계가 있다는 암시가 있더라도, 대학이나 동료, 사회적 인맥을 찾아서 심지어 이 영역에 대해 알고, 어떤 출발 방향을 제시할 수 있는 누군가를 찾는 것은 종종 필요하다. 하나의 분야에서 명백하게 보이는 것이 종종 다른 분야에서 완전히 낯선 것이어서, 이웃에 살고 있는 토목기사를 부르는 것은 "긴장"과 같은 개념에 대한 적합한 말이나 준거점을 찾을 수 있도록 인간의 경험적 유추를 알려줄 특정 문제에 대해서 현재 진행되는 사고방식을 통해 도와줄 수 있다. 그러므로 다른 분야에서 핵심적 혹은 기본적인 지식이 될 수 있는 잠재적 중요성을 과소평가하지 말아야 한다. 아이 출산이나 말기 질환에 직면한 사람들이 그들 경험 내에서 초월적 의미를 찾는 방식에 대해 당신이 새롭고 중요한 통찰을 발견하였다면, 당신은 인류학자가 문화 내에서 신화의 역할을 어떻게 다루고, 비교 신학자가 영적 문제에서 인간의 다양성에 관해 어떻게 다루는지에 대한 통찰력을 이해하는 데 도움이 된다. 때때로 자기 분야 내에서 "입문"의 핵심 교재로 시작하는 탐색이 논의의 출발점을 넓히는 통찰력을 제시하며, 언어, 핵심적 사상가, 연구 분야를 안내해 줄 수 있다.

지식의 다른 측면은 당신이 원 문헌 검토 중에 짧은 고해성사나 토론의 형식으로 개발된 양적으로 도출된 지식체이다. 당신이 관심을 갖는 기본적인 개념화에 반대의 사고를 갖고 있더라도 측정에 대해 사람들이 발견하고, 그 측정을 기반으로 학습한 것으로 인정하며 심사숙고하게 고려할 가치가 있다. 우리가 마지막 장에서 증거를 논할 때 더 설명하겠지만 응용적인 실천 분야를 발전시키기 위해 우리가 알아야 하는 많은 것 중에는 전통적인 명백한 방법론적인 기반에서만 오직 이해가 가능한 기술적 통합이다. 개별적 사례만을 연구한 사람들은 보다 큰 집단에 대한 주장을 감히 시도할 수 없지만 반면에 우리는 측정 기술을 정교하게 만든 사람들의 독특하고 개별적인 특성을 이해하지 못할 수 있다. 대부분의 중요한 질문은 사실 이 양쪽 분야의 지식을 필요로 한다. 학문 공동체의 다른 측면에서의 토론을 현행의 지혜로 끌어들임으로써 당신은 해석적 기술 결과를 위한 보다 광범위한 잠재성을 파악하기 시작한다.

결과물 중 토론으로 이끄는 새로운 문헌들은 당신에게 다양한 관점에서 따져보게 해주며, 미래의 대안적인 연구 주제와 만났을 때 가능한 것을 상상하게 해주는 실제적인 장점을 제공한다. 이러한 유형에 대해 철저하게 토론을 하는 것은 종종 지식 분야가 발전함에 따라 일부 뚜렷한 탐구 계열의 장점을 따르도록 명료하게 해준다. 당신의 결과물을 토론할 때 도움이 되는 이러한 새로운 문헌을 열거함에 있어서 모든 것은 결과물에 있으며, 전혀 주목받지 않았던 사람이 바로 당신이라는 것을 인정하는 것은 중요하다. 이러한 인식은 새로운 아이디어를 참조하는 방식을 드러낸다는 점에서 중요하다-즉 당신의 결과물을 지지한다는 의미가 아니라 당신이 부가한 아이디어의 잠재적 의미와 영향을 반성하게 만드는 부가적인 견해로서 중요하다. 그렇게 되면 당신의 토론은 두 가지 지식체가 공동으로 만들어지는 잠재적인 기여로 확대되거나 미래에 다시 틀을 갖추게 되는 잠재적인 연구 주제로 확대될 것이다. 새로운 문헌에로의 이러한 탐구가 완벽한 일치를 만들어내지는 못할지라도 당신의 현 연구를 단순하게 반복하는 그 이상을 생각하도록 도움을 주며, 연구가 보다 탄탄한 프로그램으로 진행되도록 도움을 줄 것이다.

해석을 확대하기 당신의 결과물을 해석한다는 도전적 과제를 생각해 볼 때 최근에 과학과 철학적 세계에서 "해석"이란 용어가 중요하게 된 보다 큰 맥락에 대해 잠시 생각해보는 것은 유익하다. 연구자의 견해가 가치있다는 지식의 바로 그 아이디어에 내재한 "해석적 편향"을 넘어서, 인간의 주관적 자료에 대한 의미를 만들 때, 아이디어를 다루는 특정한 방식에 대해 명백하면서도 의지(意志)적인 적용을 반영하는 "해석적 전향"이 있다. 일부 학자 집단에서의 해석적 접근은 해석적 기술 조사와 아주 다른 포스터모던 관점과 명백하게 관련되어 있다. Shusterman은 해석적 이론화에서 근본주의, 사실주의, 객관주의에 대한 믿음을 버리고 최근의 동향과 제휴를 하였다. 그는 다음과 같이 주를 달았다:

> 실재에 대해서 적나라하고, 가장 근본적이며, 개입할 수 없는 전지전능한 신의 눈으로 본다는 이상을 버리고, 우리는 반대 입장을 수용해야 한다는 압력을 받았다-즉 우리는 모든 것을 해석의 베일이나 해석적 각도를 통해 바라본다(1991, p. 103).

TEXT BOX 11.2

돌봄제공자가 되는 것

O'Connor는 해석학적 기술을 이용하여 노인의 돌봄제공자로서 가족이 갖는 역할과 책임감을 연구하였다. 연구자는 이들과의 면담을 통해 가족들이 자신의 역할에 대한 의식적인 결정이 아니라 차라리 상황적 요소와 타인의 기대에 의해 영향을 받는다는 것을 발견하였다. 많은 사람들은 가족의 돌봄이 이전에 확인된 역할과 많이 상이하였고, 많은 사람들에게 돌봄제공자가 된다는 함축성은 시간이 지나면서 명백해졌다. 비록 대부분이 이러한 역할을 추구하지 않았지만, 어떤 결정에 대한 통제를 할 때 실제적 이점을 가져올 수 있었다. 돌봄은 동시에 전형적으로 긴장과 모순으로 가득찼으며, 돌봄제공자로서 정체성을 갖는 것은 때로는 필요로 하는 우선권을 포기하도록 하였다. 그러나 돌봄 역할의 미묘한 장점은 과거의 가족 관계가 더 이상 가능하지 않았을 때 연계하는 대안적 형태를 제공했다는 것이다. 가족이 사랑하는 사람과의 상황에 객관성을 부여함으로써 그들에게 이러한 상황을 대처하도록 도움을 주었다. O'Connor의 결과물은 돌봄의 맥락을 통해 이러한 중요한 정체성 전환에 대한 함축성을 분명하게 이해하도록 설명하였다.

O' Connor D. L. (2007). Self-identifying as a caregiver: Exploring the positioning process. *Journal of Aging Studies,* 21, 165-174.

이러한 형태의 해석은, 필연적으로 우리가 소유한 내재적이거나 변치 않는 속성 때문에 사람들이 특정한 방식으로 무언가를 이해하게 된다는 해석학적 순환을 떠올리게 한다.

제1장에서 설명한 바와 같이 방법론적 접근에서 해석적 기술로 발전된 아이디어의 세계는 이론화의 주요한 대상이라기보다는 적용과 결부되어 있다. 적용의 세계는 이론적 세계와의 조화를 통해 영감이나 유용한 통찰력을 이끌어내면서도 동시에 완전한 관계에 빠지는 것을 조심한다. 왜냐하면 적용의 세계를 향하는 일상의 실제적 문제는 "실제 세계"가 있는 확고한 땅 위에 최소한 발 하나를 내 디뎌야 한다고 요구하기 때문이다. 실제 세계에서는 인간의 세계를 알고 이해해야 하는 우리의 능력과 밀접하게 연관될 수 있지만 우리의 특별한 이해 자체가 주된 매혹은 아니다. 문제 해결을 위해 특정한 시각을 갖는 것이 도움이 되는지 여부는 우리가 실제를 반영한다고 생각하는 것 내에서

확고하게 뿌리내리도록 한다.

이러한 맥락에서 "해석적" 세계는 우리가 일시적으로 어떤 입장을 받아들일 수 있고, 사물을 다른 시각으로 보았을 때 "~ 한다면 어떻게 될까"를 반영하게 한다. 예를 들면 우리의 결과물을 여성 신장론이나 포스트구조주의, 포스트 식민주의 관점을 받아들임으로써 우리는 새로운 질문을 형성하거나 특정한 요소에 대한 초점을 분명하게 확보할 수 있다. 그러나 우리가 작업하는 이러한 명백한 "해석적인" 입장으로만 "존재 이유"가 되지 않으며, 우리가 보는 만화경을 통해 풍부해질 수 있는 또 다른 하나의 렌즈로서 작용할 뿐이다.

해석은 해석적 기술을 통한 역할에 있어서 해석과 기술 간의 중요한 차이를 고려한다. 우리는 이 두 가지의 용어를 구어체에서 비슷한 방식으로 사용하지만, 인과적인 전제조건의 이해와 설명을 구분하고, 어떤 것이 왜 일어났는지 우리에게 이해하도록 돕는 맥락과 해석을 구분하도록 돕는 것은 중요하다(Roth 1991). 설명은 인간 행동과의 관련에서 예측을 하는데 도움이 되지만, 해석은 단순히 그것을 둘러싼 "이유와 규칙"을 더 잘 이해하도록 도움을 준다. 그러므로 해석주의 세계는 "사회적 생활로부터–세계에 대해 문화적으로–파생되어 역사적으로 자리 잡고 있는 해석을 추구한다"(Crotty 1998, p. 67). 문화와 인간 경험의 상호작용 방식을 다루는 문헌에서는 토론이 넘쳐난다. 예를 들어 Crotty에 따르면, 상징적 상호작용주의에서는 문화를 우리의 생활을 형성하는 모체로 간주하는 반면 현상학에서는 문화를 포괄적인 일련의 의미 세트라는 것을 인정하면서도 동시에 "풍부한 근원이면서 이용되지 않은 의미"로 우리를 눈멀게 하는 것으로 인식한다(p. 71).

해석적 기술은 인간 경험에 대한 사회적, 구조적, 문화적, 역사적 배경을 통해 우리가 알고, 경험하고, 생각하는 것에 관해 강력한 영향력으로 인식되는 연구적 접근으로 자리를 잡고 있으며(Garrick, 1999), 개별적 경험 내에서 맥락을 통해 어떻게 작용을 하는지 이해하고자 한다. 해석적 설명이 인간 경험을 그 출발점으로 이용하지만, 그러한 경험이 처할 수 있는 다른 차원을 고려하지 않는 것은 아니다. 그러므로 결과물의 완전한 해석을 통해 어떤 영향력이 그러한 환경을 형성하고, 이러한 영향이 사람들이 살고 그들의 삶을 해석하는 방식을 형성하기 위해 어떻게 서로 상호작용할 수 있는지를 밝혀줄 수 있는 "설명"과 해석을 포함하는 것은 중요하고 적절한 것으로 보인다. 그러므로 이러한 해석적 시각이 개발되고, 탐구되는 문헌들 자체야말로 결과물을 해석하기 위해 영감을 주는 유용한 부가적인 원천일 수 있다. 적어도 이것은 우리의 진화하는 지식이 머무르는 맥락에 경각심을 갖도록 해준다.

TEXT BOX 11.3

숫자의 힘

Thorne과 그의 동료들은 수치적 정보와 관련한 보고서에서 패턴과 주제를 확인하기 위해 암환자와의 의사소통을 면담한 대단위 자료들을 분석하고자 해석적 기술을 이용하였다. 거의 보편적으로 환자들은 암을 사망의 잠재적 위협으로 경험하기 때문에 통계 정보에 대해 민감하게 고통을 받으며, 매우 상처받는다는 것을 알았다. 환자는 숫자적 형태로 정보를 구성하여 의미 있게 만드는데 상당한 어려움을 가지는 경향이 있으었며, 확률에 대한 일반적으로 제한된 이해를 기반으로 확률을 계산하고 재구성하였다. Thorne과 동료들은 건강정보제공자들이 수치적 정보를 이용하면서 환자들에게 정보를 알려줄 뿐 아니라 환자들의 의사결정을 조절하고 비현실적인 희망으로 인지하는 것을 다루기 위해 이용하였다. 이런 연구의 결과물은 희망과 절망 사이에 위태로운 균형을 보여주며, 모집단에 기초한 자료를 보여주는 수적 정보의 역할이 개개인의 암 경험을 형성하는데 얼마나 강력하게 작용하는지를 제시하였다.

Thorone, S., Hislop, G. T., Kuo, M., & Armstrong, E.-A. (2006) Hope and probability: Patient perspectives of the meaning of numerical information in cancer communication. *Qualitative Health Research, 16*(3), 318-336.

결론 도출

결과물 보고서에서는 마지막 구절에 결론적 요소가 있지만, 이들은 연구 "결과"로서 우리가 완전히 정당화할 수 있는 생각과 어느 정도 다를 수 있다.

해석적 기술은 일반적으로 맥락 속에서 인간 경험을 함축하기 때문에 본질적인 한계와 아울러 당신이 연구해온 "그래서 무엇"이라는 것을 생성하기 전에 이성적 추론이라는 분명한 과정에 개입하는 것이 필수적이다.

간략하게 말하면 결론은 이용 가능한 문헌의 맥락에서 해석된 연구결과물이라는 하나의 생산물이라는 것이다. 그러나 이것이 의미하는 바는(자신이 얼마나 세심하고 철저하게 그들의 증거를 제시했는가와 관계없이) 당신의 연구에서 접근할 수 있었던 특정한 관점으로부터만 도출된 지식의 본질적 한계를 인정하고 있다. 어떤 한 연구가 좁은 범위의 결론을 유일하고 배타적으로 허용한다는 점을 이해하는 것은 문헌에 대한 광범위한 토론이 왜 이점을 제공하는지를 이해하도록 도움을 준다.

자신의 결과물이 어디에서도 보고되지 않았던 요소를 밝힐 때(그리고 당신의 연구가 이러한 것을 정직하게 주장할 수 있을 정도로 충분히 다양할 때), 당신이 관찰한 결과가 추후 연구에서 추가적인 탐구를 보장할 수 있다는 관점 이외에는 당신이 내릴 결론은 없다. 예를 들어 당신은 경험적 작업이나 임상적 견해 연구에 대한 구체적인 의구심을 가질 수 없다면, 관찰한 현상이 결론으로 이전에 인정되었던 것보다 더 광범위하게 제시한다는 확신을 내리는 것은 별로 신뢰성을 갖지 못한다. 그러나 당신이 할 수 있는 것은 답이 아니라 어느 정도 막연하고 부정확한 언어를 사용하여 질문을 제기하는 자신의 결론을 만들어 내는 것이다. 예를 들어 결과물에 바탕을 두고 당신은 "고관절 대체 수술을 통해 회복 중인 개인은 운동 치료에 개입하고자 하는 자신의 능력에 방해가 되는 일종의 실존적 취약성을 경험할 것이다"라고 결론을 내릴 수도 있다. 이러한 어투는 혐의를 갖게 하는데 당신이 관찰을 한 그 시간과 장소에서 특정한 연구의 가공물, 혹은 해석적 도구로서 당신 스스로가 가진 특정한 편향성의 가공물일 수도 있다는 가능성을 인정하는 것이다. 당신의 관점은 표본 내에서 이러한 종류의 현상에 대해 보다 더 깊이 탐구하도록 몇 가지의 특별히 생생하고, 명확한 설명에 의해서 형성되었을지도 모른다. 표본과 보다 일반적인 모집단 사이의 차이를 설명할 수 있는 자신의 표본을 통해서 어떤 독특한 측면이 있었는지 여부는 순수한 추측의 문제로 남는다. 고관절 수술을 하는 특정한 외과의사의 솜씨가 수술 후 환자의 공포 가능성을 높이는가? 당신이 관찰한 현상은 이 환자 집단과의 관계에서 단지 특별하게 보이는 것이 아니라 전반적인 건강상태에 공통적인 현상인가? 광범위하게 읽고, 탐구하고, 관찰한 현상이 무엇과 같은지에 대해 질문을 하고, 혹은 당신이 관찰했던 현상이 다른 것과 같은지, 자신이 증거를 제시한 것과 유사한 관찰을 다른 누가 했는지에 대한 질문을 하는 등의 능력은 당신의 연구결과물이 잠재적으로 유용한 임상적 관찰인지, 혹은 심오하고 획기적인 새로운 발견인지에 대해서 어떤 관점을 형성하도록 도움을 줄 것이다.

당신의 결과물이 중요한 전체 문헌의 맥락에서 심층적으로 해석될 수 있는 곳에서, 특히 그런 문헌들이 탄탄한 경험적이고 이론적인 문헌과 결합하는 곳에서, 해석적 기술에 대한 결과는 매우 명확하게 표현된 결론에 보다 더 적합한 것일 수 있다. 당신이 결론에서 진술하는 것은 세계가 당신의 단일 연구의 직접적 결과로서 알고 있는 것이 아니라, 지식 전체와 결합한 당신의 연구가 상대적으로 확신을 주고, 특정한 방식으로 이해하도록 해주는 것이다. 이미 잘 확립된 것을 자신의 특정한 표본에 적용하여 확인하는 것은 보다 큰 맥락 속에서 자신의 결과물을 두고 연구결과물이 기여하는 특정한 범위와 노력, 풍부함을 정당화할 수 있는 그러한 무대를 만들어 낸다. 일반적으로 자신의 자료 요소를 더 복잡하게 연계할수록, 그리고 이들 사이의 관계성을 보다 더 밀착되게 표현할수록, 당신은 설득력 있는 결론을 분명하게 표현하는데 도움이 되는 문헌을 이용할 가능성이 높다. 더욱이 당신이 내리게 될 중요한 결론 중에는(양화 혹은 임상적 지혜와 같은) 다른 식으로 보는 각도에 의존하는 지식이 어떤 중요한 맹점과 한계를 가질지도 모른다는 것이다. 가장 의미 있는 당신의 결론은 아마도 임상의와 인간 경험이 확인하는 그러한 종류의 지식을 표면화하도록 특정한 접근에 의해 가시화한 결론일 것이다.

마지막으로 결론을 명확하게 표현할 때 해석적 기술은 "진리"라고 주장하지 않는다는 점을 명심하는 것이 유용하며, 결과물로부터 도출된 결론은 항상

TEXT BOX 11.4

냄새와 맛의 충동

Bernhardson과 Tishelman은 암 화학요법인 사이클로톡식(cyclotoxic)에 수반된 냄새와 맛의 변화에 대한 환자의 경험을 탐색했다. 문헌에서 이러한 일반적인 변화가 실제로 주목받지 않았다는 것을 주시하면서, 저자는 환자의 삶에서 이것이 무엇을 의미하는지, 그리고 세월이 지남에 따라 환자들이 이러한 것에 어떻게 대처하는지를 알고자 했다. 이러한 증상의 강도나 감각이 매우 다양하였지만, 그들이 오랫동안 견디어 내면서 환자의 일상생활에 의미 있는 영향력을 나타냈다. 환자에게 냄새와 맛의 변경이 항상 분명한 것이 아미며, 환자가 정확하게 기술하는 것이 어렵다는 것을 알았다. 저자들은 항암 감각 변화가 많은 환자들에게 즐거움을 없애고, 부적응을 초래하며, 마찬가지로 적절한 영양을 유지하려는 능력과 협상한다는 것을 제시하였다. 그들은 또한 환자들이 냄새와 맛의 기억에 의존하고, 음식을 조리하는 방법상의 변경을 포함하여, 이러한 문제점을 대처하도록 몇 가지 독창적 방법을 보고하였다. 저자들은 그들의 결과물이 이러한 종류의 증상의 심각성을 정당화하는데 도움이 될 것이며, 임상의들이 이러한 것을 환자에게 이야기하고, 해결책을 찾는데 관심을 갖도록 도울 것이라고 결론을 내렸다.

Bernhardson, B.-M., & Tishelman, C. (2007). Chemosensory changes experienced by patients undergoing cancer chemotherapy: A qualitative interview study. *Journal of Pain and Symptom Management, 34*(4), 403-412.

이러한 이해와 부합하는 방식으로 표현되어야 한다. 다른 과학 형태와 달리 그 속에서 "확실성"은 우리의 능력이 불완전할지라도, 불변하는 사실이 존재한다는 공유된 이해를 표현하며, 해석적 접근은 변화하는 상황에 따라 내재적으로 특별하며, 상대적이고, 진화한다고 주장하는 그러한 지식을 만들어낸다(Forbes et al., 1999). 그러므로 우리가 해석적 기술 연구를 토대로 도출한 결론은 결론이 도출되는 맥락에 대한 고려를 반드시 반영해야 한다.

함축성을 고려하기

추후 연구를 위한 함축성

연구가 구현되는 과학적 전통을 유지하면서 그 속에서 지식을 위한 갈망이 무한하게 추구되며, 모든 연구가 이러한 영역에서 지식을 더 발전시켜야 한다면 다음의 논리적 단계가 무엇인지, 그리고 새로운 연구가 미래의 탐구에 정보를 제공하는데 기여하는 것이 명백하게 무엇인지에 대한 고려를 하면서 끝나게 된다. 그러므로 해석적 기술은 연구 중에 자신이 습득한 것을 토대로 제기할 수 있는 추후 연구가 무엇인지를 언급하지 않고는 완전하지 않다.

일반적으로 당신이 제시하는 제안 중 가장 큰 약점은 바로 다른 누군가가 표본을 통해 큰 맥락 속에서 혹은 어떤 다른 특성과 함께 당신의 연구를 반복해야 한다는 것이다. 이것은 자신만의 바람일 수 있지만 그 자체로서의 반복은 미래의 연구를 정당화할 것 같지는 않다. 더군다나 당신의 연구가 진행되고 있는 해석적 전통을 고려해 볼 때, 어떤 사람이 새로운 자료를 제시한 흥미로운 현상에 관해 당신이 시작하고 생각한 곳에서 당신이 했던 동일한 방식을 시작할 수 있다고 제안하는 것은 실제로 거의 의미가 없다. 결론적으로 청중에게 반복하라고 추천하면서 함축성을 토론하는 것은 자신이 생산한 연구가 무엇인지, 혹은 추가 조사를 위해 어떤 함축성을 실제로 가져야 하는지에 대해 당신이 깊게 생각하지 않았다는 것을 알리는 것이다.

앞으로의 연구 과제로 구미를 끌만한 것은 당신이 주시한 특정한 질문과 보다 넓은 지식 전체의 맥락에서 자신의 결과에 대한 신중한 해석을 통해 영감을 가질 수 있었던 호기심이다. 당신의 연구가 현상의 새로운 차원, 예전에는 단순히 우연이라고 이해되었던 요소들을 함께 묶는 새로운 개념화, 임상적 지식에서 아직 충분히 발달하지 않았던 다른 경험을 갖게 되어 미래 연구로 추천할 강력한 근거를 갖게 된 것이다. 그러나 당신을 안내하는 것은 이 영역으로 들어오게 만든 원래의 연구 문제이다: 당신이 생각하기에 알려져야 할 것은 무엇인가? 누가 그것을 알 필요가 있는가? 원래의 임상적 질문의 보다 큰 목적에 따라 당신의 추후 연구를 추천하는 방향은 이러한 연구의 잠정적인 역할을 표현하는 것이며, 그 속에서 보다 더 활기차고, 집중적이고, 생산적인 프로그램이 될 수 있다-당신 스스로 마땅히 착수해야 하는 도전이거나 당신이 청중을 초청해야 하는 방식이다.

당신에게 가장 도움이 되는 추천 내용으로 자신의 연구 제한점을 알고 있고, 다른 방법이나 계획의 이점을 반영해야 한다. 그러므로 행위 집단은 해석적인 탐구에 주의를 집중하도록 격려하기보다 당신의 모든 탐구 접근을 이용하여 전략적으로 설명될 수 있는 전반적인 문제를 다양한 각도로 제시할 수 있다면, 당신은 보다 더 중요한 공헌을 하게 될 것이다. 어쨌든 핵심은 의미있는 지식이며, 행위가 적용되는 응용 세계에서 개별적인 경험적 분석과 해석적 분석과의 긴장 속에서 표본의 모집단을 토대로 일반화할 수 있는 지식을 항상 그리고 내재적으로 의미하는 것이다.

많은 사례에서 연구 목적으로 당신이 구축하게 될 데이터베이스는 탐구되지 않은 각도와 시도되지 않았던 깊이를 가질 것이며, 그러한 이유는 당신의 연구 질문에 관심을 갖기 때문이다. 연구를 완성하는 시점에서 거기에 무엇이 있는지, 그리고 그러한 종류의 일에 몰두함으로써 상호적인 자료 수집을 통해 얻을 수 있는 것이 무엇인지에 대해 집중적이고 광대한 지식을 갖게 될 것이다. 그러므로 추후 연구를 위해 당신이 추천해야 하는 또 다른 요소는 나중에 당신의 자료나 연구 주제를 향한 추후 연구와 연관된 질문의 주변을 맴돌게 될 것이다. 양적 탐구와 해석적 탐구 영역에서 작업하는 많은 연구자들이 관찰하였듯이, 그렇게 많은 데이터베이스 속에 내재한 풍부한 내용은 추후 이차 분석을 위한 중요한 비교 측정점을 제공하므로 역사적 맥락을 내포한 함축성은 시간이 지나 획득된 관점으로 설명될 수 있다(Mottier 2005). 이러한 미래의 가능성을 제시하면서, 당신 스스로 도달할 수 있었던 결론뿐만 아니라, 연구가 갖고 있는 맥락과 조건 때문에 이해의 범위를 벗어나게 된다는 것을 인정하게 된다.

기타를 위한 함축성

응용 학문 분야에서, 연구 보고서가 단순하게 추천하는 추후 연구 이상으로 진행한다는 것이 불가피하지만 연구를 수행하면서 유도되는 또 다른 추천 범위를 언급하게 될 것이다. 실천적 요구는 응용 세계에서 “그래서 어떻게” 라고 표현되기 때문에, 당신은 교육, 실천, 서비스 배급, 혹은 심지어 정책과 같은 영역에서 달리 수행되어야 한다는 것을 소속 집단에 알리는 것은 필수적이다. 비응용적 학문 분야에서 단일 연구의 기초 위에 행동을 하라고 추천하는 것은 이단이라는 점을 염두에 두는 것이 좋다. 그리고 만일 당신이 해석적 기술 연구가 가진 내재적 한계를 확실하게 마음에 담고 있다면, 이러한 겸손한 자세가 때로는 함축성의 문제를 잘 설명하도록 도울 것이다.

말하자면 연구를 진행하면서 전문 분야에서의 실천이 보다 민감하고, 보다 더 잘 알려질 수 있고, 혹은 더 숙고적으로 이해해야 함을 믿는 것을 의미한다. 심지어 자신이 발견하게 된 통찰이 새로운 개업의나 그 일이 실행되는 정책의 틀 속에서 구현되도록 가르쳐야 할 정도로 중요하다고 느낄 수도 있다. 열정을 갖는 것은 추천되지만 당신의 연구가 무대로 이용되는 것을 피하도록 노력해야 한다. 그러한 노력을 통해 당신은 전문적 생애 동안 보다 나은 세계를 위한 비전을 가지고 개발한 의견과 선호도를 주장하는 것이다. 그러한 열정은 필요하며, 적절한 방식으로 표현되어야 하지만 자신의 해석적 설명 덕분에 “증거에 토대를 한다”라고 제시하는 것은 질적인 탐구 분야의 신뢰성에 손상을 입힐 수 있다.

제12장

지식 전파

서면보고는 출판 가능한 논문이나 책의 형태로서, 해석적 기술 연구와 같은 질적 프로젝트를 통해 의사소통하는 표준적인 형태인 반면에 당신은 청중과 함께 통찰력을 공유하기 위한 여러 가지 대안적 접근법도 고려해야 한다. 지식 전파라는 도전적 과제는 학문적 세계나 정책 집단에서 주로 인정되어 왔기 때문에 응용 학문 분야를 위해 수행한 연구가 실제로 실천적 지식 세계로 돌아가는 방식을 어떻게 찾을 것인가를 반영하는 것은 중요한 것 같다. 이 장에서 우리는 이러한 문제를 다루기 위해 매우 다양한 질적 조사자들에 의해서 이용되었던 일부 표준적이고 독창적인 방식에 대해 간략하게 언급하고자 한다. 바라건대 당신에게 새로운 사고를 생성하도록 격려함으로써 당신이 새롭게 발견한 지식을 갖도록 돕고, 나아가 그러한 지식을 필요로 하는 사람에게 전달될 것이다.

전문적, 학문적 소통

대부분의 연구자는 전문가 및 학자 집단이 소통을 위하여 우선적으로 접촉하는 지점이라고 생각할 것이다. 이러한 청중과의 소통을 언제, 어떻게, 왜 하고자 하는지 생각하는 것은 자신의 연구결과물로 무엇을 할지 효과적으로 결정하는데 도움이 될 것이다.

당신의 결과물을 지식 전파라는 보다 넓은 영역으로 어떻게 전할지에 대한 "정답"은 없지만, 몇 가지 선택안을 검토하는 것은 가치가 있다. 당신에게 최상인 것은 흔히 자신의 경력 내에서 어디에 위치하며, 직업적 포부가 무엇이고, 그러한 경력을 개발하는 데 당신의 연구가 어떤 역할을 하는지에 따라 좌우된다. 이러한 현안들이 지식 전파를 위한 유일한 동인은 결코 아니지만, 그래도 중요한 고려사항이다. 당신의 학문적 경력에서 초기에 적절하였지만-자신의 연구 실적을 확립하거나 임기 연장을 위해서 출판 능력을 보여주고자 할 때-나중에 포괄적인 조사 프로그램의 구축이나 젊은 학자들을 멘토할 때 가장 중요한 선택권이 아닐 수도 있다. 더구나 이런 현안들은 시간에 따라 학문 분야마다 바뀌며, 경제적 요인을 연구하는 것과 같은 광범위한 분야의 맥락적 요소에 따라 바뀐다. 당신은 자신의 경력을 개발하기 위해 다양한 선택적 함축성에 대해 솔직하게 의논할 수 있는 신중한 후원자를 찾는 것이 가장 현명한 일이다. 실용성을 제쳐두더라도 자신의 결정을 일반적으로 끌어내는 것은 다음과 같은 확신성을 필요로 한다:

- 어느 것이 진정으로 중요한 연구 분야인가,
- 그 중에서 어떤 질문이 긴급하게 주의를 요구하는가,
- 현저한 차이를 만들 수 있는 연구를 수행할 특권을 위해 어떻게 잘 이용해야 하는가.

출판 선택권

일부 해석적 기술 프로젝트는 매혹적인 책이 될 수 있으며, 책의 형태로 허용된 광범위한 공간은 연구 보고서 내에서 참으로 심도 깊은 탐구가 이루어지도록 허용되지만, 유감스럽게도 오늘날 출판계의 현실은 대부분의 응용 연구자들에게 책은 가장 선호되는 선택이 되지 못한다. 비록 출판계가 사회과학이나 건강과학 내에서 좋은 전통을 보여주지만(Wilson & Hutchinson 1997), 단일 연구를 반영하는 전문적인 학술 논문은 광범위한 표본 조사와 일반 독자의

관심을 끄는 주제에 관해서 보다 큰 프로젝트를 바탕으로 개발되어야 할 것 같다. 이런 경우에 전문적 학술 논문을 "연구용"으로 저술하는 것은 출판업자의 마케팅 요구를 충족시키지 못할 것이며, 엄격한 경험적 탐구로부터 도출된 결과물이 부록으로 전락하게 될지도 모른다. 일반적으로 주제가 매우 대중적인 관심을 갖고 시장이 성숙되어 있을 때, 그리고 당신이 전문적인 학계의 의견에만 관심을 가지지 않을 때 출판을 고려할 수도 있다. 이러한 점에서 학문적 다양성이 있을 수 있지만 응용 보건 분야는 연구결과를 소통하는 하나의 방식으로서의 책의 형태에 대해 점점 무관심한 것 같다.

신문 기사는 최근 연구 간행물에 의해 영향을 받는다. 직업적이고 학술적 잡지의 숫자는 급속하게 증가하고, 이용 가능한 간행물의 범위는 다양한 선택이 가능하다는 것을 의미한다. 잡지는 그들의 학문성, 독자층, 혹은 그들의 명성에 따라 다르다. 잡지를 구별하는 중요한 점은 "심사를 받는가"하는 점이며, 이것은 맹목적인 동료 평가를 통해 수용되는 관습을 지칭한다. 대부분의 학문적 기관들은 심사를 받은 논문들이 잘 이해된 절차에 따라서 출판되었다는 점에서 본질적으로 더 나은 것이라고 생각한다(동료 간의 평가 과정이 얼마나 준엄하고 의미 있게 이루어지고 있는지에 대한 최근의 비판을 제외하고!) (Hojat, Gonnella, & Caelleigh 2003).

한때, 잡지를 선정하는 중요한 고려사항은 예상 독자였다. 당신은 명성과 관계없이 가장 말하고 싶은 전문가 집단을 결정하였고, 구성원들이 가장 많이 읽을 것 같은 집단의 잡지에 발표를 하였다. 그러나 급속하게 변화하는 현 정보화 시대에서 중요한 것은 참조 시스템이 색인화 되는 경향이 있다는 것이다. 몇몇 색인은 학문 분야에 특정적이며, 출판 목적을 위해 가장 가치 있는 것은 보다 일반적인 것이지만 당신의 주제와 관련한 문헌을 찾는 사람들을 위해 첫 번째 접근 요점이 될 것이다.

인용지수는 학문적 생산성이 자신의 경력 개발에 영향을 미칠 것이라는 면에서 연구나 학문적 경력을 추구하는 사람들에게 특히 관심을 가지는 고려 사항이다. 이것은 잡지의 기사가 접근되고 인용되는 빈도의 수적 측정을 반영한다. 이것도 역시 논란이 된 문제이지만(잡지의 영향이라는 요소가 편집 정책과 같은 것에 의해 인위적으로 조작될 수 있는 다양한 방식이 있다), 일반적으로 광범위하게 읽는 사람들과 지엽적이고, 모호하며 아직 체제가 잘 확립되지 않는 사람들을 구별하는데 도움이 된다. 잡지를 선택하는데 관계되는 현안은 게재 비율이다. 낮은 게재율을 가진 잡지에 원고를 투고할 때 망설이게 하지만, 게재된 논문의 질은 아마 더 높을 것이며, 여러분의 동료 집단으로부터 인정을 받았음을 의미한다. North Overshoe Winter Chronicles에 자신의 연구 보고서를 간행하는 것은 출판에 효율적일지 모르지만, Science나 New England Journal of Medicine에 논문을 게재할 때와 같은 방식으로 독자에게 다가가지는 않을 것이다. 당신의 목적이 이러한 양 극단의 중간 어디에 있겠지만, 당신은 이러한 모든 요소를 고려해야 할 것이다.

모든 잡지에는 대부분 전형적으로 웹사이트 또는 잡지 자체에서 손쉽게 이용 가능한 저자 정보가 있다. 이런 현안을 참고하기 위해 저자 안내의 길이, 형식, 서식과 같은 것에 관심을 기울여야 한다. 자신이 연구를 정당화하는데 단어의 제약이 너무 심할 경우, 질적 탐구의 결과물에 보다 상응하는 정보를 담을 수 있는 잡지를 찾아야 한다.

자신의 연구를 기술할 때 전문가적인 독자로서 자신이 배운 것을 이용하여 잡지에서 요구하는 논문 형식의 제한 내에서 얼마나 많은 깊이와 상세함을 허용하는지에 대한 당신의 민감성을 안내한다. 당신은 연구의 모든 것을 말할 수 없지만 연구를 의미 있게 하는 연구의 논리와 중요성을 전달할 만큼 충분히 언급해야 한다. 많은 해석적 기술 연구는 하나의 출판물 이상에 책임이 있어서 만일 한 장에 자신이 말해야 하는 모든 것을 충분히 담을 수 없다면, 생각이나 강조할 부분의 일부를 구별하면서도 연결된 보고서 속으로 어떻게 담을지 생각해야 한다. 약간의 차이만을 나타내는 수많은 유사한 보고서를 써서 자신의 연구를 "분할" 하는 것은 결코 적절하지 않으며, 논문의 어떤 부분도 다른 곳에서 제출한 것을 복제할 수는 없다. 이중 게재와 자가 표절은 심각한 문제이다. 당신의 저명한 작품이 본래의 학문성을 상실하였다는 것을 지각한다면 당신은 자신의 명성이 더럽혀지고, 저작권법에 충돌하는 것을 원하지 않을 것이다. 그러므로 단일 논문의 이상을 출판하도록 고려해야 한다. 거기에서는 보고되어야 할 뚜렷한 요소나 각도가 있으며, 일차 연구로부터의 결과물에 따른 것으로 동일한 자료를 이용하여 수행된 이차 분석이 있고, 혹은 보다 형식적인 조사 보고에 의미 있게 수반되는 방법론적인 적용이나 임상적 적용이 있다. 모든 경우에 공식적인 인용을 통해 같은 연구와 관련이 있는 다른 논문들을 알리고, 동일한 연구를 참조하기 위한 최상의 방법으로 논란의 해결을 위해서 어떤 잠재적 중복 부분이 있다는 것을 저널 편집인에게 알린다.

출판을 위하여 해석적 기술 보고를 쓸 때, 방법론적인 방향을 알리고, 자신의 설계에서 그것을 어떻게 구현했는지 알리는 것은 중요하다. 해석적 기술은 요리책이라기보다는 오히려 논리 모형이기 때문에 단순히 출처를 알림으로써 어떤 선택을 당신이 했고, 왜 그런지를 독자가 이해한다고 생각할 수 없다. 많은 경우에, 해석적 기술 그 자체를 넘어서 기법이나 과정을 유도하게 될 것이다. 그런 경우 동료 비평가의 오해를 피하기 위하여, 방법적 접근으로서 해석적 기술이라고 명백하게 이름을 붙이고, 참조하도록 하는 것이 도움이 되며, 이러한 전통은 특정한 다른 전통에 "의해 알려진" 설계 선택과 일치한다고 알리는 것 또한 도움이 된다.

발표 체재

학문적이고 전문적인 발표는 연구결과물을 전파하기 위한 또 다른 주요한 방법이다. 수많은 회의는 요약문의 제출을 제안하고, 게재 기회를 가진 사람들에게 구두나 포스터의 형태로 자신의 작업을 발표하도록 한다. 몇몇 회의나 미팅은 전체적인 주제의 범위에 걸쳐 작업하는 참가자를 끌어들이는데 비해 다른 회의와 미팅은 현실적인 영역에 대해 학문 상호간의 분야에 관심을 가진 사람들을 불러 모은다. 몇몇은 연구원을 표적으로 하고, 다른 것은 임상가/전문가 및 학자 집단들을 불러 모은다. 글을 제출하고자 하는 회의를 할 때 누구와 이야기를 할 것인지, 얼마나 많은 회의를 할 수 있는지를 고려하는 것은 유용하다. 회의에는 비용이 들고, 시간이 소요되고, 경쟁적인 사건(자신의 발표에 주목을 끌려고 경쟁하는 대부분의 참여자들과 함께 하는)인 경향이 있다. 당신이 옳은 것을 참여하도록 확신하는 것은 현명하다.

구두 발표는 대부분의 학자 집단에서 표준적인 방법이다–비록 구두 발표는 정보 소통에서 별로 효과적이지 않다는 많은 증거가 있다. 회의에서는 발표에 엄격한 시간제한이 있으며, 조심스럽게 계획을 세워서 이러한 한계를 지켜야 한다. 시간을 넘어서 청중이 나가게 되면 연구에 신뢰성을 주지 못하며, 가능하다면 질의응답을 위한 시간을 제공하는 것은 청중들을 연구에 참여하게 하는 가장 좋은 방법이다.

어떤 사람들은 우수한 즉석 스피커이고, 슬라이드나 최소한의 노트를 가지고 발표할 수 있다. 또 어떤 사람들은(특히 아주 신참의 연구원) 준비된(그리고 시간에 맞는) 강의로 더 잘 할 수 있을 것이다; 그러나 할 수 있다면, 그냥 낭독만 하는 것이 아니라 참여자가 동참하도록 생생하고, 접근 가능하고, 들을 수 있는 방식을 통해 당신의 텍스트로 작업 하도록 연습해야 한다. 파워포인트 슬라이드를 포함한 시청각 자료는 구두 발표에 기가 막힌 시각적인 보조물일 수 있다. 혹은 이러한 방법이 실망스럽게도 지루하고, 흐트러진 것일 수도 있다. 시청각 자료가 자신의 나머지 발표와 보조를 맞추도록 이용 가능한 많은 자료를 사용하고, 각각의 자료를 현명하게 이용하고, 참여자들에게 발표 꾸러미의 영향이 어떻게 평가될 것인가를 이해해야 한다. 자신의 특정한 기술 및 한계를 알고 있으면 성공적인 구두 발표를 준비하는데 도움이 된다.

포스터 발표는 당신의 결과물을 공유하기 위한 또 다른 매력적인 방식이다. 일반적으로 이런 발표는 사람들이 여유 있게 볼 수 있게 해주며, 당신의 연구 분야에 관심을 가진 그런 사람과 일 대 일 연결을 허용해준다. 당신의 포스터가 전문적으로 보이고, 주의를 끌도록 글뿐만 아니라 그림도 이용하고, 대체적으로 자신의 작업을 설명하도록 충분한 정보를 담고 있다면, 당신은 이런 발표의 장점을 최대한으로 활용할 수 있을 것이다(Wilson & Hutchinson

1997). 많은 포스터 발표에서는 흥미를 가진 회의 참가자와 보다 상세한 서면 보고서를 공유하거나 앞으로의 만남을 위하여 명함을 주고받는다.

고려해야 할 또 다른 전파 방식은 심포지엄이다–많은 회의에서 이용 가능한 발표형식이다. 심포지엄은 특정 주제에 대한 논문들을 모아서 발표하는 것이며, 밀접하게 연관된 꾸러미로 개발되고, 발표자와 참여자들과의 상호 작용을 최대화하기 위해 구조화된다. 자신의 분야에서 심포지엄에 참가하도록 초대를 받는 것은 다른 연구원과 활발히 교류하는 우수한 방법이며, 자신의 토론회를 계획하고, 그 토론회에 가장 참여하기를 원하는 학자를 초대하는 것 또한 선택권을 갖는다. 연계를 만들어내는 많은 방식에도 불구하고, 얼굴을 맞대고 인간적으로 대화하는 것은 참으로 생산적으로 진행되는 전문적인 연계성을 위한 중요한 토대를 마련해준다.

지식 전달 프로젝트

점차적으로, 연구 자금 조달 기관과 정책 입안자는 연구로부터 나온 아이디어를 관련된 실행 집단으로 옮기기 위하여 새로운 방식을 전략화 하였다. 따라서 자신의 결과물을 다른 연구자에게 제시하는 것을 넘어서, 당신은 다양한 지식 전달 프로젝트를 이용 가능한 기회로 참여하도록 혹은 자신의 주도성을 생성하도록 추구할 수 있다. 이러한 프로젝트는 시스템 차원의 문제를 해결하기 위해서 연구 진행 중인 프로그램, 여러 지역의 학자 집단, 함께 작업하는 임상가 중 실행 전문요원들의 적극적인 참여를 지원한다. 혹은 혼합된 임상 연구 단위의 테두리 내에서 실행 집단의 필요성이 연구자들의 활동을 명백하게 끌어내고 지지한다. 실천 분야에서 관련이 있고 의미가 있는 결과물을 만드는 최상의 방식을 발견하거나 혹은 연구의 결과물을 응용하는데 강압적인 방해물을 평가하는 것은 연구 집단 구성원에게 항상 쉬운 일이 아니기 때문에 이러한 종류의 주도적 움직임은 이 두 세계를 연결시킬 강력한 출현 방식을 반영한다. 해석적 기술 연구의 관점에서, 이러한 종류의 활동에 능동적으로 이루어지고 있는 참여는 그러한 '내부'의 경험적 실체에 자신을 노출시키게 하는 엄청난 이익을 제공할 것이며, 실천이 이루어지는 보다 큰 사회적, 역사적, 문화적 맥락에 대하여 자신이 진행하고 있는 해석적 이해를 제시함으로써 당신을 노출시키는 엄청난 이익을 제공할 것이다. 이러한 수준의 참여는 적절한 연구에 대한 질문을 확인하고, 작업할 수 있는 시각을 넓혀준다.

대중적 영역 소통

비록 많은 연구자들은 표준적인 "발표 및 출판"이라는 현장을 벗어난 전파의 선택권을 결코 고려하지 않지만, 연구와 연구가 기여하는 세계 간에 서로 밀접한 상호 작용의 상태에 있다는 것은 점점 중요해지고 있다. 그러므로 많은 질적 연구자들은 알리고, 교육하고, 보다 넓은 집단을 대화의 장으로 끌어들이기 위한 방식으로서 연구결과물을 전파하는 대안적인 형식을 탐색해 왔다.

예술적인 표현

건강 과학과 사회 과학을 가로질러 다양한 예술적 형태로 질적 연구결과물을 발표하는 것은 비교적 최근의 경향이다. 다양한 예술적 형태에는 소설, 시, 춤, 그림, 조각, 기록 영화, 연극을 포함한다. 어느 정도 이러한 접근은 전통적 학문의 방식으로부터 벗어난 발표형태에 대한 열의를 보여준다. 거기에서 인간적인 경험을 잘못 설명하고, 경우에 따라서 사회적인 불공정을 재생한다고 생각해 왔다(Sandelowski & Barroso 2002). 이에 더하여 이러한 접근은 과학적 접근에 벗어난 사람들에게 다다르고자 하는 목적에 본질적인 것으로 간주되었고(Schwandt 1994), 언어적으로 전달하기 어렵거나, 자기 표출적인 형태에서 가장 잘 경험되는 새로운 지식의 양상을 소통시키는데 본질적인 것으로 간주되었다(Norris 1997). 과학과 예술은 사고의 특정한 방식에서 진리의 형태를 제시하는 실재에 대한 상호적 연구라는 점에서 친족 관계를 나타낸다(Thorne 1997). Sandelowski는 "심리학적, 사회학적, 혹은 기타 전통적인 학문이 표현하는 것보다 우리 자신의 경험과 더 공명하는 인간의 본성을 보여주기 때문에 예술적 진리는 과학적인 진리보다 삶에 대해서 종종 보다 더 참되다"라고 주장하였다(1994a, p. 127).

그러나 예술적인 표현이 갖는 중요한 문제는 이러한 표현을 어떻게 할지 정확하게 파악해야 하는 상당한 도전적 과제에 직면한다(Schwalbe 1995). 집단으로서 우리는 과학적인 산물의 신뢰성을 판단하는 방법을 알고 있으며, 예술적 산물의 가치가 어떻게 결정되어야 하는가에 대해 완전히 다른 일련의 가정과 기준을 가지고 있다. 무언가가 그 선에 걸쳐 있을 때, 평가 기준은 훨씬 더 종잡을 수 없게 된다. 즉 좋은 연극이어야 하는 것은 결과물의 해석을 잘못 이끌 수 있다. Norris가 지적하듯이, 예술적 형식은 애매성이 높아질 때 번성하며, 그렇게 됨으로써 상당히 중요한 잘못된 해석과 같은 것이 초래된다(Norris 1997). 따라서 우리 연구의 일부 결과물을 대안적인 방식으로 발표하는 실험에 대해서 상당히 호소력이 있지만, 그러한 기획은 무엇보다 과학적 노력에 입문하는 참여 규칙에 대한 주의와 건전한 존경 없이 이루어져서 안 된다. 이러한 대안적인 형태에 의해서 야기되는 인식론과 윤리적인 현안의 다수는 결과물을 업무적 실천에 정보를 주기 위해 고안된 실천적인 전문직의 맥락에서 상당한 걱정을 야기하는 원인이 된다.

이러한 도전에도 불구하고, 필자는 예술적 방식에서의 우수한 질적 연구결과물 중 일부 뛰어난 사례를 알고 있으며, 그것을 위해 의도된 메시지가 책임감 있게 다루어진다는 증거가 있다(Thorne, 2000b). 첫째 Vangie Bergum 박사의 현상학적 연구에 기초한 연극이다(1997). 병원 분만실의 상황을 설정한 "A Child in Mind"는 여성으로부터 엄마로 전환을 하는 여섯 명의 매우 다른 여성의 경험을 병립시켜서 이러한 전환 상태의 경험을 포착하였다. 개인적인 이야기는 새로운 수정 기술과 같은 요인에 의해 초래된 도전뿐만 아니라 사회적인 격차의 복합성과 모순을 보여준다. 사회적 정의의 현안과 자기 탐구를 부각시켜서 이러한 연극은 신중한 생각을 자극하고, 작품의 일부로서 관객들은 연구자/저자 그리고 배우 양쪽을 포함하는 토론에 참여하도록 초청을 받았다. 다른 것으로 Ross Gray 박사와 동료들의 작품에 근거한 연극 작품으로 질적 연구를 통해 전이성 유방암을 가지고 생활하는 내면적으로 복합성에 근거를 두고 있다(Gray, et al., 1998). "Handle with care"라는 제목의 작품은 연구팀, 예술 감독, 전이성 유방 질병을 가진 배우들을 포함한 일련의 워크숍으로 개발되었다. 주제에 대한 발췌를 위한 근거로서 원 자료의 일부를 끌어내어 이 팀은 두 가지 형식으로 대본을 만들었는데, 하나는 의료 전문가를 위해 다른 하나는 지역 사회의 참가자를 위한 것이었다. 이것은 널리 상연이 되었고, 각 상연 후 평가 피드백에 대한 체계적인 분석은 팀에게 관객들이 갖고 있는 영향력을 이해하도록 허용하였다(Gray, et al., 2000).

해석적 기술은 인간의 경험을 특징으로 하는 인간관계와 심리적 굴곡, 전환의 복잡한 역동성으로서 그러한 복잡한 현상에 내재한 공통성을 가시화하도록 시도한다. 이것은 또한 여러 사람들이 유사한 상황을 다른 방식으로 경험하기 때문에 그 다양성을 보여주고자 하였다. 그러므로 탁월한 연구결과물을 15장짜리 원고로 한정하여 정당하게 평가하는 것은 불가능할 것이다. 모든 사람에게 깊이와 접근성을 가능하게 해주는 전파 방법을 찾아보라는 호소는 특히 중요한 것으로 보인다(Morse, 2000; Sandelowski, 1998).

언론 매체를 참여하게 만들기

신문, 라디오, 텔레비전, 또는 다른 형식 등 언론 매체를 참여하게 만드는 요령은 당신의 연구를 하나의 슬로건이나 그럴듯한 미끼로 환원하는 기술을 개발하고, 작업의 본질에 진실 되면서도 광범위한 청중이 접근가능하며 흥미있는 방식으로 의사소통하게 하는 것이다. 언론 매체가 당신에게 먼저 접근하였다고 하더라도 관계와 신뢰를 구축하기 위해 열심히 일을 해야 하는 사람은 바로 당신이다(May, 1997). 많은 대학교와 연구 기관들은 언론 매체의 관심을 어떻게 끌 것인지, 언론이 다룰 수 있는 방식으로 당신의 생각을 어떻게 포장할지, 면담를 어떻게 할지 당신이 배울 수 있도록 도움을 주는 무한한 보조역할을 하는 대중 매체 관련 학부들을 갖는다. 언론 매체와의 작업은 유능함, 무한한 외교적 태도, 상당히 고집 센 집요함을 요구하기 때문에 이러한 자원을 찾아서 이들의 충분한 이점을 이용해야 한다.

언론 매체와의 작업에서 중요한 요소는 시기의 적절함이다. 자발적인 참가자를 모집하려는 목적으로 시행하고자 하는 연구를 위해서 당신이 광범위한 참가자를 원한다면, 당신의 의도는 언론 매체의 주의를 이끌 이야기에 속할 확률이 낮을 것이다. 대신에, 자신의 연구에서 일반적인 관심이 될 수 있는 각도를 찾도록 노력하고, 짧은 메시지로 줄여서, 시급하다는 느낌이 들도록 전달할 수 있는 정당한 방법을 찾아야 한다. 당신의 이야기를 이해하도록 언론 매체를 도울 때, 면담를 할 수 있는 실제적 사례들과 당신의 주장을 뒷받침할 실제적인 배경 정보를 제공하여 보고가 흥미 있게 되도록 그들을 도와서 당신의 작업이 선택되고 보고될 수 있는 가능성을 높여야 한다. 만일 가능하다면, 읽거나 듣고 있는 청중을 참여시킬 수 있는 행사-대중 강연, 서비스로 제공할 수 있는 새로운 개발, 혹은 능동적인 공공 정책 상담-를 보고결과와 결합시키도록 노력한다.

또한 언론 매체와 관계하는 것은 항상 위험하다는 것을 언급할 만한 가치가 있다. 자신의 자료로 이루어지는 것에 대해 전형적으로(있다면) 제한된 통제를 할 수 있지만, 공적 영역으로 넘어가버리면, 당신의 동의와 관계없이 광범위하게 전달될 수 있다. 발표 이전의 원고를 보려고 요구할 수 있거나 인용을 확인하려고 요구할 수 있지만 이러한 특권은 거의 보증 되지 않는다. 그러므로 상황이 요구하는 많은 이용 가능한 정보를 제공하기 위해 가장 좋은 전략은 조심스럽게 준비하는 것이며, 문맥을 벗어나더라도 당신이 말하거나 의사 전달했던 것이 당신을 곤란하게 만들지 않도록 노력하는 것이다. 그밖에 뻔뻔스러움과 좋은 유머 감각을 개발하는 것도 현명할 방법일 수 있다.

정보 기술을 이용하기

많은 연구 프로젝트와 프로그램은 연구결과물을 전파하는 기묘한 방법으로 웹사이트를 이용하고 있다. 인터넷은 점점 가상적 참여자의 관찰 현장이 되고 있으며, 연구 참여 모든 것이 인터넷 자체 속에 있으며, 자기 선택적 관심에 따른 다양한 수준과 계층의 정보를 제시하고, 당신의 연구결과물에 대하여 소통의 네트워크를 형성하면서 전파된 정보를 통제하기 위해 엄청난 장점을 갖는다.

웹사이트 상에서 당신은 청중들에게 연구자(혹은 연구팀)를 알 수 있도록 개입하며, 연구 프로그램의 기초가 되는 동기를 이해하게 하며, 시간의 경과에 따른 프로그램의 진보를 추적하게 할 수 있다. 이러한 방식으로 잠정적인 결과를 발표하는 것이 별로 적절하지 않지만, 전문가 집단과 일반 대중의 요구를 충족하도록 상당량의 정보가 내장되어 있다. 시간이 지남에 따라서 공개적 저널의 보급이 증가하고, 접근 가능한 정보가 증가하여 당신은 웹사이트 방식으로 다른 자원, 네트워크 및 서비스와 연결하기 위한 선택권을 확대할 것이다. 따라서 당신의 연구 보고는 자신의 본래 연구를 고무시킨 실행 집단과 그 서비스를 고객에게 제공하려는 보다 큰 프로젝트의 부분이 될 수 있다.

저작권에 관하여 간략하게 말하고자 한다. 자신의 연구를 간행함에 따라 어떤 상황에서 어떻게 전자 문서가 대중적으로 이용 가능하게 될 것인지 저널과 상의해야 한다. 어떤 잡지는 기한이 지난 후에 이러한 자료를 상당히 자유롭게 이용할 수 있으며, 점차 처음부터 공개적으로 이용 가능하게 하고 있다. 이러한 것은 변화하는 시대를 반영하며, 지식의 전파 과정이 이들과 함께 변화할 것이다.

집단 참여

당신은 관심을 가진 현안에 영향력을 주는 사람들이 어디에 있는가를 창의적으로 생각해 본다면, 당신이 이용할 수 있는 모든 다른 선택권의 영역을 무시하지 말아야 한다. 연구 집단으로부터 새로운 것을 배우는데 관심을 가진 일반 대중에는 항상 다양한 집단이 있을 것이다. 자신의 작업이 인간적 관심을 가질 영역 속에 있다고 생각하면(그리고 일차적 지식의 원천으로서 인간의 주관적 경험을 일깨우는 거의 모든 것에는 그런 잠재력을 가지고 있다!), 당신은 지역 도서관, 커뮤니티 센터, 신앙 집단, 혹은 봉사 클럽과 같은 모임에서 자발적 연사나 손님을 간절히 원한다는 것을 알게 될 것이다. 이러한 종류의 소통을 위한 참여는 면대면의 소통을 만들어내는 데 귀중할 수 있으며, 당신의 작업의 대체적 윤곽을 잡게 해주며, 심지어 당신의 장래 연구를 위한 지원을 비축하는 데 귀중할 수 있다. 이들이 가진 학자에 대한 호의는 장래 연구자를 위해 함께 하는 맥락을 형성한다. 왜냐하면 연구 집단이 인간적 면모를 가지고, 중요한 문제를 풀기 위해서 접근 가능한 범위의 사람들과 일을 하고 있다는 것을 점점 인식하기 때문이다. 당신의 개별적 주제가 주요한 관심사가 되는 소통의 집단이 또한 있을 수 있다. 환자 지지 집단이나 소비자 보호 집단과 같은 곳에 다가가서 관계를 형성하는 것은 특별히 중요할 수 있다.

자신의 작업을 통해 필자는 특정 집단과 일반 집단 모두와 의사소통하는 것이 종종 영향력에 있어서 다면적이라는 것을 확인하였다. 청중들은 건강이나 질병과 관계된 경험의 인간적 요소 중의 일부가 전문 집단에게 관심이 되고 있다는 사실에 종종 놀라고, 의료 서비스를 위한 통찰력의 원천으로서 주관성의 정당성에 관심을 갖는다는 결과를 듣고 활력을 느낀다. 더구나 청중들이 그들 자신과 유사하거나 대조적인 경험을 필자에게 털어놓을 때 필자는 비공식적인 신뢰성을 검토하는 무한한 자원이 청중이라는 것을 알고 있다.

제13장

신뢰성의 강화

신뢰성에 대한 관심은 이러한 연구 과정의 각 요소와 관련하여 이전 장에서 구체화되었지만, 여기에서 우리는 응용 분야 지식의 보다 큰 맥락 속에서 질적 연구의 신뢰성을 생각해보기로 한다. 해석적 기술은 인간의 주관적인 경험에 관한 중요한 종류의 지식에 접근하고자 한다. 그러나 우리는 이러한 경험의 산물이 정확하고, 적절하거나 심지어 사회적으로 책임을 갖지 않는다는 것을 반드시 기억해야 하며, 이들로부터 도출된 지식은 대안적인 범위에서 도출된 지식 이상 혹은 이하도 아닌 신뢰성을 갖는다는 것을 기억해야 한다. 따라서 우리는 이러한 종류의 연구를 해독하고, 그 실행을 안내하는 양쪽 모두를 보조하기 위해 충분히 개발된 질적 기준을 접근하는 것은 중요하다(Engel & Kuzel 1992; Kuzel & Engel 2001; Morse, Barrett, Mayan, Olson, & Spiers 2002; Popay, Rogers, & William 1998; Seale & Silverman 1997).

해석적 기술은 현상학적 혼동으로 확인된 것을 설명하기 위해 특별히 고안되었으며, 양적으로부터 질적인 철학적 방향으로의 불완전한 이동을 초래하는 약하거나 애매한 방법론의 형태에서 보이는 질적 건강 연구 내에서 계획되었다(Burns, 1989; Leininger, 1994). 이것은 완전히 명백한 인식론적 기획으로서 인식되어온 양적인 질 측정의 부적절한 적용이라는 맥락에 존재하는 바로 그러한 사례이다.

이 장에서 포함된 아이디어는 질적 전통의 제한 내에서 질을 이해하고 판단하기 위한 선택권에 대하여 이전에 출판된 연구에 주로 의존하였으며, 우리가 평범함과 우수함을 어떻게 구별하는가에 달려 있다(Thorne, 1997)[1]. 초기 연구에서 난 질적 신뢰성을 수용하는 접근으로 통합하려고 노력하였으며, 많은 학자들은 양적으로 "성스러운 세 가지"인 신뢰성, 타당성, 일반화라는 정언명법(Kvale 1995)을 보다 호환 가능한 철학적 방향으로 옮기려고 얼마나 노력했는지를 보여주고자 하였다. 일반적으로 질적 연구에서 종합을 하나의 토대로 이용하였는데 이는 방법론적인 "황금 기준"을 명확하게 하는 것과 결부된 어려움을 고려하기 위한 것이다. 또한 어떤 안내 원칙을 끌어내고자 시도함으로써 질적 연구결과물의 질을 광범위하게 비평하기 위한 기전으로 발달시킬 수 있었다. 우리는 예술적 기교 및 해석적 설명이 제시하는 과학을 표현하기 위한 방법을 찾기를 소원하였다. 그것은 오늘날 여전히 희망으로 남아있지만 그렇게 함으로써 실천적 학문 분야를 나타내는 맥락 속에서 뚜렷한 견해를 점점 의미 있게 표현할 수 있다. Elliott과 Williams가 매우 감동적으로 표현하였다: "궁극적인 역설은 질적 탐구가-개념적으로, 실천적으로-가능하지 않지만 여전히 진행 중에 있다는 것이다. 전문 분야로 발전하려면... 그렇게 해야 한다"(2001, p. 181).

질의 고려

비판과 평가를 구별하려는 Leininger의 고전적 시도(Leininger 1968; Leininger, 1994)에 의하면, 비판은 어떤 일반적 평가 기준에 대항하는 비교 문제라기보다 인정된 권위를 가진 누군가에 의해 고찰한 결과라고 인정하였다. 이러한 견해는 비평가의 질적 판단에 대한 "전문가의 분야, 지적인 통찰력, 철학적 책임"에 부여하는 가치를 받아들인다(Leininger, 1994, p. 94). 그러나 연구의 질을 결정하기 위해 개인적 비판 수준을 넘어선 방식을 발견하고자 하는

1) 원본의 중요한 부분의 복사 허가는 세이지 출판사에 의해서 제공되었다.

불가피함을 받아들이면서, 신뢰성 평가에 대한 보다 두드러진 접근은 전통적 평가 요소를 포함한다는 것이다. 이는 이론적 강점의 증거를 발견하고 단순한 능력을 넘어서서 미묘한 차이와 질과 같은 것을 비판하는 어떤 형식을 가지고 확대하는 것이다. 이러한 시각을 통해 질적 연구에 대한 비판은 질적 연구의 평가 기준을 학문 분야의 영역 내의 견고한 토대와 조화하여 비판적 판단의 기술과 결합한다(Berkwits, 1998). 포도주 감별사가 일반적인 포도주 시음자를 벗어나서 미묘한 구별을 감지하기 위해 기술의 내재적 지식과 와인 만드는 예술적 기교를 구사하듯이, 질적 연구에 대한 전문가의 비판은 이 연구가 인정을 얻으려고 하는 실체적 영역에서의 광범위한 지식을 요구한다(Parse, Coyne & Smith 1985).

비평가의 사고보다 오히려 위상에 대한 강조에도 불구하고, Leininger의 관점은 방법론을 위한 일련의 외부적 기준에 집착하는 것을 벗어나는 평가의 종류로 우리를 안내하며, 방법이 적용되는 지식의 본질을 위한 보다 근거된 평가를 하도록 안내한다. 전통적 평가를 보다 미묘한 비평의 영역으로 확장하는 것은 건강 과학 내에서 질적 탐구와 관련하여 설명될 수 있다. 건강 과학 분야에서 질적 연구결과물을 제시하는 연구자는 연구결과가 결과의 출처에 대한 연구자의 명백한 가정과 상관없이 임상적으로 적용할 수 있는 방법을 찾는 그러한 지식 개발 상태여야 한다는 것을 이해한다. 그러므로 건강 과학 연구를 위한 기준은 예를 들어 문헌 비판의 기준과는 상당히 달라야 한다. 건강 과학 학문은 사회적 위임 때문에 존재하며, 개인과 집단을 유익하게 하는 도덕적 의무감을 포함한다. 이런 요소는 건강 과학 연구자의 학문적 책임감을 본질적으로 바꾸며, 전통적 평가 기준의 범위를 넘어서 확대되며, 어떻게 결과물이 합당하게 해석되고 심지어 이용될 수 있는가 하는 영역으로까지 확대된다. 따라서 건강 과학 내에서 질적 연구의 신뢰성을 위한 평가는 단순히 방법론적 규정을 고수하는 정도를 벗어나서 연구결과물로 어떤 의미가 구성될 수 있는가 하는 훨씬 더 복잡한 질문을 탐구하도록 확대된다(Angen 2000; Emden & Sandelowski, 1998, 1999).

평가 표준

질적 연구의 방법론적 전통은 이론적, 인식론적으로 판단될 수 있는 뚜렷한 지침을 포함하는 반면, 기술적으로 건전한 다양한 질적 이론주의자들은 질적 연구 스펙트럼을 가로질러 다소간 수용되는 일련의 일반적 원리들을 종합하고 있다. 해석적 설명의 산물에 전형적으로 적용되는 평가적 기준의 종류를 고려해볼 때 우리는 이러한 일반적 원리들을 향해 가는 것이다.

인식론적 통합성

첫째, 모든 질적 연구는 지식의 본질을 구성하는 가정으로부터 방법론적 규칙에 이르기까지 추론의 방어선이 있다는 의미에서 *인식론적 통합성*을 증명하도록 기대되었으며, 그러한 과정을 통해 연구 과정에 대한 설명이 이루어졌다. 신뢰할 수 있는 결과물을 위해 연구 과정은 진술된 인식론적인 입장과 연구 질문으로부터 논리적으로 수반하는 자료의 원천에 대한 해석과 그 해석적 전략에 일치하는 연구 질문을 밝혀야 한다. 우리에게 결과는 설계에서 함축한 가정과 일치하는 지식이나 연구자가 이전의 위치나 편향성에 의해 발견하려는 지식을 만들어낸다는 면에 있어서 필연적으로 의심스러운 연구이다. 그러므로 질적 연구자들은 그들의 인식론적 입장에 대한 특성을 평가하고, 이러한 입장을 존중하는 판단적 전략을 구상한다 것이 핵심적이다(Koch 1995; Simmons 1995).

대표적 신뢰성

둘째, 질적 연구는 연구자가 주장하는 이론적 주장과 표집된 연구 현상과 방식에 있어서 일치해야 한다는 *대표적 신뢰성*을 제시해야 한다. 예를 들어, 질환 경험이라는 현상학적인 단일 사례 연구에서 우리는 경험 내에서 공유된 요소에 대한 주장을 기대할 수 없을 것이다. 마찬가지로, 현상에 대한 근거연구가 지배적인 문화 집단의 기본적인 사회 과정을 보여주는 예를 통해 우리는 이 과정이 문화에 보편적이라는 추론을 받아들이지 못한다. 그러므로 우리는 Glaser와 Strauss의 최대 변이와 같은 고전적 조건(Glaser & Strauss 1966)이 어떤 종류의 지식 주장이 시도되기 전에 질적 결과물의 토대를 바탕으로 요구된다는 것을 인정한다. 현상에 대해서 충분한 개입에 근거한 연구결과물은 보다 피상적인 개입으로부터 도출된 것보다 신뢰성을 더 확보할 수 있을 것이다(Erlandson, et al., 1993). 사건이나 과정의 내재적으로 구축된 견해를 확인하기 위해 우리는 일반적으로 자료의 삼각측량술 원천의 형태를 일반적으로 가치가 있다고 평가한다. 유사하게, 실체적 결과물을 전달하기 위해, 질적 연구자들은 방법론적인 삼각측량술의 주창자에 의해 제기한 수정(crystal)같은 이미지로 묘사되었듯이, 질적 연구자들은 단일 측정 이상의 지식이 인정된다는 것을 기대한다(Breitmayer, Ayres, & Knafl, 1993; Richardson 1994; Sandelowski, 1995a).

분석적 논리

셋째, 모든 질적 연구 보고에서는 불가피한 선구조로부터 연구를 통해 학습된 토대 위에 만들어진 해석과 지식의 주장에 이르기까지 연구자의 추론을 명백하게 보여주는 *분석적 논리가* 반영되도록 기대한다(Miles & Huberman 1994). 연구자는 귀납적 추론 과정을 독자에게 확신시키는 것이 결코 충분하지 않다; 차라리 그러한 논리의 증거가 신뢰성을 확인하거나 반박할 수 있을 정도로 보고를 통해 명백해야 한다고 우리는 요구한다(Morse, 1994b). 좋은 질적 연구에는 본질적으로 긴급한 특성이 있다는 것을 인정되는 한에 있어서(Sandelowski, Davis, & Harris, 1989), 의사결정 과정의 적절성은 질적 연구 독자층에게 반드시 접근 가능해야 한다(Burns, 1989). 일반적으로 적용되는 원리에는 다른 연구자들이 추정하여 따라갈 수 있는 명백한 추론 경로인 감사추적을 하는 것이다(Erlandson et al., 1993; Leininger 1994). 더구나 심층적 기술 가치와 연관이 있는 전통적인 민족지학적 원리는 자료 그대로의 설명을 통해 우리의 해석적 주장에 근거를 두는 정교한 보고서를 준비하도록 우리에게 요청한다.

해석적 권위

네 번째 요구는 질적 조사가 *해석적 권위*를 드러낸다는 점이다. 모든 지식은 관점을 가진다는 것을 우리는 인정하지만, 연구자의 해석에는 신뢰가 있어야 하고, 연구자 자신의 편향이나 경험에 국한되지 않고 외면적인 진리를 설명하거나 드러낸다는 확신을 갖게 해야 한다. 예를 들어 은유를 통해 복합적 현상을 평가하는 동안 우리는 자료에 대한 충분한 정보를 요구하며, 연구자는 자료를 인위적으로 맞추지 않았다는 것을 확신하도록 은유를 이용하여 설명해야 한다(Janesick 1994). 질적 연구에 대한 평가에서 우리는 어떤 주장이 개별적인 주관적 진리를 나타내는지 혹은 공통적인 진리를 나타내는지에 대한 확신을 가질 필요가 있다. 일반화 가능성의 질문에 대한 우리의 이론적 관점이 무엇이던 간에 우리는 반드시 특수한 상황에 대한 진리를 밝히는데 연구자의 의도를 파악할 수 있어야 한다. 그러므로 우리의 보고서는 연구 과정 동안 발생하는 반응성에 대해 반드시 설명을 해야 한다(Paterson 1994). 우리는 연구 대상자의 체계에 맞서는 해석을 체크할 수 있는 시스템을 구축해야 한다(Hutchinson & Wilson, 1992; Schwandt 1996). 우리는 Altheide와 Johnson이 "반사적 설명으로서 타당성"을 통해 우리가 진리를 해석한 버전(version)에 대해 독자가 확신할 수 있도록 목표를 두었다(Altheide & Johnson, 1994).

질적 연구의 모든 과정에서 엄격함과 신뢰성을 보증하기 위해 우리가 만든 원리는 지식 주장의 평가에 근거하여 방법이 도출되며, 우리의 연구 보고서가 향하게 될 사회적 맥락의 인지로부터 도출된다. 이들을 합친 네 가지 원리는 해석적 기술에서 평가 기준을 명확히 하기 위한 토대를 형성한다.

평가를 넘어서

다양한 질적 전통 내에서 상당히 정교한 일련의 평가 기준에 접근하게 됨에 따라 사람들은 단순히 안내 지침을 따르는 것은 높은 품질의 산물을 생성하는 것이라고 추정하기 쉽다. 그러나 여러 비판가가 지적하였듯이, 질적 연구에서 교과서적 접근을 엄격하게 준수(즉 맹목적 방법, 방법의 우상화, 인식론적 규준(criteriology))하는 것은 연구 기획에서 강점보다는 약점을 만연시킬 수 있다(Eakin, 2003; Janesick, 1994; Sandelowski, 1993a; Schwandt 1996). 여기에서 우리는 질적 연구 산물에 대한 보다 미묘한 비판의 세계로 들어가며, 이들이 생성되었던 보다 큰 분야인, 사회적, 역사적 맥락을 고려한다.

도덕적인 변호 가능성

응용 실천 학문에서의 질적 연구는 결국 여러 형태의 실천에 영향을 미칠 지식을 목적으로 한다(Simmons 1995). 예를 들면, 몸, 마음, 정신의 그 자체로서가 아니라 불필요한 고통이나 해를 경감시킬 수 있기를 바라고, 이 상황에서 가능하면 최고의 웰빙을 추진하기 때문에 사람들이 몸과 마음, 정신을 향하는 특정한 공격을 어떻게 경험하는지 이해하고자 한다. 결과적으로 모든 건강 과학 연구가 판단해야 하는 기준이 그 *도덕적 변호 가능성이다.* 우리는 사람들로부터 추출한 지식이 왜 필요하며, 지식을 일단 얻으면 그러한 지식을 가지는 목적이 무엇인가에 대한 주장을 확신할 필요가 있다. 모든 실천적 분야 내에서 평등하게 적용되어야 하는 이 원리는 인간 대상자를 보호해야 한다는 전통적인 윤리적 주장을 넘어 확대하며, 지식이 우리 사회에 어떻게 이용되는가에 대한 평가 영역으로 확대된다(Lipson 1994). 민감한 영역(전염병, 인종적 다양성, 또는 취약 계층과 같은)을 조사할 때, 우리는 이러한 결과물이 포함될 것이라는 것을 파악하기 전에 결과물의 이용 가능성에 대해 반드시 책임을 져야 한다(Sieber 1993). 우리가 추출한 새로운 지식 때문에 혹은 인간주의적인 건강 분야와 구분될 수 있는 목적을 가진 사람들에게 접근 가능한 지식을 만드는 방식 때문에 염두에 두어야 하는 것은 사회적 검열이나 반감 위험으로 소외된 집단을 제대로 변호 가능하다는 것을 알기 전에, 봉사하는 사람들을 위한 잠재적 이익에 우리의 결과물을 반드시 연계해야 한다는 것이다.

학문간의 관련성

응용 및 실천 학문 내에서 지식을 생성하기 위한 접근으로서 해석적 기술에 대한 논의를 통해 강조해 왔듯이, 필자는 질적 연구결과물이 근본적인 신뢰성을 고려하는 것으로서 *학문간의 관련성을 위한* 기준을 충족시키는 방식에 대해 생각을 해본다(Thorne 2001). 사회가 우리가 추구하는 지식을 요구하는지에 대한 질문을 넘어서 이러한 지식이 학문 발전에 적절한지에 대한 비판을 포함해야 한다. 제2장에서 필자는 일 중심적이지만 문신을 한 여성에 대한 연구가 이 분야에서 상당히 부정적인 반응을 자극하면서 가까스로 권위가 있는 간호 잡지에 실린 사례를 언급하였다. 이 사례는 전문직이 어쨌든 기술적으로 유능한 탐구를 지원하기 전에 연구자들은 연구와 그들이 추구하는 학문적 지식 간에 연관성을 설명해야 한다는 매우 심오한 의미를 제시하였다.

실용적인 의무

세 번째의 관점은 연구의 신뢰성으로 고려될 수 있는데 실천적 학문에 본질적인 특별한 문제로부터 나온다. 여기에서 진리와 의견 문제를 경계 구분하는 것은 종종 모호해진다. 건강 과학 분야 내에서 지식에 대한 요구가 일반화 가능성에 대한 한계로 표현되는지, 혹은 다중적으로 서로 공존하는 실체에 대한 신념으로 표현되는지의 문제는 제외하더라도 실제적이고 타당한 것에 대한 합의가 행동을 하기 위한 전제조건이다. 이러한 *실용적인 의무는* 실천적 실체에 본질적인 긴장을 반영하는데, 여기에서 개인의 독특성에 대한 존경은 이상주의적 인식론에 대한 동감을 만들지만 동시에 실천적 학문 분야의 도덕적 명령은 이용 가능한 일반적 지식을 요구한다. 그러므로 질적 건강 연구자들은 그들의 결과물이 과학적으로 "입증" 되기 전에 실천적으로 적용되지 않을 것이라는 확신을 가지고 결과물을 내놓을 수는 없다. 차라리 실천적인 위임자를 인정하는 것은 어떤 새로운 사고도 순수한 이론적인 것으로 이해되지 않으므로 유해하지 않다는 입장을 요구한다. 그러므로 이러한 영역에서 연구자는 그들의 결과물이 참으로 실천적으로 적용되어야 할 것 "처럼" 생각해야 한다는 의무를 가진다.

박스 13.1

희망을 가지기

해석적 기술을 사용하여, Davison과 Simpson은 의료 전문인이 희망을 가지려는 말기 신장질환자들의 능력에 어떤 영향을 미치는지에 대한 그들의 견해를 탐색하였다. 의료 전문가의 예후와 삶의 종말에 대한 대화가 도덕적 위임이 된다는 것을 알기 위해 Davison과 Simpson은 이러한 대화에 대한 경험과 희망을 가지려는 그들과의 관계에 대해 환자와 이야기 하였다. 희망이 매우 개인적이며, 환자의 개별적 가치에 의해서 형성된다는 것을 발견하면서, 저자들은 또한 더 나은 간호 계획에 전념하는 그들의 능력에 희망이 얼마나 중심적인지 발견했다. 환자의 견해를 통해 대화를 시도하고, 정보를 제공하고, 희망을 감소시키기보다 희망을 강화할 수 있는 더 나은 계획수립에 전념하기 위해 많은 선택들을 문서화할 수 있었다. 이러한 결과들은 현재의 실천에 더욱 도전하게 하며, 윤리적 심리학적으로 보다 적절한 대안을 발견할 수 있는 토대를 이루었다.

Davison, S. N., & Simpson, C. (2006). Hope and advance care planning in patients with end stage renal disease: Qualitative interview study. *British Medical Journal,* doi:10.1136/ bmj. 38965.626520.55(published 21 September 2006).

맥락적 인지

연구의 신뢰성에 대한 평가에서 본질적인 네 번째 영역은 질적 연구자에 의해 제시되는 *맥락적 인지이다.* 질적 연구 방법에 견고하게 근거를 두는 인식론적 주장은 새로운 지식을 구축하는 사회 내에서 그 지식 위치를 결정한다. 설령 그렇다고 하더라도 많은 질적 연구자들은 그들의 견해가 역사적 맥락뿐 아니라 학문적 견해에 의해 불가피하게 제한되어 있다는 것을 인정하지는 않는 것 같다. 과학 철학에서의 발전은 우리가 아직 볼 수 없는 것을 단순히 볼 수 없다는 사실을 분명히 제시 해 준다. 우리에게 명백한 사회 역사적 맥락의 이러한 요소들이 접근될 수 있고, 괄호치기할 수 있고, 해석될 수 있지만, 우리가 아직 보이지 않는 공유된 가정에 의해 강력하게 영향을 받는다는 지속적인 가능성을 반드시 수용해야 한다. 우리의 암묵적인 이해의 많은 부분이 사회적 구성이기 때문에, 이들은 그 분야의 다른 사람에 의해 심지어 우리가 연구하고자 하는 그러한 사람에 의해서도 공유될 것 같다. 그러므로 우리의 연구는 항상 그들이 실제적인 것 "처럼" 그들을 재창조하는 잠재적 가능성을 가진다(Herzlich & Pierret 1985). 그러므로 질적 연구자들이 가정을 하고 받아들여진 많은 실체들이 시간이 지남에 따라 계속 그렇게 수용될지 모른다는 인식하에서 결과물을 맥락적으로 표현하는 것은 필수적이다.

박스 13.2

함께 지내기

Byrd와 Garwick은 해석적 기술을 이용하여 이중 인종적 가족인 흑인 남성과 백인 여성이 시간이 지남에 따라 그들의 가족 정체성을 어떻게 형성하는지를 이해하고자 연구하였다. 이중 인종적인 학교에 다니는 아동 부모에 대한 면접을 하면서 그들은 인종적 맥락을 "함께 지내기"의 하나로 역할과 관계, 가치에 대한 공유된 믿음을 발전시키는 과정을 묘사하였다. 이 가족이 어떻게 그들의 혼인이 야기했던 소란을 이해하고, 사회적으로 흑백 인종의 역사를 초월하도록 했는지 설명하면서, 그들은 가족의 이중 인종적 입장을 분명하게 표명하고, 성장 단계에 있는 그들 아동에게 인종을 설명하는 일련의 과정을 기술하였다. 이 결과물은 미국의 혼합된 인종들이 어떻게 가족을 구축해 가는지 간호사와 다른 의료진들에게 복잡한 과정에 조율될 수 있는 기초를 제공하였으며, 이러한 과정이 가족의 건강에 미칠 수 있는 함축성을 제공하였다.

Byrd, M. M., & Garwick, A. W. (2006). Family identity: Black-white interracial family health experience. *Journal of Family Nursing, 12*(1), 22-37

가능한 진실

마지막으로, 질적 연구의 신뢰성을 평가하는 것은 철학계에서 *가능한 진실*로 알려진 타당성과 공유된 실체가 갖는 모호한 구역에 대한 존중을 표한다. 질적 연구에서 의미하는 타당성과 일반화 가능성에 대해 지금까지 신중한 고려를 통해 지적해 왔듯이(Johnson, 1997; Kvale 1995; Lincoln, 1995), 우리의 절차와 결과물을 측정할 일련의 표준은 진리라는 관점이나 심지어 실제 세계 내에서 대표성을 완전히 설명할 수 없고, 어떤 연구결과물이 실제로 완전히 타당한지에 대한 신뢰를 보증할 수 없다. 합리주의자 연구자들이 거의 해야 하듯이, 우리는 어떤 종류의 지식을 가능한 진실로 인정하는 것은 상당한 가치가 있다는 것을 수용하거나(Johnson, 1996; Kikuchi & Simmons, 1996), 그것을 버릴 충분한 이유를 만날 때까지 우리에게 유효한 최상의 것으로 받아들인다. 그러나 우리는 특정한 종류의 지식이 최상의 진리 기준을 충족하는 것으로 보인다는 주장이 결국에는 참이 아닌 것으로 입증될 수 있다는 것 또한 반드시 인정해야 한다(그러한 사례를 포괄적으로 다룬 Wolcott의 The Brad Trilogy(Wolcott 1994)를 참조). Eisner가 지적했듯이, 우리가 연구를 할 때 진리를 추구하는 것이 아니라 의미를 창출하고, 이미지를 구축하는 즉 사람들이 "틀리기 쉽고 잠정적인 세계관이 변경, 거부, 혹은 보다 안전하게 될 수 있는" 이미지를 구축하려는 노력으로 왜 연구하는지에 대한 우리의 감각을 재구성하는데 유용할 수 있다(1981, p. 9).

따라서, 우리는 도덕적 방어 가능성, 학문적 관련성, 실용적 의무라는 관점에서 진리 기준을 추구하는 학문사회에 이미 충분히 도달하였다. 일련의 평가적 기준에 집착하는 표면적 수준을 넘어서, 질적 연구에 대한 건전한 비판은 우리가 특정한 질문에 대한 대답을 찾기 위해 왜 선택하고, 획득한 지식이 앞으로 특정한 종류의 의미를 촉진시킨다고 왜 주장하며, 연구 과정을 통해 우리가 믿고 기초한 행동이 어떤 함축성을 가져야 하는지 등에 대해 불가피한 심층적인 질문을 반영하게 할 것이다.

불가피한 표준

여기에 제시된 주장에 기초하여, 탁월한 해석적 기술의 산물은 모든 질적 연구 경우에서처럼 기술과 이성, 예술, 과학 내에서 기초적인 능력을 능숙하게 적용할 것을 요구한다. 질적 기준에 대해 점차 정교해지고 있다는 우리의 연구 내에서 엄격성과 신뢰성의 애매한 수준을 확립하는 지침을 제공하며 발전해 가고 있음을 의미한다. 이들의 명백한 유용성에도 불구하고, 이러한 규칙과 지침은 특정한 해석적 기술 탐구의 탁월성을 확신할 수 없으며, 신뢰할 수 있는 질적 연구의 산물을 구성하고, 학문적, 전문적 지식군 내에 적절히 위치할 만한 곳을 찾고자 점점 더 높아지는 기준을 향해 계속 정진하는 질적 연구 단체들이 많이 있다.

우리는 질적 연구의 탁월성을 토론을 통해 새로운 지식을 찾고자 하였으며, 우리가 만든 아이디어의 실제적, 잠재적 적용을 향한 우리의 방향과 과학적 진리 주장의 복잡성에 대한 우리의 존경심을 가지고 묘사하고자 하였다. 연구 집단 내에서 포스트모던 해방적 사상과 예술과 과학 사이의 전통적 차이를 해체하는 것과 같은 동향들이 마치 우리가 알고 있는 것을 어떻게 아는지에 대한 집단적 민감성을 흐리게 하듯이 질적 연구 산물의 신뢰성을 분명하게 하는 견고한 토대가 점점 더 필수 불가결한 것으로 되었다. 방어 가능한 질적 기준을 분명하게 제시하고자 하는 많은 도전에도 불구하고, 우리는 질적 연구의 우열을 어떻게 구분하는지-어느 것이 우리의 학문 분야의 지식 발전의 맥락에서 진지하게 다루어져야 하고, 어느 것이 먼지를 뒤집어쓰고 선반에 남아 있어야 하는지-우리 자신뿐 아니라 더 광범위한 집단에 표현해야 한다는 것을 아는 것은 항상 중요하다.

제14장

해석적 기술로의 발전적인 증거

해석적 기술의 산물은 그 자체로 "증거"가 아니지만, 보다 큰 "증거 논쟁" 속에서 정확한 역할을 해야한다는 것은 약간 복잡한 문제가 있다. 그러나 이러한 산물은 실천의 맥락에서 민감성을 형성하고, 우리의 사회 구조가 진화하는 보다 큰 영역의 의식을 확대하는데 깊이 관련될 수 있는 지식의 특정한 종류를 대표한다. 이 장에서 우리는 의료 영역과 기타 공중 정책 과정에서 매우 지배적인 증거 문화에 대한 일부 비평과 함께 해석적 기술에 대한 논쟁을 결론짓고자 한다. 우리는 질적 연구의 역할과 잠재성을, 또 증거에 기초한 정책 입안 집단에 공헌하기 위해 특히 해석적 기술을 이러한 논의 속에 포함할 것이다. 우리는 보다 큰 질적 증거의 논의에 기여할 개별적 연구의 잠재력을 높이기 위하여 효과적인 일부 방법과 기술을 소개할 것이다. 그리고 해석적 기술과 사회 변화 사이에 잠재적 상호작용을 가지고 필자의 개인적 경험과 관찰의 일부를 공유할 것이다. 이러한 토론을 통해 우리는 무엇보다 연구 접근을 하게 한 열정으로 되돌아가서-차이를 만들 잠재력을 가진 지식을 확장시키기 위해 실천 학문 내에서 작업을 하면서-이 책을 결론지을 것이다.

증거 논쟁에의 참여

최근에 일부 질적 연구자는 탐구한 결과의 신뢰성에 있어서 양적 연구 집단의 열의 부족을 비판하였다. 이러한 언급은 많은 예를 통해 과학적 증거로 판단되는 "황금 기준"의 유용성에 도전한다–증거의 위계질서(Mitchell, 1999). 이러한 위계질서 속에서 질적 연구의 산물이 주시를 받고 있지만 극도로 쓸모가 없다고도 간주되고 있다(Gray, 1997). 다양한 저자들이 질적 접근을 이용하여 나온 산물을 평가하기 위해 보다 큰 세계가 있다는 것을 가르치며, 중요한 증거로서 질적 작업의 위치를 확신하도록 학문적 집단에게 주장하며, 실제로 증거에 기초한 결정을 할 때, 질적 연구 전체를 충분히 사용하도록 정책 결정자들에게 요구한다(Kearney 2001).

어떤 사람은 양쪽의 방법론적 구분이 완전히 다른 언어를 사용하기 때문에 좌절을 느끼지만, 필자는 증거의 위계질서 내에서 고정된 위치를 위해 경쟁하고, 무비판적으로 질적 연구의 산물을 옹호하는 것은 잘못된 것이며, 궁극적으로 비생산적이라고 믿는다. 증거 논쟁에 대한 기원은 응용 학문 분야에서도 다루어지고 있는데 그것을 기억하는 것은 도움이 된다(Sackett, Richardson, Rosenberg, & Haynes 1997; Sackett, Rosenberg, Gray, Haynes, & Richardson 1996). 해석적 기술로서 그러한 학문적 기여가 더 큰 사회적, 정책적 의사 결정의 틀에서 어떻게 그리고 왜 가장 적절하게 고려되는지를 다시 생각해 보는 것 또한 도움이 될 것이다.

공공 정책의 다양한 분야에서처럼, 건강에 대한 담론은 증거에 근거한 정책 입안을 기대하며, 강력한 영향을 받아 왔다(Ray & Mayan, 2001). 이러한 경향은 희귀 자원을 어떻게 할당하는가 하는 책임성을 갖고 대중의 증가하는 요구를 반영하며, 일반적으로 공무원들과 제도가 사람들의 가장 큰 관심사를 항상 결정하지만 아울러 그에 반해 증가하는 불신을 반영하기도 한다. 증거 토대에 대한 강조는 전문 건강 집단 내에서 건전하지 못하고, 효과적이지 않거나 때로는 위험한 틀에 박힌 인식이나 반복적인 관례에 의하여 심지어 잘못될 수 있다고 인정하는 전문 임상의들을 통해 성장해 왔다. 최상의 의도를 가진 개별적 임상의들이 상당한 기간에 걸쳐 발달해 온 임상적 판단에 근거하여 참이라고 이해되던 것이 어떤 상황에서는 완전히 틀릴 수 있다. 비침습성 유방암에 대해 이미 오래전부터 더 적게 절개하는 것이 분명히 더 좋다는 증거가 있음에도 불구하고 과격한 유방 절제의 관습이 오래 지속되고 있는 것도 그러한 사례 중 하나이다.

그러한 배경을 이해할 때, 우리는 최고의 자신감을 갖고 함께 공유할 수 있는 진실에 접근하고자 증거에 기반한 실천적 움직임이 갖는 목표의 중요성을 평가할 수 있다. 따라서 이러한 증거의 위계질서는 결과물과 인간적 오류의 가능성이나 방법론적 인위적인 결과 간의 거리감에 대한 판단을 갖게 한다. 객관적 지식이 매우 분명한 측면과 경향이나 패턴에 의구심을 가지면서 조직화하는 것은 대화의 초점을 확보하기 위해 중요한 전략이 되었다(Madjar & Walton 2001). 그러나 이것의 의미가 오직 이중 차단 무작위 통제 연구(RCN)와 체계적 고찰만이 증거로 간주된다는 것이 아니라 증거의 분석 내에서 그들이 특정한(그리고 중요한) 역할을 한다는 것이다. 그러한 형태의 탐구에 대한 지식의 발전을 실제적으로 수용하는 곳에서 RCT는 문제의 특정 매개 변수에 관한 점차적으로 광범위한 동의를 구하는데 강력한 토대를 형성한다. 그러나 그러한 모든 연구들이 만들어낸 지식이 본질적으로 모든 맥락이나 조건과 관련이 있을 것이라고 가정하는 오류를 저지르는 사람은 거의 없다(Johnson, 1997).

그렇다면 오직 RCT 증거만 정책 입안에 결부되어야 한다고 가정하는 것은 너무 순진하게 보인다. 의료 관련 영역이나 공공 정책의 입안 내에서 임상적 실험이나 다른 형태의 강력한 증거들이 특정한 측정과 도구, 문제에 토대를 두고 있다는 이해가 점점 증가하고 있다. 그들은 이런 문제에 대한 일부 질문에 직접적으로 답변하면서도 일부 다른 사람들에게 완전한 침묵을 지킬 수 있다. 예를 들어 연구자들은 무한한 범위의 질병을 치료하는 이용 가능한 특정 세포를 만들기 위해 배아 줄기세포가 배양될 수 있다는 증거를 갖고 있지만, 그 증거가 올바른 일을 할 것이라는 결론을 필연적으로 도출하는 것은 어렵다. 윤리학, 경제학, 형평성, 가치, 그리고 심지어는 인간의 주관적 경험의 문제는 중요한 결정을 내려야 하는 보다 큰 맥락의 일부가 된다.

그렇다면 증거 논쟁 내에서 해석적 기술을 위한 잠재적 역할은 무엇인가? 질적 과학이 "계산"되어야 한다고 요구하면서 중요한 에너지를 확대하기보다 실천학문적 각 분야에서 특정한 증거를 설명하며, 우리의 연구 활동을 어떻게 이끌어 나가야 할지 배워야 한다고 필자는 제안한다(Tailier, 2005). 이 말의 의미는 질적 탐구를 수용하지만 인간의 경험적 지식이 결여하고 있는 실천 요소를 분명히 확인하고, 경험적 차원에서의 차이에도 불구하고 우리 학문 분야의 확실성을 정면으로 다루는 것이며, 시기적절하고 적절한 지식을 만들어 낼 가장 큰 잠재력을 가진 현안 내에서 연구 질문을 명확하고 근거있게 하는 것이라고 생각한다(Carey 1997, Olson 2001). 아주 오랫동안 질적 연구자는 조사 기획에서 인간 경험의 모든 문제가 동등한 관련성을 갖는다고 주장하는 경향이 있었으며, 주제는 흔히 일시적 기분이나 개인적 호기심, 편의성에 기초하여 자주 선택되어 왔다. 응용학문 내에서 질적 연구가 정당화 되는 시대가 특별한 논쟁 없이도 곧 도래되기를 희망한다.

정책적 관점에서 보면, 이러한 접근은 정책 입안자들이 직면하는 문제에 우리가 친숙해진다는 의미일 것이다-이러한 문제는 그들의 본질적 불확실성이 크게 영향을 받는 것으로 경험적 관점을 다루는 엄격하고, 체계적이고, 신중한 해석적 탐구를 통하여 취급될 수 있다(Rist, 1994). Upshur (2001)는 근거기반 의학을 가르치면서 이용하는 두 가지 연구 논문을 설명하면서 이것에 관한 탁월한 사례를 제시한다: 하나는 심각한 호흡기 질병에 효과가 없는 항생제에 대한 메타 분석이며, 다른 하나는 이러한 증거에도 불구하고 바이러스성 목의 통증으로 이를 처방하는 의사의 지각에 대한 질적 연구이다. 여기에서 질적 연구는 이런 일이 왜 지속되는지 설명하는 주요한 치료 경험과 관련된 양상을 밝힌다. 질적 연구는 관련된 증거를 가지고 임상적으로 마주치는 맥락에 주의를 기울여 더 나은 치료를 제공하고자 전략을 발견하기 위한 더 광범위한 질문을 하는데 초점을 두기 때문에 관심을 갖는 모든 것을 쉽게 인정하는 지식을 산출한다.

의료 분야에서 너무 오랫동안 우리는 잘 설계된 단일 연구가 특정한 대답을 제공하는데 충분히 강한 '증거'를 산출할 수 있다는 가정을 무비판적으로 수용해 왔다. 증거라는 위계질서는 단지 특정한 연구만이 "진리"라는 작은 뾰족탑에 도달할 것이라는 인상을 강조하였다. 법률 시스템에서 우리는 증거를 구성하는 막대한 자료와 연관된 것으로서, 증거에서의 "비중"의 개념, 또는 증거의 "우세함"이라는 개념을 이해한다. 우리는 부수적인 증거를 통해 다른 가해자가 있다는 가능성을 제시한다면 "연기 나는 총"조차 유죄를 입증하기에 충분하지 않다는 것을 인정한다. 실제로 증거의 법률적 개념은 증거에 대한 결정적인 이해가 흔치 않다는 것을 전제한다(Upshur 2001). 우리는 한 종류의 연구에 내재되어 있는 중요성을 주장하기 보다는 풍부하고, 다양하고, 견고한 증거가 제공할 수 있는 막대한 가치뿐 아니라 모든 증거의 원천에서 본질적인 한계를 평가하는 데 점점 정교해지며, 이용 가능한 지식을 요청하는 집단에 기여할 수 있어야 한다.

연구 산물을 이용하기

Estabrooks (2001)가 우리에게 상기시켰듯이, 대부분의 사례에서 우리가 직면한 더 큰 문제는 우리가 불충분한 지식을 가지고 있다는 사실이 아니라 지식을 잘 사용할 수 있는 의지나 역량이 부족하다는 것이다. 이러한 겸손한 생각은 해석적 기술을 이용하는 실무진에게 영향력을 갖는 연구문제를 유도하며, 학문적 영역으로 국한하지 않고 실천적 영역으로 확대할 수 있는 하나의 도전으로 받아들여질 수 있다.

연구를 이용하고 지식을 전파하는 일반적인 과제에도 불구하고, 신중하게 계획되고 시행된 해석적 기술이 실천적 맥락으로 많이 기여하고 있다(Olson 2001; Sandelowski, Trimble, Woodard, & Barroso. 2006). 건강 분야를 예를 들면, 많은 학문은 환자의 특정한 입장으로부터 건강 문제의 보다 정교한 이해를 밝히려는 목적을 위해 고안되었다. 만일 그들이 정보를 가진 실천의 실체에 효과적으로 근거가 된다면, 연구의 정당화의 부분이 이러한 집단의 환자에 대해 더 많이 알고자 하는 임상 집단이 존재한다는 것과 미처 생각하지 못한 부분을 지적할 수 있다는 것을 합리적으로 평가해야 한다. 해석적 기술이 잘 될 때, 환자가 우리에게 말한 것을 증거로 제공할 뿐만 아니라, 치료 맥락에서 만나게 되는 어려움에 대해 우리가 완전히 달리 생각하도록 도울 수 있다. 따라서 이러한 경험요소를 밝히기 위해서 이야기의 표면 밑의 부분을 심층적으로 파고들어야 한다. 맥락적 이해가 해석적 기술에 근본이 되기 때문에, 결과물은 치료 맥락에서 가장 어려운 측면을 발굴하게 될 것이며, 이들을 의미 있는 어떤 것으로 재구성하고, 실천을 위한 대안으로 고안할 것이다. 우리의 연구를 추구하고 적용하기 위해 임상 집단에 달려 있다고 의무감을 가지고 가정하는 것은 도움이 되지 않는다고 입증되어 왔다. 오히려 우리의 의무는 연구와 관련이 있고, 의미가 있는 방식으로 시행하고, "납득하기 위해서" 임상 집단 내에서 여론 주도자들의 주목을 유도하는 방식으로 임무를 완수하는 것이다.

연구결과물이 이용될 수 있는 두 번째 방법은 양적 연구에서 파생된 결과물을 맥락적이고 복잡하게 하는데 있다. 많은 사례에서 모집단에 기초한 연구의 행동 패턴을 보고하지만, 이런 패턴을 설명하기 위한 추측 이외에 다른 기전을 제공하지 않는다. 이런 이유로 "비합리적"으로 보이는 패턴을 기록한 연구는 연구와 실천 집단 혹은 대중 사이에 긴장을 자아낸다. 우리가 알다시피, 양적으로 기록될 수 있는 것은 자연스러운 맥락 내에서 의미 있는 변수로부터 종종 벗어났다. 일반 대중을 포함하여, 점점 증가하고 있는 사려깊은 독자들은 이러한 것을 비판적으로 생각하고, 경쟁적인 설명으로 이끌 수 있다. 이러한 방식으로 전략적으로 안내하는 질적 연구는 증거 담론을 해명하며, 수적인 증거의 힘을 적절하게 통제해 왔다.

세 번째의 방법이자 과소평가하면 안 되는 것은 Sandelowski가 "상징적 이용"이라는 것으로 표현하고 있다. 그녀는 이것에 대해 질적 연구결과물이 "입장이나 실천을 정당화할 수 있는 설득력 있거나 정치적인 도구"로 이용될 수 있는 상황으로 우리를 안내한다(2004b, p. 1371). 응용 학문 분야의 맥락 내에서 이것은 특히 측정이나 양화를 수용하지 않는–그리고 결코 그렇지 않을 것 같은–중요한 실천 학문 분야에 특별한 호소력을 가지며, 따라서 전반적으로 열정적인 근거 기반 의제라는 맥락에서 위험할 수도 있다. 예를 들어, 감원을 통한 비용 삭감은 의료 분야에서 지속적인 관심사이다. 의료 소통과 환자 성과 간에 인과적 관련성을 도출하는 것은 악명 높을 정도로 어렵지만, 케어로 만나는 인간적인 요소가 환자에게 어떤 정보를 제공하고, 예측 가능한 문제를 어떻게 방지하며, 서비스 전달을 어떻게 강화하며, 희망을 어떻게 움직이는지에 대한 해석적 기술이 조직의 정책 결정자로 하여금 직원의 안전성과 같은 조건에 주의를 기울이는 가치를 인정하도록 도울 수 있을 것이다.

Jan Morse는 *"Qualitative Health Research"* 잡지를 17년 이상 간행하면서 분석한 연구에서 질적 연구가 보건과 보건에 대한 위험, 질병의 이해 방식, 질환 경험, 케어를 제공하는 경험, 그리고 케어의 맥락을 설명하는 방식을 우리들이 이해하도록 중요한 공헌을 하였다고 지적하였다(Morse, 2007). 증거의 대화가 증거 기반으로부터 증거를 알려주는 것으로 이동함에 따라, 그리고 최상위의 증거를 구성하는 문제가 검증 가능성, 신뢰성, 그리고 가능한 진리와 같은 것에 대해(현재 우리가 할 수 있는 최상의 것이라는 신념에 동의한 상태에서) 지나칠 정도로 많은 대화가 진행됨에 따라, 질적 연구와 양적 연구 간의 긴장은 자체 내에서 문제를 해결할 수도 있다. 질적 연구자와 양적연구자 모두가 열심히 서로의 연구를 읽을 때 우리는 더 나은 미래를 생각할 수 있으며, 생생한 대화가 다중적이고 구별되는 관점으로 바라보는 세계의 본질적인 이점과 같은 기회를 추구할 것이다. 우리가 똑같이 관심을 가진 현안에 대해서는 충분하게 다루어야 한다.

통합과 종합의 방향

단일 질적 연구의 본질적 한계를 인정하고, 증가하는 복잡하고 포괄적인 지식체를 개발하기 위해 압도적인 필요성을 인정하면서, 다양한 저자들은 이미 알려진 것과 아직 발견되지 않은 것 등을 모으고, 결합하고, 종합하는 방향을 제안해 왔다. 하나의 접근은 단일 연구로부터 프로그램 연구로의 움직임이다(Sandelowski, 1997). 단일 연구는 계획이 되고, 목적이 있으며, 잠정적으로 연계된다는 점에 있어서 이러한 기획들은 강화된 실천이나 정책 개발을 향한 분야를 발전시키는 것으로 이해된다. 어떤 경우에 이들 프로그램은 기존 자료의 이차 분석을 새로운 자료수집으로 명백하게 결합하여 더욱 정교할 가치가 있는 원저의 측면을 확대하는 것이다(Thorne, 1994). 이러한 측면은 단일 프로젝트를 벗어나 의미있는 계획을 제외하고 본질적으로 설명적이며 긴급한 특성을 가진 것으로 자신들의 연구를 바라보는 질적 연구자에게 도전적 과제를 부여한다. 그러나 이러한 측면은 중심기제를 만들어 내는데, 그렇게 함으로써 한 학문 내의 중심적인 초점이 내재적으로 핵심적이고 새로운 지식체가 되는 결과물을 통합하며 시간이 지나면서 다양한 각도로 조사될 수 있다.

박스 14.1

건강 케어 태도

해석적 기술 연구 계획을 이용할 때 Thorne과 동료들은 네 가지 다른 만성질환을 가진 환자들의 견해를 통해 건강 케어 의사소통에 대한 지각을 조사하였다. 그들은 일반적 예절, 개인에 대한 존중, 만남의 약속에 대한 헌신 등이 의사소통에 근본적으로 도움이 된다는 것을 알았다. 그들은 또한 환자들로부터 의료인이 가장 문제라고 인지하는 의료인의 태도에서 분명한 도전을 간파하였다. 각 질환마다 특징적인 환자의 "유형"이 있는 것 같았다. 거기에서 환자들은 그들의 건강 케어 관계와 결과적으로 자가 간호를 다루는 능력에 방해가 되는 부정적인 정형화된 유형으로 인지하였다. 이런 결과물은 장기적 질환을 스스로 관리하는데 방해가 되는 성격을 평가하고, 그러한 이해를 통해 의료진이 소통하도록 임상 집단에게 도움을 주었다.

Thorne, S., Harris, S., Mahoney, K., Con, A, & McGuiness, L. (2004). The context of health care communication in chronic illness. *Patient Education & Counseling, 54,* 299-306.

가장 널리 알려진 실천 요구 중에 질적 및 양적 접근 모두를 연결하는 프로그램 연구를 개발하자는 권고가 있다. 이러한 도전의 기본 전제는 우리의 실체적인 영역 내에 몇 가지 중요한 문제가 단일 접근을 이용하여 해결되고 있으며, 양적 탐구와 질적 탐구의 대조적 특성이 지식이 증가함에 따라 서로에 대한 보완과 균형이 될 수 있다는 점이다(Bottorff 1997). 일부 저자는 동시에 방법적인 삼각측량의 형식을 옹호하기도 하는데, 여기에서 질적 방법과 양적 방법 모두가 단일 연구 내에서 결합되며(Breitmayer 등, 1993), 반면에 다른 저자들은 근본적으로 다른 시각을 가지고 연구를 진행한 복잡한 문제라고 비판적으로 분석해 왔다(Sandelowski, 1995c). 이러한 도전에 대해 순차적인 삼각측량을 제안하는 기술들이 제안되어 왔다. 여기에서 하나의 접근으로부터 도출된 결과는 다른 방법론적 전통을 이용하는 순차적인 단계를 위한 토대로 작용한다(Bottorff, 1997; Morse, 1991). 그러한 전략은 구별되는 결과물 간에 본질적인 연계를 구축하며, 지식을 종합하는 역할을 수행할 수 있다. 이러한 목적을 향한 방법론적 작업이 발전됨에 따라 본질적으로 이해가 다른 형식을 혼합방법 연구로 맞추려는 인식론적 도전에 점차 매혹적인 대화가 증가하고 있다. Johnson과 Onwuegbuzie (2004)는 그러한 접근에 대해 "철학적 파트너로서 실용주의"라고 주장하는데, 아직은 완벽한 해결은 없지만 매우 전망이 밝다는 것을 인정한다.

건강 과학과 최근 실천 학문 내에서 질적으로 파생된 결과물 전체의 급속한 확산은 많은 학자들에게 축적된 결과물을 어떻게 잘 종합할 수 있는지를 고려하게 하였다. 양적 연구의 메타분석과 달리 측정과 같은 것을 결정하기 위한 최소한의 방법이 존재하며, 다양한 질적 연구 전통으로부터 도출된 다양한 산물을 어떻게 잘 "요약" 하는가 하는 것은 아주 어렵고 힘든 것으로 알려져 있다(Sandelowski, Docherty, & Emden, 1997b). 순수한 현상학적 버전은 예상되듯이 근거이론의 산물과는 완전히 다르게 보인다; 이들은 다른 언어를 사용하고, 완전히 다른 사고의 측면을 가지며, 궁극적으로 아주 다른 목적을 향하고 있다. 그러나 그들 자신의 정체를 드러내는 방법론적인 주장에도 불구하고, 응용 학문 분야 내에서 생성한 상당히 많은 질적 연구 보고서는 그들의 원래 방법론적인 토대로부터 유의하게 벗어나며, 사실상 전체적인 질적 기술이나 해석적 기술과 아주 유사하게 보일 수도 있다. 사람들이 그런 연구의 잠정적인 수집과 관계할 수 있다는 것을 파악하게 될 때, 전통적인 질적 방법을 통해 도출되었던 이론적 토대로부터의 거리감은 해석적 기술(그리고 연관된 접근)을 접근하기 위한 이점을 제공한다.

질적인 메타 종합(metasynthesis)을 위한 방법론적 방향은 이 책의 범위가 아니지만(그리고 어떤 다른 곳에서 상세하게 다루어졌지만(Paterson, Thorne, Canam, & Jillings, 2001)), 우리와 관련된 현상의 보다 포괄적이고, 복잡하고 튼튼한 개념화를 구축하기 위해 질적 탐구의 분명한 조각들을 함께 모아서 장래가 촉망되는 방향을 언급하는 것도 중요해 보인다(광범위한 다른 라벨로 또한 알려져 있는). 질적인 메타 종합의 분야는 급격하게 진화하고 있다(Sandelowski & Barroso, 2007, Thorne, Jensen, Kearney, Noblit, & Sandelowski, 2004). 비록 초기에 질적으로 도출된 보고의 "종합"을 다루려고 노력하고(Estabrooks, Field, & Morse, 1994), 유사하거나 연계된 작은 부분을 종합하는 데 집중하였지만(Jensen & Allen, 1996; Sherwood, 1999), 오늘날 문헌은 질적 탐구를 바탕으로 하여 새로운 지식을 생성하기 위한 매우 정교하고 전략적인 선택권을 인상적으로 배열한다(Finfgeld, 2003). 일부에서는 다양한 결과물의 개념적 재통합을 강조하지만(Noblit & Hare, 1988), 다른 일부에서는 연구의 충분한 범위를 통해 특정한 요소를 위한 증거의 무게를 이해하기 위해 보다 총괄적인 접근을 가지고 실험을 한다(Sandelowski & Barroso, 2003b). 일부 메타 종합 방법은 종합에 특히 초점을 두는 반면에 다른 방법은 우리가 현재 가지고 있는 질적으로 파생된 지식 전체를 구성하는 역사와 전통적인 요소를 비판적으로 분석하기 위한 방법을 제공한다(Paterson 등, 2001). 여전히 어떤 방법은 단일 메타 종합 접근에서 경험적/분석적 해독과 비판적/담론 분석적 해독을 결합할 것을 옹호한다. 이것은 "재현의 위기"로 알려진 확실성과 관련하여 제기되는 일부 문제를 논박하기 위한 것이다(Sandelowski, 2006). 강조하는 것은 아니지만 이 영역에 대한 학자적 입장으로서는 메타 종합이 매우 복잡하고, 요구가 많으며, 정교한 프로그램적인 조사 전략이라는 사실을 명백히 하며, "실제 자료"를 다루는데 자신의 손을 더럽히지 않고 간단하게 결과물을 만들 수 없다는 사실을 점차 분명히 하고 있다. 질적 연구 집단들이 합당한 메타 종합과 보다 체계적이지 못한 문헌고찰 산물과 구별하는 능력이 능숙해짐에 따라, 메타 종합을 자신의 방법이라고 주장하는 소수의 연구들이 있지만 그들의 방식을 표출할 기회는 점점 적어질 것 같다.

방법론적 문헌에 대한 최근의 발전은 연구 통합을 포함하거나 다양한 방법으로 알려진 것을 결합하기 위해 종합 기법의 적용을 포함한다. 예를 들어 Forbes와 Griffiths는 "증거 종합" 접근-기술적 및 예측적 종합 모두를 허용하는 체계적, 명시적, 그리고 재생산적 기법-이라고 언급한다. 비록 방법론적 도전은 중요하지만 이 분야에서의 진보는 상대주의와 실증주의의 경쟁적 진영을 넘어서도록 우리를 돕는다는 점에서 결정적으로 중요하다:

> 한편으로 우리는 실증주의자를 확신시킬 증거를 확인하지 못한 채 명확하게 정의된 인식론적 공백을 만들어 낼 수 있었다. 대안적으로, 우리는 "실제" 세계를 확보하는 정도를 고려하거나 어떤 외적인 확인 없이 그 공백을 실체의 구축을 가지고 채울 수 있었다(2002, p. 153).

Harden과 Thomas (2005)는 "혼합 방법"에 대해 전통적인 양적 체계적 비평과 질적 메타 종합 내에서 "무엇을 작업하는가"를 넘어서 "왜"로 확대하기 위하여 출현한 접근에 편승하는 체계적 비평으로 설명하였다. 그들의 접근은 일치와 불일치를 찾고, 특정 분야 내에서 추천과 증명 가능한 효과 크기 간의 간격을 찾기 위하여 기술적 주제와 분석적 주제 간의 일상적 비교 분석을 포함하였다. 스펙트럼을 가로지르는 연구 형태가 점차 다양해지고, 전통적인 체계적 고찰이 다양성을 포괄하기 보다는 초점을 좁힌다는 점을 인정하면서, 그들은 질적 차원과 양적 차원을 넘어서서 인식론적으로 구별되는 지식의 형태에 대한 구동체(驅動體)로서 연구 질문의 분명한 종류에 초점을 두고 변론을 하며, 이들 모두는 포괄적인 이해와 관련이 있었다. Sandelowski와 동료들은 질적, 양적, 혼합 방법 연구를 포함하는 연구 종합에서 "비교성 연구"의 개념화를 주창하면서 한 단계 더 앞으로 이런 주장을 밀고 나갔다. 그들은 비교성 연구에 초점을 둠으로써, "체계적 비평의 뒤에서 하는 해석적 작업을 중심 무대로 이동"시켰다(Sandelowski, Voils, & Barroso 2007, p. 236). 그렇게 함으로써, 그들은 체계적인 비평 과정을 정의하는 선택과 타협에 대한 우리의 관심에 초점을 두며, 그 결과가 의존하는 "숨겨진 판단"을 투명하게 만든다(p. 244). 질적 탐구에 연료 역할을 하는 열정과 열광이 통제될 수 있고, 모든 복잡성에 영향을 받지 않은 채 세계를 보는 통합적이고 포괄적인 방식으로 적용될 때, 이 분야에 경이롭게 풍부하고, 창조적으로 진화하는 이러한 사고들이 미래를 위한 커다란 약속으로 제시될 수 있다.

낙관적으로 미래를 바라보기

필자의 간호 경력 중 전문적 활동 영역 내에서 사고의 상당한 극적 이동을 목격할 수 있는 특권을 가진 적이 있다. 비록 필자는 이들을 제시하는데 특정한 역할을 했다고 주장하지 않지만, 경험을 통해 해석적 기술과 같은 연구 방법을 통해 획득할 수 있는 지식이 근거 기반 정책 결정 보다 집단 내에서 그 위치를 가질 수 있으며, 위치를 찾아야 한다는 확신을 깊이 확인시켰다.

필자가 처음으로 만성 질환을 연구하였을 때, 나는 이것을 그저 그런 문제를 "감수하고 살아가는" 것으로 접근했으며, "감수하고 사는 것"의 도전에 어느 정도 부수적인 것으로서 의료 관리 및 의료보험 제도와의 연관성을 제쳐두고, 그들과 그들 가족의 삶 내에서 일어나는 것에만 전적으로 관심을 두었다. 그러나 1982년의 필자의 첫 연구 참여자들은 확실한 어투로 의료보험 제도 및 이 제도 안에서 임상의들에 대한 그들의 연관성이 그들이 "감수하면서 살아가는" 것을 결정하는데 매우 영향이 컸다는 점과, 더욱이 놀랍게도 그들 이야기의 주요한 구성 부분이 적절한 치료를 받는 것과 관련하여 분리나 붕괴와-보편적 의료 보험이 적용되는 나라(캐나다)에서 말이다!-관련이 있었다.

그 긴장의 지하 깊은 곳을 더 파고들면서, 필자는 만성 질환을 감수하면서 사는 사람들의 관점에서부터 의료보험제도가 구조적으로나 이념적으로 필요로 하는 것과 왜 필요로 하는지에 대해서 본질적으로 정보가 없다고 가정된 사람들에게 갑자기 닥쳐서 급성 및 일시적인 질환과 연관된 일련의 기본적 가정 위에서 만들어졌다고 평가하게 되었다(Thorne, 1993). 이러한 것에는 환자가 그들에 대한 열악한 판단으로부터 보호될 필요가 있으며, 만성이 아닌 급성 질환이 의료보험 제도의 정당한 우선권이라는 사고를 포함하였다. 이러한 잠재적인 가치 지각을 노출함으로써, 환자의 시각으로부터 의료보험제도가 무엇을 해야 하고, 어떻게 기능해야 하는가에 근원을 이루는 공유된 자세의 보급과 침해를 평가하도록 도움을 주었다. 이러한 방식으로 엄격한 질적 조사에 기초한 환자 경험에 대한 개념적 종합은 더 큰 사회의 학문적 세계에서 과학적 의무와 비용 절감을 가지고 만성질환의 압박적인 요구를 기여하는데 대체로 실패하게 됨으로써 결론적으로 국민의 건강을 위한 궁극적인 사회적 의무를 다하는 의료보험 제도를 우연히 만들게 된 것이다. 이러한 것을 보는 방식이 일단 획득되면, 흔들기가 매우 어렵다는 것을 알 수 있다. 해가 지나면서 보다 넓은 전 세계를 가로질러 이런 동일한 가치의 증거를 보았기 때문에 나는 더욱 확신을 가졌다. 그리하여, 현대 사회에서 해석적 이해는 만성 질환을 가진다는 것이 무엇과 같은지에 대한 광범위한 주관적 경험 지식을 갖는 "개똥 철학자"의 목적적 표본을 가지고 깊이 몰두한 덕분이며, 중요한-거의 모범적인-통찰이었고, 통찰로 남아 있다.

분명히, 필자의 연구는 세계적인 사건의 경로를 바꿀 것을 요구하는 조건들이 담겨져 있는 물통 속의 물방울에 불과하다. 그러나 그들은 맥락과 문화를 가로지르는 만성 질환의 경험을 면밀하게 기록함에 있어서 간호 및 보건 분야의 많은 질적 연구자들의 지속적 작업에 의해 부분적으로 또는 증가하는 지속적 대화로 나의 눈을 뜨이게 하였다(Thorne & Paterson, 2000). 더구나 그들은 대안적 해석의 동향이 탐구될 수 있는 방식에서 지역 주민들의 보건 자료를 다루기 위하여 역학 집단과 함께 공동 작업을 해야 하는 핵심적 중요성을 필자에게 환기시켰다. 이 시기 이전에 보다 "만성 질환"에 대한 지식체를 알리는 많은 관련된 연구 분야로 심장 질병, 암, 신장병, 류머티즘학, 내과학에서 작업하는 학자들은 그들의 분석의 내재적 가치를 이해하지 못하는 "조직 체제" 집단 내에 있는 연구자들의 조정에 의해서 묻히게 되었다. 일단 이러한 구별되는 조직 체제의 조건에 보편적인 인간의 경험적 형태가 효과적으로 기록되었을 때 이러한 공유된 요소의 함축성이 적극적으로 반영되었다.

다양한 정부 기관과 정책 단체들이 만성 질환의 막대한 문제를 개념화하였고, 이어서 얼마나 많은 고비용적이고, 예방 가능한 후유증이 잘못 관리되고 있는지 주시하기 시작하자 현재 의료제도가 그 요구를 잘못 조정하였다는 통찰이 조직 제도와 건강 전문가 사이에서 확립되기 시작하였다. "만성 질환 관리" 모형과 같은 대안적 접근(Wagner 등, 2001)이 정치권에 나타나기 시작하였고, 제도적으로 새로이 재건하자는 운동의 토대를 이루었다. 이 모형이 만성 질환 케어에 대한 전문적인 방향성을 여전히 반영하고 있지만, 의료적 관계-질병을 가진 사람과 서비스로의 접근을 제공하는 전문적 의료 제공자 사이의 상호작용-는 만성 질환 관리와 일상적 자기 치료의 결정 사이에서 극히 중요한 상호 교차라는 평가를 강조하는 긴 여정을 향하고 있다.

필자는 이 단계에서 정책 입안의 논의에 참여하는 특권을 가졌고, 그러한 과정이 작용하는 증거적 기초에 접근하게 되었다. 필자는 단일 해석적 기술 연구나 연구 프로그램이 의미심장한 변화에 직접적으로 영향을 줄 수 없을 것이라는 것을 충분히 인식한다. 그러나 다양한 분야에서의 질적 건강 연구자들의 노력을 통해 이러한 중요한 관점의 문제를 밝혀내고, 타당하게 만들면서 새로운 방식의 일이 의미 있고 채택될 수 있는 건강 케어 의식을 구축하였다고 확신한다. 본질적으로 의료 전문가들은 그들이 하는 일이 환자와 일반 대중에게 옳은 것이라는 확신을 가져야 한다. 만성 질환에 대해서 우리가 어떻게 생각하고, 일하는가에 대한 혁신적인 재구성에 대한 통찰은 그러한 목적과 일치한다.

이러한 설명의 교훈은(심지어 필자의 초기 연구는 자연주의적 탐구나 다른 접근이 그들의 연구 방향을 명확히 하는데 최상의 이용 가능한 대안이라고 언급할 때에도 그런 것을 하였다) 해석적 기술이 인간 경험의 중요하지만 반대로 잘 드러나지 않는 차원을 표현하기 위한 강력한 수단이며, 사고와 학문적 실천을 안내하는 잠재력을 가지는 일종의 인식을 자극하기 위한 강력한 수단이라는 점이다. 만성 질환 분야에서 오랫동안 근무하면서 필자는 개업의들이 그들의 환자와 상호 관계하는 방식에서 많은 변화를 목격하였고 점차 이들 변화는 질적 탐구의 풍부하고 흥미 있는 산물로부터 나온 확신을 주는 증거에 기초하여 정당화되었다. 그 자체의 장점을 살펴보면, 해석적 기술은 제도적 수준에 직접적으로 영향을 미쳐서 변화시키는 가능성은 거의 없지만, 그렇게 가장 깊이 영향을 주는 관점은 다양한 각도로부터 도출되는 증거의 합류 지점에 접근 가능하다는 것을 보증하는 중요한 도구를 제공한다. 정책 입안자들이 그러한 지각에 어떻게 잘 접근할 수 있는지에 대해 흔히 확신을 가지지 못하기 때문에, 그리고 대표 정치가 정책 과정 내에서 실수를 잘 범하기 때문에, 엄격한 경험적 과정을 통해 환자의 견해를 정치적 강연으로 고양시키는 것이 해석적 기술의 중요한 역할이라고 믿는다. 우리는 인간 경험에서 드러나는 실체의 양상을 체계적으로 표면화함으로써, 그들의 복잡하고 믿기 어려운 유형을 설명하며, 이러한 본질적 복합성을 일관성있는 정보로 표현한다.

응용 학문에서의 사회 목적은 우리에게 영감을 주고, 동기를 주는 부분으로 우리가 그것을 발견하는 것은 행운이며, 또한 새로운 학문 분야의 지식을 생성하고 중대한 결과를 가져올 수 있게 하는 특권이다. 응용 학문 분야에서, 우리는 이제 복잡한 인간 현상과 씨름하고, 그들의 맥락적, 관계적 구성요소의 복잡함을 드러내고, 우리가 집단적으로 직면하는 다양한 문제 해결을 위한 증거가 되는 근거를 개발하고자 활기찬 관점을 맞이하고 있다. 이러한 학문적 프로젝트의 서비스 내에서 응용 연구자들을 의미 있고 본질적으로 유용한 새로운 지식을 생성하기 위해 우리는 점차적으로 정교해지는 탐구 장치로 무장된 도전에 직면해 있다. 해석적 기술은 담대한 상상력을 향한 초대이며, 신비한 인간 경험에서 가장 중요한 질문의 답변을 위해 우리는 착수해야 한다.

참고문헌

Aamodt, A. M. (1989). Ethnography and epistemology: Generating nursing knowledge. In J. M. Morse (Ed.), *Qualitative nursing research: A contemporary dialogue* (pp. 29–40). Rockville, MD: Aspen.

Adler, P. A., & Adler, P. (1994). Observational techniques. In N. K. Denzin & Y. S. Lincoln (Eds.), *Handbook of qualitative research* (pp. 377–392). Thousand Oaks, CA: Sage.

Altheide, D. L., & Johnson, J. M. (1994). Criteria for assessing validity in qualitative research. In N. K. Denzin & Y. S. Lincoln (Eds.), *Handbook of qualitative research* (pp. 485–499). Thousand Oaks, CA: Sage.

Anderson, J. M. (1981). An interpretive approach to clinical nursing research. *Nursing Papers, 13*(4), 6–11.

Anderson, J. M. (1989). The phenomenological perspective. In J. M. Morse (Ed.), *Qualitative nursing research: A contemporary dialogue* (pp. 15–26). Rockville, MD: Aspen.

Angen, M. J. (2000). Evaluating interpretive inquiry: Reviewing the validity debate and opening the dialogue. *Qualitative Health Research, 10*(3), 378–395.

Armstrong, M. L. (1991). Career-oriented women with tattoos. *Image: The Journal of Nursing Scholarship, 23*, 215–220.

Artinian, B. A. (1988). Qualitative modes of inquiry. *Western Journal of Nursing Research, 10*, 138–149.

Baker, C., Wuest, J., & Stern, P. N. (1992). Method slurring: The phenomenological/grounded theory example. *Journal of Advanced Nursing, 17*, 1355–1360.

Baker, L. (2006). Ten common pitfalls to avoid when conducting qualitative research. *British Journal of Midwifery, 14*(9), 530–531.

Bartolomé, L. (1994). Beyond the methods fetish: Toward a humanizing pedagogy. *Harvard Educational Review, 64*,173–194.

Benner, P. (Ed.). (1994). *Interpretive phenomenology: Embodiment, caring and ethics in health and illness*. Thousand Oaks, CA: Sage.

Benzies, K. M., Premji, S., Hayden, K. A., & Serrett, K. (2006). State-of-the-evidence reviews: Advantages and challenges of including grey literature. *Worldviews on Evidence-Based Nursing, 3*(2), 55–61.

Berger, P., & Luckman, T. (1966). *The social construction of reality: A treatise in the sociology of knowledge.* Garden City, NY: Doubleday.

Bergum, V. (1997). *A child on her mind: The experience of becoming a mother.* Westport, CT: Bergin & Garvey.

Berkwits, M. (1998). From practice to research: The case for criticism in an age of evidence. *Social Science & Medicine, 47*(10), 1539–1545.

Blumer, H. (1969). *Symbolic interactionism.* Englewood Cliffs, NJ: Prentice-Hall.

Bogdevic, S. P. (1999). Participant observation. In B. F. Crabtree & W. L. Miller (Eds.), *Doing qualitative research* (2nd ed., pp. 47–69). Thousand Oaks, CA: Sage.

Booth, A. (2005). Using research in practice: Sole searching—Wasting our time? *Health Information & Libraries Journal, 22*(1), 70–73.

Bottorff, J. L. (1994). Using videotaped recordings in qualitative research. In J. M. Morse (Ed.), *Critical issues in qualitative research methods* (pp. 244–261). Thousand Oaks, CA: Sage.

Bottorff, J. L. (1997). Linking qualitative and quantitative research: New avenues for programmatic research. In J. M. Morse (Ed.), *Completing a qualitative project: Details and dialogue* (pp. 227–249). Thousand Oaks, CA: Sage.

Boutain, D. M. (1999). Critical language and discourse study: Their transformative relevance for critical nursing inquiry. *Advances in Nursing Science, 21*, 1–8.

Bowers, B. J. (1988). Grounded theory. In B. Sarter (Ed.), *Paths to knowledge: Innovative research methods for nursing* (pp. 33–59). New York: National League for Nursing.

Boychuk Duchscher, J. E., & Morgan, D. (2004). Grounded theory: Reflections on the emergence vs. forcing debate. *Journal of Advanced Nursing, 48*(6), 605–612.

Breitmayer, B. J., Ayres, L., & Knafl, K. A. (1993). Triangulation in qualitative research: Evaluation of completeness and confirmation purposes. *Image: Journal of Nursing Scholarship, 25*, 237–243.

Brown, J. B. (1999). The use of focus groups in clinical research. In B. F. Crabtree & W. L. Miller (Eds.), *Doing qualitative research* (2nd ed., pp. 109–124). Thousand Oaks, CA: Sage.

Buissink-Smith, N., & McIntosh, A. (1999). Interpretive description: Advancing qualitative approaches in tourism and hospitality research. *Tourism Analysis, 4*, 115–119.

Burch, R. (1989). On phenomenology and its practice. *Phenomenology & Pedagogy, 7*, 187–217.

Burns, N. (1989). Standards for qualitative research. *Nursing Science Quarterly, 21*(1), 44–52.

Caelli, K., Ray, L., & Mill, J. (2003). "Clear as mud": Toward greater clarity in generic qualitative research. *International Journal of Qualitative Methods, 2*(2). *Article 1.* Retrieved Jan 7/04 from http://www.ualberta.ca/~iiqm/backissues/pdf/caellietal.pdf.

Carey, M. A. (1994). The group effect in focus groups: Planning, implementing, and interpreting focus group research. In J. M. Morse (Ed.), *Critical issues in qualitative research methods* (pp. 225–241). Thousand Oaks, CA: Sage.

Carey, M. A. (1997). Qualitative research in policy development. In J. M. Morse (Ed.), *Completing a qualitative project: Details and dialogue* (pp. 345–354). Thousand Oaks, CA: Sage.

Carey, M. A., & Swanson, J. (2003). Funding for qualitative research. *Qualitative Health Research, 13*(6), 852–856.

Chenail, R. J. (1992). *A case for clinical qualitative research.* Retrieved 1(4), Retrieved Aug 10/99 from http://www.nova.edu/ssss/QR/QR1-4/clinqual.html.

Chenitz, W. C., & Swanson, J. (1986a). *From practice to grounded theory: Qualitative research in nursing.* Menlo Park, CA: Addison-Wesley.

Chenitz, W. C., & Swanson, J. M. (1986b). Qualitative research using grounded theory. In W. C. Chenitz & J. M. Swanson (Eds.), *From practice to grounded theory: Qualitative research in nursing* (pp. 3–15). Menlo Park, CA: Addison-Wesley.

Cicourel, A. V. (1981). Notes on the integration of micro- and macro-levels of analysis. In K. Knorr-Cetina & A. V. Cicourel (Eds.), *Advances in social theory and methodology: Toward an integration of micro- and macro-sociologies* (pp. 51–80). Boston: Routlege & Kegan Paul.

Cohen, M. Z. (1987). A historical overview of the phenomenological movement. *Image: The Journal of Nursing Scholarship, 19*(1), 31–34.

Colaizzi, P. F. (1978). Psychological research as the phenomenologist sees it. In R. S. Valle & S. King (Eds.), *Existential-phenomenological alternatives for psychology* (pp. 48–71). New York: Oxford University Press.

Connelly, L. M., & Yoder, L. H. (2000). Improving qualitative proposals: Common problem areas. *Clinical Nurse Specialist, 14*(2), 69–74.

Crabtree, B. F., & Miller, W. L. (1999a). Introduction. In B. F. Crabtree & W. L. Miller (Eds.), *Doing Qualitative Research* (2nd ed., pp. xi–xvii). Thousand Oaks, CA: Sage.

Crabtree, B. F., & Miller, W. L. (1999b). Using codes and code manuals. In B. F. Crabtree & W. L. Miller (Eds.), *Doing qualitative research* (2nd ed., pp. 163–177). Thousand Oaks, CA: Sage.

Crotty, M. (1998). *The foundations of social research.* London: Sage.

Denzin, N. K. (1989). *Interpretive interactionism.* Newbury Park, CA: Sage.

Dickson-Swift, V., James, E. L., Kippen, S., & Liamputtong, L. (2006). Blurring boundaries in qualitative health research on sensitive topics. *Qualitative Health Research, 16*(6), 853–871.

Durrenberger, P. E., & Thu, K. M. (1999). Why we're worried about cultural anthropology. *Society for Applied Anthropology Newsletter, 19*(3), 3–5.

Dzurek, L. C. (1989). The necessity for and evolution of multiple paradigms for nursing research: A poststructuralist perspective. *Advances in Nursing Science, 11*(4), 69–77.

Eakin, J. M. (2003). Reframing the evaluation of qualitative health research: Reflections on a review of appraisal guidelines in the health sciences. *Journal of Evaluation in Clinical Practice, 9*(2), 187–194.

Easton, K. L., McComish, J. L., & Greenberg, R. (2000). Avoiding common pitfalls in qualitative data collection and transcription. *Qualitative Health Research, 10*(5), 703–707.

Eisner, E. (1981). On the difference between scientific and artistic approaches to qualitative research. *Educational Researcher, 10*(3), 5–9.

Elliott, M. S., & Williams, D. I. (2001). Paradoxes of qualitative research. *Counselling and Psychotherapy Research, 1*(3), 181–183.

Emden, C., Hancock, H., Schubert, S., & Darbyshire, P. (2001). A web of intrigue: The search for quality in qualitative research. *Nurse Education in Practice, 1*, 204–211.

Emden, C., & Sandelowski, M. (1998). The good, the bad and the relative, part one: Conceptions of goodness in qualitative research. *International Journal of Nursing Practice, 4*, 206–212.

Emden, C., & Sandelowski, M. (1999). The good, the bad and the relative, part two: Goodness and the criterion problem in qualitative research. *International Journal of Nursing Practice, 5*, 2–7.

Engel, J. D., & Kuzel, A. J. (1992). On the idea of what constitutes good qualitative inquiry. *Qualitative Health Research, 2*(4), 504–510.

Erlandson, D. A., Harris, E. L., Skipper, B. L., & Allen, S. D. (1993). *Doing naturalistic inquiry: A guide to methods.* Newbury Park, CA: Sage.

Estabrooks, C. A. (2001). Research utilization and qualitative research. In J. M. Morse, J. M. Swanson & A. J. Kuzel (Eds.), *The nature of qualitative evidence* (pp. 275–298). Thousand Oaks, CA: Sage.

Estabrooks, C. A., Field, P. A., & Morse, J. M. (1994). Aggregating qualitative findings: An approach to theory development. *Qualitative Health Research, 4*, 503–511.

Fals-Borda, O., & Rahman, M. A. (1991). *Action and knowledge: Breaking the monopoly with participatory research.* New York: Apex.

Feldman, M. S. (1995). *Strategies for interpreting qualitative data.* Thousand Oaks, CA: Sage.

Field, P. A. (1989). Doing fieldwork in your own culture. In J. M. Morse (Ed.), *Qualitative nursing research: A contemporary dialogue* (pp. 79–91). Rockville, MD: Aspen.

Field, P. A., & Morse, J. M. (1985). *Nursing research: The application of qualitative approaches.* London: Croom Helm.

Fielding, N. G., & Fielding, J. L. (1986). *Linking data.* Beverly Hills, CA: Sage.

Finfgeld, D. L. (2003). Metasynthesis: The state of the art—so far. *Qualitative Health Research, 13*, 893–904.

Finlay, L. (2002). "Outing" the researcher: The provenance, process, and practice of reflexivity. *Qualitative Health Research, 12*(4), 531–545.

Fontana, A., & Frey, J. H. (1994). Interviewing: The art of science. In N. K. Denzin & Y. S. Lincoln (Eds.), *Handbook of qualitative research* (pp. 361–376). Thousand Oaks: Sage.

Forbes, A., & Griffiths, P. (2002). Methodological strategies for the identification and synthesis of "evidence" to support decision-making in relation to complex healthcare systems and practices. *Nursing Inquiry, 9*(3), 141–155.

Forbes, D. A., King, K. M., Kushner, K. E., Letourneau, N. L., Myrick, A. F., & Profetto-McGrath, J. (1999). Warrantable evidence in nursing science. *Journal of Advanced Nursing, 29*(2), 373–379.

Friere, P. (1970). *Pedagogy of the oppressed*. New York: Seabury Press.

Gadamer, H.-G. (1975/1985). Rhetoric, hermeneutics, and the critique of ideology. In K. Mueller-Vollmer (Ed.), *The hermeneutic reader: Texts of the German tradition from the enlightenment to the present* (pp. 274–292). New York: Continuum.

Gadamer, H.-G. (1989). *Truth and method* (2nd ed.). London: Sheed and Ward.

Garrick, J. (1999). Doubting the philosophical assumptions of interpretive research. *Qualitative Studies in Education, 12*(2), 147–156.

Geertz, C. (1973). Thick description: Toward an interpretive theory of culture. In C. Geertz (Ed.), *The interpretation of cultures: Selected essays* (pp. 37–126). New York: Basic Books.

Germain, C. (1986). Ethnography: The method. In P. L. Munhall & C. J. Oiler (Eds.), *Nursing research: A qualitative perspective* (pp. 147–162). Norwalk, CT: Appleton-Century-Crofts.

Gilchrist, V. L., & Williams, R. L. (1999). Key informant interviews. In B. F. Crabtree & W. L. Miller (Eds.), *Doing qualitative research* (2nd ed., pp. 71–88). Thousand Oaks, CA: Sage.

Giordano, J., O'Reilly, M., Taylor, H., & Dogra, N. (2007). Confidentiality and autonomy: the challenge(s) of offering research participants a choice of disclosing their identity. *Qualitative Health Research, 17*(2), 264–275.

Giorgi, A. (1970). *Psychology as a human science*. New York: Harper & Row.

Giorgi, A. (1985). *Phenomenology and phenomenological research*. Pittsburgh: Duquesne University Press.

Glaser, B. G. (2002). Conceptualization: On theory and theorizing using grounded theory. *International Journal of Qualitative Methods, 5 (2)*, Retrieved June 20/05 from http://www/ualberta.ca/~ijqm/(2).

Glaser, B. G., & Strauss, A. L. (1966). The purpose and credibility of qualitative research. *Nursing Research, 15*(1), 56–61.

Glaser, B. G., & Strauss, A. L. (1967). *The discovery of grounded theory: Strategies for qualitative research*. Chicago: Aldine.

Goffman, E. (1961). *Asylums: essays on the social situation of mental patients and other inmates.* Garden City, NY: Doubleday.

Goffman, E. (1968). *Stigma: Notes on the management of spoiled identity.* Harmondsworth, UK: Penguin.

Gray, J. A. M. (1997). *Evidence-based healthcare.* New York: Churchill Livingstone.

Gray, R. E., Greenberg, M., Fitch, M., Sawka, C., Hampson, A., Labrecque, M., et al. (1998). Information needs of women with metastatic breast cancer. *Cancer Prevention and Control, 2*(2), 57–62.

Gray, R. E., Sinding, C., Ivonoffski, V., Fitch, M., Hampson, A., & Greenberg, M. (2000). The use of research-based theatre in a project related to metastatic breast cancer. *Health Expectations, 3*, 137–144.

Gubrium, J. (1988). *Analyzing field reality.* Newbury Park, CA: Sage.

Hamilton, D. (1994). Traditions, preferences, and postures in applied qualitative research. In N. K. Denzin & Y. S. Lincoln (Eds.), *Handbook of qualitative research* (pp. 60–69). Thousand Oaks, CA: Sage.

Hammersley, M., & Atkinson, P. (1983). *Ethnography: Principles in practice.* London: Tavistock.

Harden, A., & Thomas, J. (2005). Methodological issues in combining diverse study types in systematic reviews. *International Journal of Social Research Methodology, 8*(3), 257–271.

Heaton, J. (2004). *Reworking qualitative data.* London: Sage.

Heidegger, M. (1982). *The basic problems of phenomenology.* Bloomington, IN: Indiana University Press.

Heller, A. (1986). The sociology of everyday life. In U. Himmelstrand (Ed.), *Sociology: From crisis to science?* (Vol. 2, pp. 150–163). London: Sage.

Herzlich, C., & Pierret, J. (1985). The social construction of the patient: Patients and illnesses in other ages. *Social Science & Medicine, 20*(1), 145–151.

Hinds, P. S., Vogel, R. J., & Clarke-Steffen, L. (1997). The possibilities and pitfalls of doing a secondary analysis of a qualitative data set. *Qualitative Health Research, 7*, 408–424.

Hodder, I. (1994). The interpretation of documents and material culture. In N. K. Denzin & Y. S. Lincoln (Eds.), *Handbook of qualitative research* (pp. 393–402). Thousand Oaks, CA: Sage.

Hojat, M., Gonnella, J. S., & Caelleigh, A. S. (2003). Impartial judgment by the "gatekeepers" of science: Fallibility and accountability in the peer review process. *Advances in Health Sciences Education, 8*, 75–96.

Howard, M. C., & McKim, P. C. (1983). *Contemporary cultural anthropology.* Boston: Little, Brown.

Husserl, E. (1929/1975). *The Paris lectures* (P. Koestenbaum, Trans.). The Hague: Martinus Hijhoff.

Hutchinson, S. (1986). Grounded theory: The method. In P. L. Munhall & C. J. Oiler (Eds.), *Nursing research: A qualitative perspective* (pp. 111-130). Norwalk, CT: Appleton-Century-Crofts.

Hutchinson, S., & Wilson, H. S. (1992). Validity threats in scheduled semistructured research interviews. *Nursing Research, 41*, 117-119.

Hutchinson, S., & Wilson, H. (1994). Research and therapeutic interviews: A poststructuralist perspective. In J. M. Morse (Ed.), *Critical issues in qualitative research methods* (pp. 300-315). Thousand Oaks, CA: Sage.

Janesick, V. (1994). The dance of qualitative research design: Metaphor, methodolatry, and meaning. In N. K. Denzin & Y. S. Lincoln (Eds.), *Handbook of qualitative research* (pp. 209-219). Thousand Oaks, CA: Sage.

Jensen, L. A., & Allen, M. N. (1996). Meta-synthesis of qualitative findings. *Qualitative Health Research, 6*, 553-560.

Johnson, J. (1996). Nursing art and prescriptive truths. In J. F. Kikuchi, H. Simmons & D. Romyn (Eds.), *Truth in nursing inquiry* (pp. 36-50). Thousand Oaks, CA: Sage.

Johnson, J. L. (1997). Generalizability in qualitative research: Excavating the discourse. In J. M. Morse (Ed.), *Completing a qualitative project: Details and dialogue* (pp. 191-208). Thousand Oaks, CA: Sage.

Johnson, J. L., & Ratner, P. A. (1977). The nature of knowledge used in nursing practice. In S. E. Thorne & V. E. Hayes (Eds.), *Nursing praxis: Knowledge and action* (pp. 3-22). Thousand Oaks, CA: Sage.

Johnson, M., Long, T., & White, A. (2001). Arguments for "British pluralism" in qualitative health research. *Journal of Advanced Nursing, 33*(2), 243-249.

Johnson, R. B., & Onwuegbuzie, A. J. (2004). Mixed methods research: A research paradigm whose time has come. *Educational Researcher, 33*(7), 14-26.

Kaplan, D., & Manners, R. A. (1972). Formal analysis. In D. Kaplan & R. A. Manners (Eds.), *Culture theory* (pp. 162-188). Englewood Cliffs, NJ: Prentice-Hall.

Kearney, M. H. (2001). Levels and applications of qualitative research evidence. *Research in Nursing & Health, 24*, 145-153.

Kikuchi, J. F., & Simmons, H. (1996). The whole truth and progress in nursing knowledge development. In J. F. Kikuchi, H. Simmons & D. Romyn (Eds.), *Truth in nursing inquiry* (pp. 5-17). Thousand Oaks, CA: Sage.

Kleinman, A. (1980). *Patients and healers in the context of culture: An exploration of the borderland between anthropology, medicine, and psychiatry*. Berkeley, CA: University of California Press.

Knafl, K. A. (1994). Promoting academic integrity in qualitative research. In J. M. Morse (Ed.), *Critical issues in qualitative research methods* (pp. 357-374). Thousand Oaks, CA: Sage.

Knafl, K. A., & Deatrick, J. A. (2005). Top 10 tips for successful qualitative grantsmanship (editorial). *Research in Nursing & Health, 28*, 441-443.

Koch, T. (1995). Interpretive approaches in nursing research: The influence of Husserl and Heidegger. *Journal of Advanced Nursing, 21*, 827–836.

Krueger, R. (1988). *Focus groups: A practical guide for applied research.* Newbury Park, CA: Sage.

Kuhn, T. S. (1962). *The structure of scientific revolutions.* Chicago: University of Chicago Press.

Kuzel, A. J. (1999). Sampling in qualitative inquiry. In B. F. Crabtree & W. L. Miller (Eds.), *Doing qualitative research* (2nd ed., pp. 33–45). Thousand Oaks, CA: Sage.

Kuzel, A. J., & Engel, J. D. (2001). Some pragmatic thoughts about evaluating qualitative research. In J. M. Morse, J. M. Swanson & A. J. Kuzel (Eds.), *The nature of qualitative evidence* (pp. 114–138). Thousand Oaks, CA: Sage.

Kvale, S. (1995). The social construction of validity. *Qualitative Inquiry, 1*, 19–40.

Leininger, M. (1968). The research critique: Nature, function, and art. *Nursing Research, 13*, 444–449.

Leininger, M. M. (1985). Nature, rationale, and importance of qualitative research methods in nursing. In M. M. Leininger (Ed.), *Qualitative research methods in nursing.* New York: Grune & Stratton.

Leininger, M. M. (1994). Evaluation criteria and critique of qualitative research studies. In J. M. Morse (Ed.), *Critical issues in qualitative research methods* (pp. 95–115). Thousand Oaks, CA: Sage.

Liaschenko, J. (1997). Knowing the patient? In S. E. Thorne & V. E. Hayes (Eds.), *Nursing praxis: Knowledge and action* (pp. 23–38). Thousand Oaks, CA: Sage.

Lincoln, Y. S. (1995). Emerging criteria for quality in qualitative and interpretive research. *Qualitative Inquiry, 3*, 275–289.

Lincoln, Y. S., & Guba, E. G. (1985). *Naturalistic inquiry.* Beverly Hills, CA: Sage.

Lipson, J. G. (1989). The use of self in ethnographic research. In J. M. Morse (Ed.), *Qualitative nursing research: A contemporary dialogue* (pp. 61–75). Rockville, MD: Aspen.

Lipson, J. G. (1994). Ethical issues in ethnography. In J. M. Morse (Ed.), *Critical issues in qualitative research methods* (pp. 333–355). Thousand Oaks, CA: Sage.

Lofland, J., & Lofland, L. H. (1995). *Analyzing social settings: A guide to qualitative observation and analysis* (3rd ed.). Belmont, CA: Wadsworth.

Madjar, I., & Walton, J. A. (2001). What is problematic about evidence? In J. M. Morse, J. M. Swanson & A. J. Kuzel (Eds.), *The nature of qualitative evidence* (pp. 28–45). Thousand Oaks, CA: Sage.

Maxwell, J. A. (1998). Designing a qualitative study. In L. Bickman & D. J. Rog (Eds.), *Handbook of applied social research methods* (pp. 69–100). Thousand Oaks, CA: Sage.

Maxwell, L. R. (1997). Foundational thought in the development of knowledge for social change. In S. E. Thorne & V. E. Hayes (Eds.), *Nursing praxis: Knowledge and action* (pp. 203–218). Thousand Oaks, CA: Sage.

May, K. A. (1989). Interview techniques in qualitative research: Concerns and challenges. In J. M. Morse (Ed.), *Qualitative nursing research: A contemporary dialogue* (pp. 171–182). Rockville, MD: Aspen.

May, K. A. (1994). Abstract knowing: The case for magic in method. In J. M. Morse (Ed.), *Critical issues in qualitative research methods* (pp. 10–21). Thousand Oaks, CA: Sage.

May, K. A. (1997). The politicking of research results: Presenting qualitative findings in the public arena. In J. M. Morse (Ed.), *Completing a qualitative project* (pp. 329–343). Thousand Oaks, CA: Sage.

Mays, N., & Pope, C. (1995). Observational methods in health care settings. *British Medical Journal, 311*, 182–184.

McCaffery, M., & Beebe, A. (1989). *Pain: Clinical manual for nursing practice.* St. Louis: Mosby.

McPherson, G., & Thorne, S. (2006). Exploiting exceptions to enhance interpretive qualitative health research: Insights from a study of cancer communication. *International Journal of Qualitative Methods, 5 (2).* Retrieved Aug 14/06 from http://www.ualberta.ca/~ijqm/backissues/5_2/pdf/mcpherson.pdf.

Mead, G. H. (1934). *Mind, self and society*. Chicago: University of Chicago Press.

Miles, M. B., & Huberman, A. M. (1994). *Qualitative data analysis* (2nd ed.). Thousand Oaks, CA: Sage.

Miller, W. L., & Crabtree, B. F. (1994). Clinical research. In N. K. Denzin & Y. S. Lincoln (Eds.), *Handbook of qualitative research* (pp. 340–352). Thousand Oaks, CA: Sage.

Miller, W. L., & Crabtree, B. F. (1999a). Clinical research: A multimethod typology and qualitative roadmap. In B. F. Crabtree & W. L. Miller (Eds.), *Doing qualitative research* (2nd ed., pp. 3–30). Thousand Oaks, CA: Sage.

Miller, W. L., & Crabtree, B. F. (1999b). Depth interviewing. In B. F. Crabtree & W. L. Miller (Eds.), *Doing qualitative research* (2nd ed., pp. 89–107). Thousand Oaks, CA: Sage.

Miller, W. L., & Crabtree, B. F. (1999c). The dance of interpretation. In B. F. Crabtree & W. L. Miller (Eds.), *Doing qualitative research* (pp. 127–143). Thousand Oaks, CA: Sage.

Mitchell, G. J. (1999). Evidence-based practice: Critique and alternative view. *Nursing Science Quarterly, 12*(1), 30–35.

Morgan, D. (1988). *Focus groups as qualitative research*. Newbury Park, CA: Sage.

Morse, J. M. (1989a). Qualitative nursing research: A free-for-all? In J. M. Morse (Ed.), *Qualitative nursing research: A contemporary dialogue* (pp. 3–10). Rockville, MD: Aspen.

Morse, J. M. (1989b). Strategies for sampling. In J. M. Morse (Ed.), *Qualitative nursing research: A contemporary dialogue* (pp. 117–131). Rockville, MD: Aspen.

Morse, J. M. (1991). Methods of qualitative-quantitative methodological triangulation. *Nursing Research, 40*, 120–123.

Morse, J. M. (1994a). Designing funded qualitative research. In N. K. Denzin & Y. S. Lincoln (Eds.), *Handbook of qualitative research* (pp. 220–235). Thousand Oaks, CA: Sage.

Morse, J. M. (1994b). "Emerging from the data": The cognitive process of analysis in qualitative inquiry. In J. M. Morse (Ed.), *Critical issues in qualitative research methods* (pp. 23–43). Thousand Oaks, CA: Sage.

Morse, J. M. (1994c). Going in "blind." *Qualitative Health Research, 4*, 3–5.

Morse, J. M. (2000). The downside of dissemination (editorial). *Qualitative Health Research, 10*, 291–292.

Morse, J. M. (2005). Ethical issues in institutional research (editorial). *Qualitative Health Research, 15*(4), 435–437.

Morse, J. M. (2007). What is the domain of qualitative health research? *Qualitative Health Research, 17*(6), 715–717.

Morse, J. M., Barrett, M., Mayan, M., Olson, K., & Spiers, J. (2002). Verification strategies for establishing reliability and validity in qualitative research. *International Journal of Qualitative Methods, 1 (2), Article 2.* Retrieved from http://www.ualberta.ca/~ijqm/.

Mottier, V. (2005). The interpretive turn: History, memory, and storage in qualitative research. *Forum Qualitative Sozialforschung / Forum: Qualitative Social Research, 6(2), Art. 33.* Retrieved April 4/07 from: http://www.qualitative-research.net/fqs-texte/2-05/05-2-33-e.htm.

Mulhall, A. (2003). In the field: Notes on observation in qualitative research. *Journal of Advanced Nursing, 41*(3), 306–313.

Muller, J. H. (1999). Narrative approaches to qualitative research in primary care. In B. F. Crabtree & W. L. Miller (Eds.), *Doing qualitative research* (2nd ed., pp. 221–238). Thousand Oaks, CA: Sage.

Munhall, P. L. (1989). Institutional review of qualitative research proposals: A task of no small consequence. In J. M. Morse (Ed.), *Qualitative nursing research: A contemporary dialogue* (pp. 241–253). Rockville, MD: Aspen.

Munhall, P. L., & Oiler, C. J. (1986). *Nursing research: A qualitative perspective.* Norwalk, CT: Appleton-Century-Crofts.

Noblit, G. W., & Hare, R. D. (1988). *Meta-ethnography: Synthesizing qualitative studies.* Newbury Park, CA: Sage.

Norris, J. R. (1997). Meaning through form: Alternative modes of knowledge representation. In J. M. Morse (Ed.), *Completing a qualitative project: Details and dialogue* (pp. 87–115). Thousand Oaks, CA: Sage.

Nunkoosing, K. (2005). The problem with interviews. *Qualitative Health Research, 15*(4), 698–706.

Oiler, C. J. (1986). Phenomenology: The method. In P. L. Munhall & C. J. Oiler (Eds.), *Nursing research: A qualitative perspective* (pp. 69-84). Norwalk, CT: Appleton-Century-Crofts.

Olson, K. (2001). Using qualitative research in clinical practice. In J. M. Morse, J. M. Swanson, & A. J. Kuzel (Eds.), *The nature of qualitative evidence* (pp. 259-273). Thousand Oaks, CA: Sage.

Omery, A. (1988). Ethnography. In B. Sarter (Ed.), *Paths to knowledge: Innovative research methods for nursing* (pp. 17-31). New York: National League for Nursing.

Outhwaite, W. (1975). *Understanding social life: The method called Verstehen*. London: Allen & Unwin.

Parse, R. R., Coyne, A. B., & Smith, M. J. (1985). *Nursing research: Qualitative methods*. Bowie, MD: Brady.

Paterson, B., Thorne, S., Canam, C., & Jillings, C. (2001). *Meta-study of qualitative health research: A practical guide to meta-analysis and meta-synthesis*. Thousand Oaks, CA: Sage.

Paterson, B. L. (1994). A framework to identify reactivity in qualitative research. *Western Journal of Nursing Research, 16*, 301-316.

Paterson, B. L., Gregory, D., & Thorne, S. (1999). A protocol for researcher safety. *Qualitative Health Research, 9*(2), 272-282.

Patton, M. Q. (1980). *Qualitative evaluation methods*. Beverly Hills, CA: Sage.

Patton, M. Q. (1987). *Creative evaluation* (2nd ed.). Newbury Park, CA: Sage.

Patton, M. Q. (2002). *Qualitative research & evaluation methods* (3rd ed.). Thousand Oaks, CA: Sage.

Pelto, P. J. (1970). *Anthropological research: The structure of inquiry*. New York: Harper & Row.

Popay, J., Rogers, A., & Williams, G. (1998). Rationale and standards for the systematic review of qualitative literature in health services research. *Qualitative Health Research, 8*(3), 341-351.

Popper, K. S. (1972). *Objective knowledge: An evolutionary approach*. Oxford: Oxford University Press.

Porter, S., & Ryan, S. (1996). Breaking the boundaries between nursing and sociology: A critical realist ethnography of the theory-practice gap. *Journal of Advanced Nursing, 24*, 413-420.

Priest, H., Roberts, P., & Woods, L. (2002). An overview of three different approaches to the interpretation of qualitative data. Part 1: Theoretical issues. *Nurse Researcher, 10*(1), 30-42.

Punch, M. (1994). Politics and ethics in qualitative research. In N. K. Denzin & Y. S. Lincoln (Eds.), *Handbook of qualitative research* (pp. 83-97). Thousand Oaks, CA: Sage.

Purkis, M. E. (1994). Representations of action: Reorienting field studies in nursing practice. In P. Chinn (Ed.), *Advances in methods of inquiry for nursing* (pp. 13-31). Gaithersburg, MD: Aspen.

Ray, L. D., & Mayan, M. (2001). Who decides what counts as evidence? In J. M. Morse, J. M. Swanson, & A. J. Kuzel (Eds.), *The nature of qualitative evidence* (pp. 50–73). Thousand Oaks, CA: Sage.

Ray, M. A. (1994). The richness of phenomenology: Philosophic, theoretic, and methodologic concerns. In J. M. Morse (Ed.), *Critical issues in qualitative research methods* (pp. 117–133). Thousand Oaks, CA: Sage.

Reason, P. (1996). Reflections on the purposes of human inquiry. *Qualitative Inquiry, 2*, 15–28.

Reason, P., & Torbert, W. R. (2001). Toward a Transformational Science: A further look at the scientific merits of action research. *Concepts and Transformations, 6*(1), 1–37.

Reed, P. G. (1995). A treatise on nursing knowledge development for the 21st century: Beyond postmodernism. *Advances in Nursing Science, 17*(3), 70–84.

Richardson, L. (1994). Writing: A method of inquiry. In N. K. Denzin & Y. S. Lincoln (Eds.), *Handbook of qualitative research* (pp. 516–529). Thousand Oaks, CA: Sage.

Ricoeur, P. (1981a). *Hermeneutics and the human sciences*. Cambridge: Cambridge University Press.

Ricoeur, P. (1981b). The task of hermeneutics (J. B. Thompson, Trans.). In J. B. Thompson (Ed.), *Paul Ricoeur: Hermeneutics and the human sciences* (pp. 43–63). Cambridge: Cambridge University Press.

Rist, R. C. (1994). Influencing the policy process with qualitative research. In N. K. Denzin & Y. S. Lincoln (Eds.), *Handbook of qualitative research* (pp. 545–557). Thousand Oaks, CA: Sage.

Robinson, C. A., & Thorne, S. E. (1988). Dilemmas of ethics and validity in qualitative nursing research. *Canadian Journal of Nursing Research, 20*(1), 65–76.

Roth, P. A. (1991). Interpretation as explanation. In D. R. Hiley, J. F. Bohman & R. Shusterman (Eds.), *The interpretive turn: Philosophy, science, culture* (pp. 179–196). Ithaca, NY: Cornell University Press.

Russell, C. L. (2005). An overview of the integrative research review. *Progress in Transplantation, 15*, 8–13.

Sackett, D. L., Richardson, W. S., Rosenberg, W. M., & Haynes, R. B. (1997). *Evidence-based medicine*. New York: Churchill Livingstone.

Sackett, D. L., Rosenberg, W. M., Gray, J. A. M., Haynes, R. B., & Richardson, W. S. (1996). Evidence-based medicine: What it is and what it isn't. *British Medical Journal, 312*(7023), 71–72.

Sacks, O. (1984). *A leg to stand on*. New York: Summit Books.

Sanday, P. R. (1983). The ethnographic paradigm. In J. V. Maanen (Ed.), *Qualitative Methodology* (pp. 19–36). Beverly Hills, CA: Sage.

Sandelowski, M. (1991). Telling stories: Narrative approaches in qualitative research. *Image: The Journal of Nursing Scholarship, 23*, 161–166.

Sandelowski, M. (1993a). Rigor or rigor mortis: The problem of rigor in qualitative research revisited. *Advances in Nursing Science, 16*(2), 1–8.

Sandelowski, M. (1993b). Theory unmasked: The uses and guises of theory in qualitative research. *Research in Nursing & Health, 16*, 213–218.

Sandelowski, M. (1994a). The proof is in the pottery: Toward a poetic for qualitative inquiry. In J. M. Morse (Ed.), *Critical issues in qualitative research methods* (pp. 46–63). Thousand Oaks, CA: Sage.

Sandelowski, M. (1994b). We are the stories we tell: Narrative knowing in nursing practice. *Journal of Holistic Nursing, 12*, 23–33.

Sandelowski, M. (1995a). On the aesthetics of qualitative research. *Image: Journal of Nursing Scholarship, 3*, 205–209.

Sandelowski, M. (1995b). Sample size in qualitative research. *Research in Nursing & Health, 18*, 179–183.

Sandelowski, M. (1995c). Triangles and crystals: On the geometry of qualitative research. *Research in Nursing & Health, 18*, 569–574.

Sandelowski, M. (1996). Truth/storytelling in nursing inquiry. In J. F. Kikuchi, H. Simmons & D. Romyn (Eds.), *Truth in nursing inquiry* (pp. 111–124). Thousand Oaks, CA: Sage.

Sandelowski, M. (1997). Programmatic qualitative research: Or, appreciating the importance of gas station pumps. In J. M. Morse (Ed.), *Completing a qualitative project: Discussion and details* (pp. 211–225). Thousand Oaks, CA: Sage.

Sandelowski, M. (1998). Writing a good read: Strategies for re-presenting qualitative data. *Research in Nursing & Health, 21*, 375–382.

Sandelowski, M. (2000). Whatever happened to qualitative description? *Research in Nursing & Health, 23*, 334–340.

Sandelowski, M. (2001). Real qualitative researchers do not count: The use of numbers in qualitative research. *Research in Nursing & Health, 24*(3), 230–240.

Sandelowski, M. (2002). Reembodying qualitative inquiry. *Qualitative Health Research, 12*(1), 104–115.

Sandelowski, M. (2004a). Counting cats in Zanzibar. *Research in Nursing & Health, 27*, 215–216.

Sandelowski, M. (2004b). Using qualitative research. *Qualitative Health Research, 14*(10), 1366–1386.

Sandelowski, M. (2006). "Meta-Jeopardy": The crisis of representation in qualitative metasynthesis. *Nursing Outlook, 54*, 10–16.

Sandelowski, M., & Barroso, J. (2002). Finding the findings in qualitative studies. *Journal of Nursing Scholarship, 34*, 213–219.

Sandelowski, M., & Barroso, J. (2003a). Classifying the findings in qualitative research. *Qualitative Health Research, 13*(7), 905–923.

Sandelowski, M., & Barroso, J. (2003b). Creating metasummaries of qualitative findings. *Nursing Research, 52*, 226–233.

Sandelowski, M., & Barroso, J. (2003c). Writing the proposal for a qualitative research methodology project. *Qualitative Health Research, 13*(6), 781–820.

Sandelowski, M., & Barroso, J. (2007). *Handbook for synthesizing qualitative research*. New York: Springer.

Sandelowski, M., Davis, D. H., & Harris, B. G. (1989). Artful design: Writing the proposal for research in the naturalist paradigm. *Research in Nursing & Health, 12*, 77–84.

Sandelowski, M., Docherty, S., & Emden, C. (1997b). Qualitative metasynthesis: Issues and techniques. *Research in Nursing & Health, 20*, 365–371.

Sandelowski, M., Trimble, F., Woodard, E. K., & Barroso, J. (2006). From synthesis to script: Transforming qualitative research findings for use in practice. *Qualitative Health Research, 16*(10), 1350–1370.

Sandelowski, M., Voils, C. I., & Barroso, J. (2007). Comparability work and the management of difference in research synthesis studies. *Social Science & Medicine, 64*(236–247).

Sanders, S. (2005). Clever searching for evidence (editorial). *British Medical Journal, 330*, 1162–1163.

Scambler, G., & Hopkins, A. (1990). Generating a model of epileptic stigma: The role of qualitative analysis. *Social Science & Medicine, 30*, 1187–1194.

Schatzman, L., & Strauss, A. L. (1973). *Field research: Strategies for a natural sociology*. Englewood Cliffs, NJ: Prentice-Hall.

Schein, E. H. (1987). *The clinical perspective in fieldwork*. Newbury Park, CA: Sage.

Schneider, J. W., & Conrad, P. (1980). In the closet with illness: Epilepsy, stigma potential and information control. *Social Problems, 28*, 32–44.

Schultz, P. R., & Meleis, A. I. (1988). Nursing epistemology: Traditions, insights, questions. *Image: The Journal of Nursing Scholarship, 20*, 217–221.

Schutz, A. (1932/1967). *The phenomenology of the everyday world* (G. Walsh & F. Lehnert, Trans.). Evanstown, IL: Northwestern University Press.

Schwalbe, M. (1995). The responsibilities of sociological poets. *Qualitative Sociology, 18*, 393–413.

Schwandt, T. A. (1994). Constructivist, interpretivist approaches to human inquiry. In N. K. Denzin & Y. S. Lincoln (Eds.), *Handbook of qualitative research* (pp. 118–137). Thousand Oaks, CA: Sage.

Schwandt, T. A. (1996). Farewell to criteriology. *Qualitative Inquiry, 2*, 58–72.

Schwandt, T. A. (1997). *Qualitative inquiry: A dictionary of terms*. Thousand Oaks, CA: Sage.

Schwartz, H., & Jacobs, J. (1979). *Qualitative sociology: A method to the madness*. New York: Free Press.

Seale, C., & Silverman, D. (1997). Ensuring rigour in qualitative research. *European Journal of Public Health, 7*(4), 379–384.

Sherwood, G. (1999). Meta-synthesis: Merging qualitative studies to develop nursing knowledge. *International Journal for Human Caring, 3*(1), 37–42.

Shusterman, R. (1991). Beneath interpretation. In D. R. Hiley, J. F. Bohman, & R. Shusterman (Eds.), *The interpretive turn: Philosophy, science, culture* (pp. 102-128). Ithaca, NY: Cornell University Press.

Sidani, S., Epstein, D. R., & Moritz, P. (2003). An alternative paradigm for clinical nursing research: An exemplar. *Research in Nursing & Health, 26*, 244–255.

Sieber, J. E. (1993). The ethics and politics of sensitive research. In C. M. Renzetti & R. M. Lee (Eds.), *Researching sensitive topics* (pp. 14–26). Thousand Oaks, CA: Sage.

Sieber, J. E. (1998). Planning ethically responsible research. In L. Bickman & D. J. Rog (Eds.), *Handbook of applied social research methods* (pp. 127–156). Thousand Oaks, CA: Sage.

Silverman, D. (1985). *Qualitative methodology and sociology*. Aldershot, UK: Gower.

Silverman, D. (1993). *Interpreting qualitative data: Methods for analysing talk, text and interaction*. London: Sage.

Silverman, D. (1998). The quality of qualitative health research: The open-ended interview and its alternatives. *Social Sciences in Health, 4*(2), 104–118.

Simmons, S. (1995). From paradigm to method in interpretive action research. *Journal of Advanced Nursing, 21*, 837–844.

Spradley, J. P. (1979). *The ethnographic interview*. New York: Holt, Rinehart & Winston.

Stern, P. N. (1985). Using grounded theory method in nursing research. In M. M. Leininger (Ed.), *Qualitative research methods in nursing* (pp. 149–160). Orlando, FL: Grune & Stratton.

Stern, P. N. (1994). Eroding grounded theory. In J. M. Morse (Ed.), *Critical issues in qualitative research methods* (pp. 212–223). Thousand Oaks, CA: Sage.

Stewart, D. W., & Shamdasani, P. N. (1998). Focus group research: Exploration and discovery. In L. Bickman & D. J. Rog (Eds.), *Handbook of applied social research methods* (pp. 505–526). Thousand Oaks, CA: Sage.

Strauss, A. (1995). Notes on the nature and development of general theories. *Qualitative Inquiry, 1*(1), 7–18.

Strauss, A. L. (1975). *Chronic illness and the quality of life*. St. Louis: Mosby.

Strauss, A. L. (1987). *Qualitative analysis for social scientists*. Cambridge: Cambridge University Press.

Strauss, A. L., & Corbin, J. (1998). *Basics of qualitative research: Grounded theory procedures and techniques* (2nd ed.). Newbury Park, CA: Sage.

Sudnow, D. (1967). *Passing on: The social organization of dying*. Englewood Cliffs, N.J: Prentice-Hall.

Tarlier, D. (2005). Mediating the meaning of evidence through epistemological diversity. *Nursing Inquiry, 12*(2), 126–134.

Thompson, J. L. (1985). Practical discourse in nursing: Going beyond empiricism and historicism. *Advances in Nursing Science, 7*(4), 56–68.

Thorne, S. (1993). *Negotiating health care: The social context of chronic illness.* Newbury Park, CA: Sage.

Thorne, S. (1994). Secondary analysis in qualitative research: Issues and implications. In J. M. Morse (Ed.), *Critical issues in qualitative research methods* (pp. 263–279). Thousand Oaks, CA: Sage.

Thorne, S. (1997). The art (and science) of critiquing qualitative research. In J. M. Morse (Ed.), *Completing a qualitative project: Details and dialogue* (pp. 117–132). Thousand Oaks, CA: Sage.

Thorne, S. (2000a). Data analysis in qualitative research. *Evidence Based Nursing, 3*, 68–70.

Thorne, S. (2000b). Happenings: Off the shelves and into the streets (commentary). *Canadian Journal of Nursing Research, 32*(3), 103–107.

Thorne, S., & Darbyshire, P. (2005). Landmines in the field: A modest proposal for improving the craft of qualitative health research. *Qualitative Health Research, 15*, 1105–1113.

Thorne, S., Jensen, L. A., Kearney, M. H., Noblit, G., & Sandelowski, M. (2004). Reflections on the methodological and ideological agenda in qualitative meta-synthesis. *Qualitative Health Research, 14*, 1342–1365.

Thorne, S., Joachim, G., Paterson, B., & Canam, C. (2002). *Influence of the research frame on qualitatively derived health science knowledge.* Retrieved Jan 1/03 from http://www.ualberta.ca/~ijqm/.

Thorne, S., Radford, J., & McCormick, J. (1997). The multiple meanings of long term gastrostomy in children with severe disability. *Journal of Pediatric Nursing, 12*(2), 89–99.

Thorne, S., Reimer Kirkham, S., & MacDonald-Emes, J. (1997). Interpretive description: A non-categorical qualitative alternative for developing nursing knowledge. *Research in Nursing & Health, 20*(2), 169–177.

Thorne, S., Reimer Kirkham, S., & O'Flynn-Magee, K. (2004). The analytic challenge in interpretive description. *International Journal of Qualitative Methods, 3(2).* Retrieved April 19/04 from http://www.ualberta.ca/~iiqm/backissues/3_1/html/thorneetal.html.

Thorne, S., & Varcoe, C. (1988). The tyranny of feminist methodology in women's health research. *Heath Care for Women International, 19*, 481–493.

Thorne, S. E. (1991). Methodological orthodoxy in qualitative nursing research: Analysis of the issues. *Qualitative Health Research, 1*(2), 178–199.

Thorne, S. E. (2001). The implications of disciplinary agenda on quality criteria for qualitative research. In J. M. Morse, J. Swanson, & A. Kuzel (Eds.), *The nature of qualitative evidence* (pp. 141–159). Thousand Oaks, CA: Sage.

Thorne, S. E., Kazanjian, A., & MacEntee, M. I. (2001). Oral health in long-term care: The implications of organizational culture. *Journal of Aging Studies, 15*, 271–283.

Thorne, S. E., & Paterson, B. L. (2000). Two decades of insider research: What we know and don't know about chronic illness experience. *Annual Review of Nursing Research, 18*, 3–25.

Thorne, S. E., & Robinson, C. A. (1989). Guarded alliance: Health care relationships in chronic illness. *Image: The Journal of Nursing Scholarship, 21*(3), 153–157.

Upshur, R. E. G. (2001). The status of qualitative research as evidence. In J. M. Morse, J. M. Swanson, & A. J. Kuzel (Eds.), *The nature of qualitative evidence* (pp. 5–26). Thousand Oaks, CA: Sage.

Van Kaam, A. (1966). Anthropological phenomenology as a mode of existence. In A. V. Kaam (Ed.), *Existential foundations of psychology* (pp. 231–252). Pittsburgh, PA: Duquesne University Press.

Van Kaam, A. (1969). *Existential foundations of psychology*. New York: Doubleday.

Van Maanen, J. (1988). *Tales of the field: On writing ethnography*. Chicago: University of Chicago Press.

Van Manen, M. (1990). *Researching lived experience: Human science for an action sensitive pedagogy*. New York: State University of New York.

Vidich, A. J., & Lyman, S. M. (1994). Qualitative methods: Their history in sociology and anthropology. In N. K. Denzin & Y. S. Lincoln (Eds.), *Handbook of qualitative research* (pp. 23–59). Thousand Oaks, CA: Sage.

Wagner, E. H., Austin, B. T., Davis, C., Hindmarsh, M., Schaefer, J., & Bonomi, A. (2001). Improving chronic illness care: Translating evidence into action. *Health Affairs (Millwood), 20*(6), 64–78.

Watson, J. (1995). Postmodernism and knowledge development in nursing. *Nursing Science Quarterly, 8*(2), 60–64.

Wilson, H. S., & Hutchinson, S. A. (1997). Presenting qualitative research up close: Visual literacy in poster presentations. In J. M. Morse (Ed.), *Completing a qualitative project: Details and dialogue* (pp. 63–85). Thousand Oaks, CA: Sage.

Wolcott, H. F. (1990). *Writing up qualitative research*. Newbury Park, CA: Sage.

Wolcott, H. F. (1994). *Transforming qualitative data: Description, analysis, and interpretation*. Thousand Oaks, CA: Sage.

Wolcott, H. (1992). Posturing in qualitative inquiry. In M. D. L. Compte, W. L. Millroy, & J. Preissle (Eds.), *The handbook of qualitative research in education* (pp. 3–52). New York: Academic Press.

Yegdich, T. (2000). In the name of Husserl: Nursing in pursuit of the things-in-themselves. *Nursing Inquiry, 7*(1), 29–40.

저자에 대하여

Sally Thorne, RN, PhD. Throne은 캐나다 벤쿠버의 브리티시 컬럼비아 간호대학 교수이며 학장이다. 지난 25년 동안 그녀가 강조한 연구 분야는 만성질환과 암에 대한 인간 경험이었다. 1997년에 해석적 기술에 대한 방법론적인 초기 출판 이후 건강 전문직을 포함하는 응용 학문에서 제기되는 연구 질문을 질적 연구 접근으로 지속적으로 발전시켜 왔다. 그녀는 다학제적인 팀 연구 프로그램에서 해석적 기술을 이용하여 복잡하고 상호연관된 이슈에 대한 이해를 발전시키고, 우리의 건강전달체계의 구조적이고 이념적인 측면을 전략적으로 재 고려하기 위한 토대로서 대중의 견해를 해석하였다. 해석적 기술 방법은 실무 지식을 생성하기 위한 합리적이고 접근 가능한 방법으로 인정되어 왔다. Thorne 박사는 광범위하게 집필을 하였으며, 질적 방법론적 이슈에 대한 상담자이고, 헌신적인 교육자이다. 그녀는 전문적 실무와 교육 분야에서의 이론적 틀을 사회 행동과 정책 과정에 연계하기 위해 인간 건강 경험 연구로부터 감명을 이끌면서 적극적인 참여를 하고 있다. 이런 맥락 내에서 그녀는 복잡한 건강과 건강 케어 문제를 설명하면서 지식의 본질에 대한 철학적 분석을 건강 케어 의사결정을 기반으로 하는 증거에 참여하면서 질적 연구 방법론을 적용하는데 챔피언으로서의 역할을 지키고 있다.

색 인

공역자

조명옥 동의대학교 간호학과 교수
이영희 관동대학교 간호학과 교수
고성희 전북대학교 간호학과 교수
최호정 서울여자대학교 특수치료전문대학원
표현예술치료학과 겸임교수
김미영 이화여자대학교 간호과학부 교수

해석적 기술

2011년 10월 20일 제1판 제1쇄
2011년 10월 25일 제1판 발 행

저 자 Sally Thorne
공역자 조명옥 • 이영희 • 고성희 • 최호정 • 김미영
발행인 신경원
발행처 도서출판 하누리(디자인메카)
100-855 서울시 중구 장충동 2가 186-39 장충빌딩
전화 : 02)2269-1599
팩스 : 02)2269-5231
E-mail : medicallove@paran.com

신고번호 제 2-3108(2000.7.3)
ISBN 978-89-91130-21-0(94510)

정가 12,000원